工业和信息化部“十二五”规划教材
“十三五”国家重点图书出版规划项目

合金熔体处理及质量控制

Melt Treatment and Quality Control of Alloy

● 吴士平 陈瑞润 主编

哈爾濱工業大學出版社
HARBIN INSTITUTE OF TECHNOLOGY PRESS

内容简介

本书在液态金属与合金的物理性质的基础上，着重介绍液态金属与合金的熔体结构特征及其表征方法，在此基础上又介绍了液态金属与合金熔体的热力学基本性质。在合金熔体处理及质量控制方面，围绕合金熔体处理的三大主要问题，即温度、成分与夹杂物进行逐一介绍。合金熔体的温度控制包含合金熔体热处理、熔体温度的控制以及温度均匀性的控制。合金熔体的成分控制包含熔体的一系列处理过程引起成分变化的主要因素以及合金熔体的各种细化技术。关于合金熔体的夹杂物控制介绍了合金熔体中杂质的来源及精炼处理技术。最后介绍了合金熔体处理中常用的设备与仪器。

本书可作为高等院校材料成型及控制工程专业师生的教学用书，也可作为相关科研人员的参考书。

图书在版编目(CIP)数据

合金熔体处理及质量控制/吴士平，陈瑞润主编.
—哈尔滨：哈尔滨工业大学出版社，2017.12
ISBN 978-7-5603-5951-9

Ⅰ.①合… Ⅱ.①吴… ②陈… Ⅲ.①合金—熔体—质量控制 Ⅳ.①TG131

中国版本图书馆CIP数据核字(2016)第078648号

材料科学与工程
图书工作室

策划编辑 许雅莹 杨 桦 张秀华
责任编辑 刘 瑶
封面设计 卞秉利
出版发行 哈尔滨工业大学出版社
社 址 哈尔滨市南岗区复华四道街10号 邮编150006
传 真 0451-86414749
网 址 http://hitpress.hit.edu.cn
印 刷 哈尔滨久利印刷有限公司
开 本 787mm×1092mm 1/16 印张15.5 字数375千字
版 次 2017年12月第1版 2017年12月第1次印刷
书 号 ISBN 978-7-5603-5951-9
定 价 48.00元

前　言

本书着重介绍工业生产中常用的非铁合金和铁合金熔体的处理及其质量控制的理论、技术与相应的处理设备与检测仪器。合金熔体处理是指合金熔炼结束后，在合金熔体浇注前这段时间内对熔融的合金熔体所施加的一系列处理工艺。旨在提高合金熔体的质量，使之在随后的浇注和凝固中获得优质的铸件。目前，合金熔体处理作为合金浇注前的一道重要的工序被单独提出，表明合金熔体处理工艺在合金熔铸中占有重要的地位。

本书共7章，以合金熔体处理的基本内容作为主线，首先介绍了合金熔体处理及质量控制所涉及的合金熔体的物理性质、结构及热力学性质等基础理论知识，在此基础上，系统地介绍了合金熔体处理的三大主要问题，即温度控制、成分控制及夹杂物控制。此外，还介绍了合金熔体的熔炼设备及合金熔体的检测仪器。本书具体内容如下：第1章介绍液态金属与合金熔体物理性质，通过本章的学习，读者对液态金属与合金熔体的物理性质与物理量的测量方法有了进一步的了解；第2章介绍液态金属与合金熔体的结构及表征方法，采用分子动力学方法研究液态金属与合金的结构是当前研究液态金属与合金熔体结构的先进方法，运用分子动力学模拟的方法，可以将液态金属与合金熔体的结构生动、真实地表征出来；第3章介绍合金熔体的热力学性质，它是研究液态金属与合金熔体在合金熔体处理过程中的理论基础；第4章阐述合金熔体温度控制及熔体热处理。温度控制作为熔体处理的重要指标，控制技术已经不仅仅停留在提供合适的温度和均匀的温度上，而是通过温度控制可以显著地改善甚至改变合金熔体状态和质量，使得通过控制的合金熔体经铸造成形的铸件获得高性能，温度控制技术也使得温度控制的范围从传统的过热及过冷范围过渡到高过热、低过冷，控制温度跨度高达百摄氏度以上；第5章介绍合金熔体的成分变化及细化处理，重点介绍了成分控制的新技术、新理论，系统地阐述了合金熔体中成分变化的主要原因及控制合金成分的主要方法，介绍了合金熔体的细化技术，其中超声细化技术作为一种物理细化方法，是未来细化技术的发展方向；第6章介绍合金熔体中杂质的形成及净化处理，这是合金熔体处理的一大主要内容之一，还介绍了目前先进的旋转喷吹除氢原理与技术，重点介绍了目前先进的电磁场去除夹杂物的原理和方法，通过高效、清洁的去除合金熔体中的气体与夹杂物可以显著地提高合金熔体的质量和性能，成为提高材料性能的新途径；第7章介绍合金熔体的处理设备及检测仪器，同时介绍了合金熔体质量检测所使用的仪器和相应的检测方法。熔炼和处理设备结合高效、精准的检测技术是获得高质量合金熔体的保障条件。

本书具体分工如下：第1～4章由吴士平教授编写，博士生王晔、徐琴、陈伟，硕士生程卫鑫、陈成龙等参加该部分的整理工作；第5～7章由陈瑞润教授编写，博士生方虹泽、杨耀华、杨勇参加该部分的编写，博士生王琪和宫雪、硕士生赵晓叶参加了该部分的资料搜集和整理工作；此外，211厂的张建兵参予了本书第4章部分内容的编写。在此对他们的工作深表感谢。

本书的出版得到了哈尔滨工业大学及国家自然科学基金的资助，在此一并表示感谢。

由于作者水平有限，书中难免存在不足之处，恳请读者批评指正。

编　者

2017年8月于哈尔滨

目　录

第1章　液态金属与合金的物理性质

由于研究液态金属或合金非常困难，与固态金属或合金丰富的物理性质及结构的信息相比，关于液态金属的物理性质与结构，人们了解和掌握的信息极其匮乏。随着现代科学技术的发展和进步，液态金属的神秘面纱正在逐渐被揭开。认识并了解液态金属，首先应始于对液态金属性质的了解，如液态金属的密度、表面张力性、黏度等，然后逐渐过渡到对液态金属结构上的认识和了解。

1.1　液态金属的性质

固态金属中一些物理量之间存在一定的关系，液态金属与合金也是如此，同时，这些物理量自身也有着一些规律可循。例如，大多数金属的熔化熵、蒸发熵就存在一定的规律。

1.1.1　熔化熵平均值(Richard 定律)

相变过程(固一液和液一气)总是伴随着焓的突变及密度或体积的突变。大多数金属的熔化熵 ΔS_m 平均值为 8.8 J/(K·mol)，即

$$\Delta S_m = S_l - S_s = \frac{\Delta H_m}{T_m} \approx 8.8\ \mathrm{J/(K \cdot mol)} \tag{1.1}$$

或

$$\frac{\Delta H_m}{RT_m} \approx 1.06 \tag{1.2}$$

式中　ΔH_m——熔化焓，$\Delta H_m = H_l - H_s$，也称为熔化热，J/mol；

R——气体常数；

T_m——熔点，K。

由于液体的热焓大于固体的热焓，因此 ΔS_m 总是正值。图 1.1 表明，大多数金属元素的熔化焓 ΔH_m 与 T_m 具有相关性，即 Richard 定律。从该图可以看出，除半金属(Si，Ge，Te，Sb 和 Bi)以外，大多数金属的熔化熵均在 8.8 J/(K·mol)附近。

图 1.1 中实线的斜率为 8.8 J/(K·mol)，两虚线表示±30%的误差带。

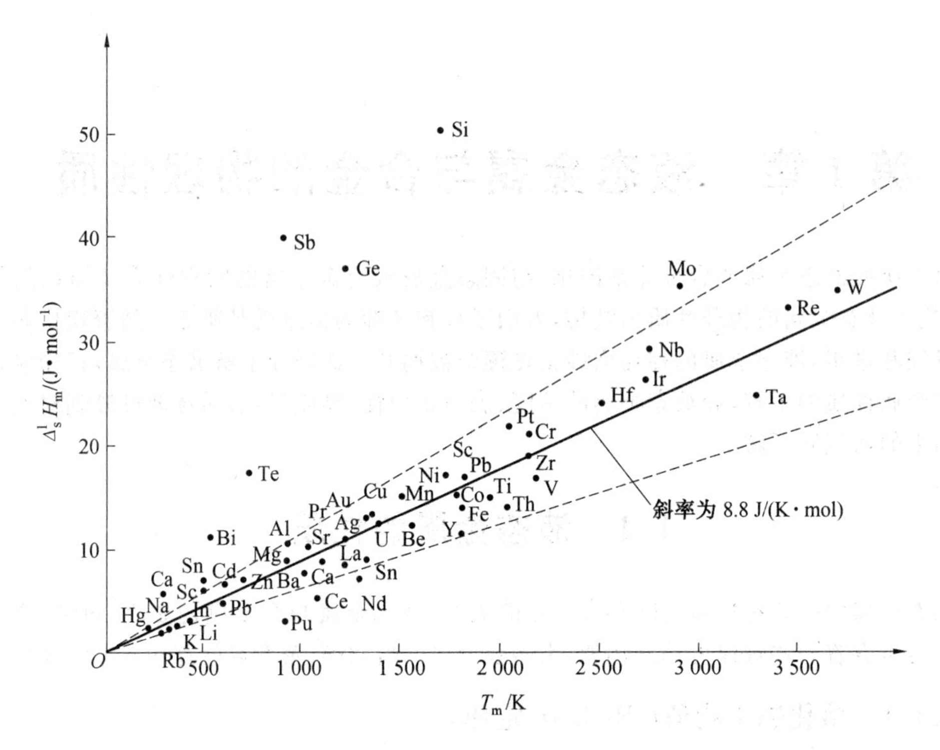

图 1.1　Richard 定律对不同金属元素的适用情况

($\Delta_s^l H_m$ 为液一固相变熔化焓)

1.1.2　蒸发熵平均值(Trouton 定律)

Trouton 定律是研究金属蒸发熵规律的定律，研究表明液态金属蒸发熵的平均值为 91.2 J/(K·mol)，即

$$\Delta S_b = S_g - S_l = \frac{H_g - H_l}{T_b} = \frac{\Delta H_b}{T_b} \approx 91.2\ \text{J/(K·mol)} \tag{1.3}$$

或

$$\frac{\Delta H_b}{RT_b} \approx 11.0 \tag{1.4}$$

式中　ΔH_b——蒸发焓，$\Delta H_b = H_g - H_l$，也称为蒸发热，kJ/mol；

　　　T_b——沸点温度，K。

图 1.2 给出了 $\Delta_l^g H_b$ 与 T_b 的关系。大部分金属的蒸发熵的数值位于 30% 的误差带之间，但高沸点金属却表现出与 Trouton 定律有较大的偏差。

图 1.2 中实线的斜率是 91.2 J/(K·mol)，两虚线表示 ±30% 的误差带。

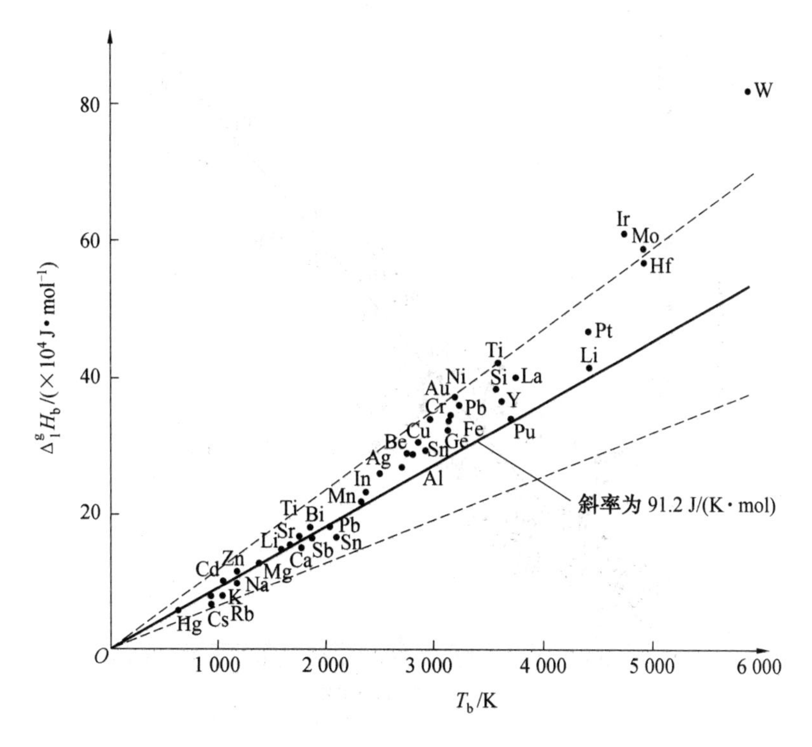

图 1.2　Trouton 定律对不同金属元素的适用情况

（$\Delta_l^g H_b$ 为液一气蒸发焓）

1.1.3　蒸发焓(内聚能)与熔化温度的关系

蒸发焓是衡量液态金属内聚能大小的一个物理量。它与液体的各种物理性质(如表面张力、热膨胀、压缩率和声速)有直接或间接的关系。

在熔点附近,液态金属的蒸发焓近似地正比于熔点 T_m（$\Delta_l^g H_m \approx 2.3\times10^2 T_m$ 或 $T_m \approx 4.3\times10^{-3}\Delta_l^g H_m$）。如图 1.3 所示，实线的斜率为 2.3×$10^2$ J/(K · mol)；◦表示第Ⅱ族金属。

从图 1.3 可以看出,第Ⅱ族金属几乎都落在一条直线上,只有几种元素,尤其是 Ga,Sn,In 元素与这条直线的偏差比较大。这是由于这些元素都具有比较复杂的晶体结构。

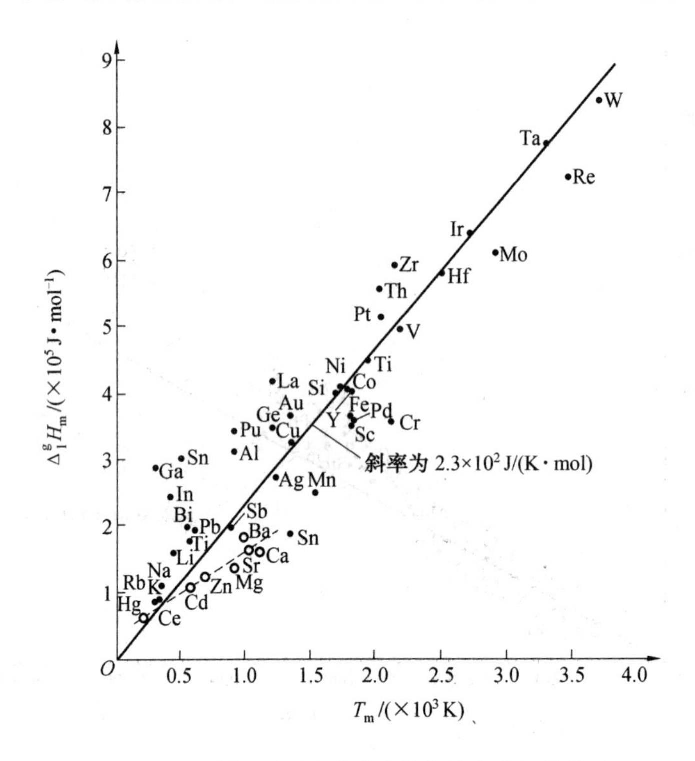

图 1.3　不同金属元素的蒸发焓与熔点之间的关系

($\Delta_l^g H_m$ 为液—气蒸发焓)

1.1.4　熔化时金属体积的变化

当金属发生固—液相变时，大多数金属的体积平均增加 3.8%，但半金属 Ga，Si，Ge，Bi，Ce 及 Pu 熔化时体积反而变小。

金属元素发生固—液相变时，根据体积的变化(表 1.1)可以分为两种情况：第一种情况是金属体积增加，第二种情况是金属体积减小。大部分金属属于第一种情况。Wittenberg 和 De Witt 认为密堆金属，即晶体结构为面心立方(f. c. c.)或密排六方(h. c. p.)的金属，在熔化时体积增加较多，平均值接近 4.6%，对晶体结构为体心立方(b. c. c.)的金属，这些数值要略小，熔化时体积平均增加 2.7%。

熔化时，第二种情况又可分为两组：一组是半金属(Ga，Si，Ge 和 Bi)，它们共同的特点是熔化熵 $\Delta_s^l S_m$ 比第一种类的金属要高得多；另一组为 Ce 和 Pu，它们的熔化熵 $\Delta_s^l S_m$ 比第一种类金属的平均值要小得多。

表 1.1　金属元素熔化时体积与熵的变化

金属 元素	温度 /K	$\Delta_s^l S_m$ /[J·(K·mol)$^{-1}$]	$\Delta V_m/V_m$ /%	金属 元素	温度 /K	$\Delta_s^l S_m$ /[J·(K·mol)$^{-1}$]	$\Delta V_m/V_m$ /%
体心立方结构(A2)*							
Li	454	6.61	2.74	Si	1 683	29.80	−9.50
Na	370	7.03	2.6	Ge	1 207	30.50	−5.10
K	337	6.95	2.54	Bi	544	20.80	−3.87
Rb	312	7.24	2.30	Sb	904	22.00	(−0.08)
Cs	302	6.95	2.60	Hg	234	9.79	3.64
Tl	575	7.07	2.20				
Fe	1 809	7.61	3.60				
密排结构(f. c. c. Al. h. c. p. A_3)				镧系元素			
Cu	1 356	9.71	3.96	La	1 193	5.61	0.6
Ag	1 234	9.16	3.51	Ce	1 073	4.85	−1.0
Au	1 336	9.25	5.5	Pr	1 208	5.73	0.02
Al	931	11.6	6.9	Nd	1 297	5.48	0.9
Pb	600	7.99	3.81	Sm	1 345	6.40	3.6
Ni	1 727	10.1	6.3	Eu	1 099	9.33	4.8
Pd	1 825	(9.6)	5.91	Gd	1 585	6.40	2.1
Pt	2 042	(9.6)	6.63	Tb	1 629	6.53	3.1
In(A6)[2]	430	7.61	2.6	Dy	1 680	8.54	4.9
Mg	924	9.71	2.95	Ho	1 734	9.41	7.5
Zn	692	10.7	4.08	Er	1 770	11.2	9.0
Cd	594	10.4	3.4	Tm	1 818	9.67	6.9
				Yb	1 097	6.86	4.8
				Lu	1 925	7.15	3.6
复杂结构				放射性元素			
Se	490	16.2	16.8	U	1 406	8.62	2.2
Tc	724	24.2	4.90	Np	913	5.69	1.5
Sn	505	13.8	2.40	Pu	913	3.18	−2.4
Ga	303	18.5	−2.90	Am	1 449	9.92	2.3

第二种类元素的反常行为可以解释为，熔化时半金属固体中刚性的定向化学键表现出被破坏，原子更加接近于球形，并进行密堆；而对 Ce，Pr，U 和 Pu 而言，熔化后液体中的空位稍有增加，同时液态原子半径相应减少，因而总体上熔化时它们的体积变化不大。

1.1.5　金属元素的熔点和等压热膨胀系数之间的关系

金属元素的熔点 T_m 和等压热膨胀系数 $\alpha = V^{-1}(\partial V/\partial T)_P$ 之间存在一个简单的关系，即 $\alpha T_m \approx 0.09$。

如图 1.4 所示，大约 23 种金属元素的数据落在由虚线给出的±30%的误差带内。但是也有些金属元素例外，它们不符合这一关系。图中实线的斜率为 0.11 J/(K · mol)，虚线表示±30%的误差带。

图 1.5 给出了液态金属等压热膨胀系数与蒸发焓之间的关系，实线斜率为 25 J/(K · mol)，虚线表示±30%的误差带。由图 1.5 可见，等压热膨胀系数与熔点时的蒸发焓之间保持着很好的线性度。

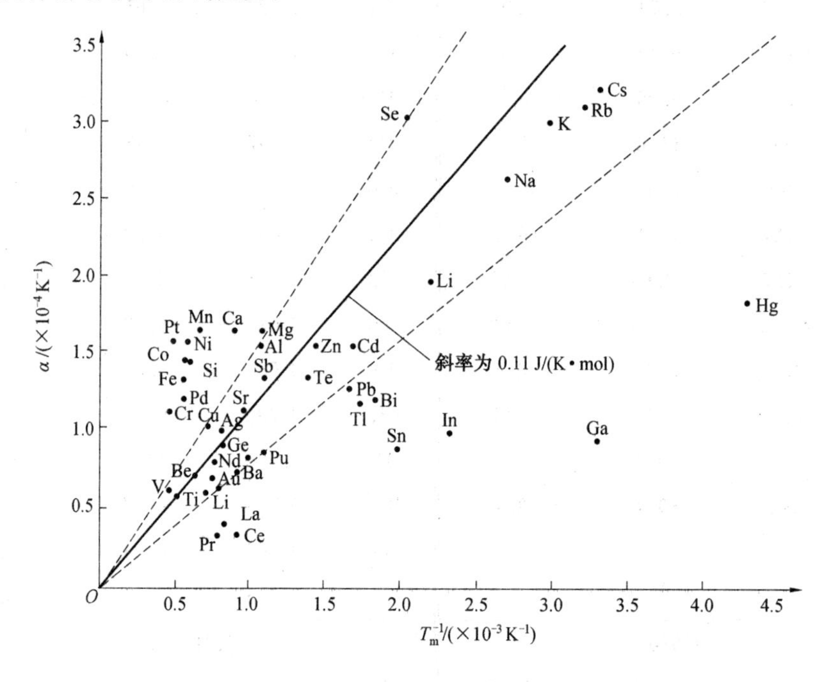

图 1.4　等压热膨胀系数与熔点之间的关系

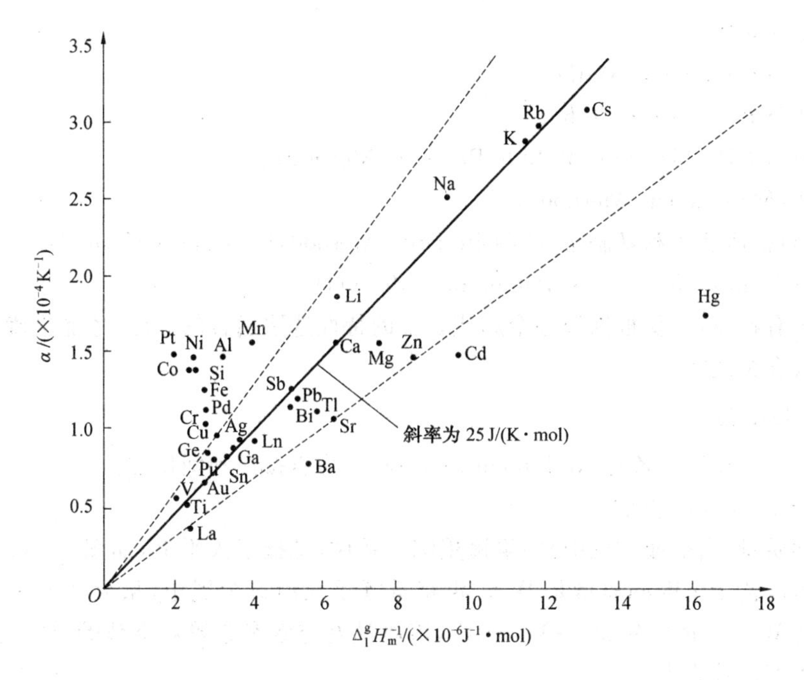

图 1.5　液态金属等压热膨胀系数与蒸发焓之间的关系

1.1.6　热振动频率与固体失稳(Lindemann 熔化定律)

1910 年，Lindemann 在研究熔化机理时指出，从固体晶格点阵失稳的角度来看，熔化过程是晶格失稳的结果。当固体中原子热振动的均方位移达到平均原子间距的某个分数(约为 1/10)时，固体的晶格点阵失稳，固体转变为液体。原子热振动频率的数学模型为

$$\nu=C\left(\frac{T_{\mathrm{m}}}{MV^{2/3}}\right)^{\frac{1}{2}} \tag{1.5}$$

式中　ν——原子的平均振动频率；

M——原子质量；

V——固体原子的体积；

C——常数，在 SI 单位制中，对大多数金属，$C\approx 9.0\times 10^{8}$。

Singh，Sharma 和 Shapiro 用点阵动力学研究了 Lindemann 的熔化理论，指出 C 的值取决于点阵类型。

1.2　液态金属的密度

液态金属的温度不同，其处理密度的方法也不同。一般可以采用实验、测量及计算方法来获得液态金属的密度。

1.2.1　液体金属密度的实验及测量方法

有多种不同的方法可以测量液态金属或合金的密度：

①Archimedean 法。

②密度计法(Pycnometric Method)。

③膨胀计法(Dilatometric Method)。

④最大气泡压力法(Maximun Bubble Pressure Method)。

⑤压力计法(Manometric Method)。

⑥液滴法(包括座滴法和悬滴法)(Sessile Drop Method,Levitation Method)。

⑦γ 射线法(Gamma Radiation Attenuation Method)。

上述方法各有特点,需要根据液态金属或合金的特性选取适合的方法,才能准确地获得不同液态金属或合金的密度。

1. Archimedean 法

Archimedean 法基于著名的 Archimedean 原理,分为直接法和间接法。

(1)直接 Archimedean 方法。

将一个已知质量(真空或空气中)的重锤用细丝系住,悬挂于天平上,如图 1.6(a)所示,这时从天平上可以读出重锤的质量是 W_1。再将重锤浸入液态金属中,从天平上可以读取重锤新的质量为 W_2,质量差为 $\Delta W=W_1-W_2$,该质量差与液态金属对重锤的浮力有关,因此液态金属的密度计算式为

$$\rho=\frac{\Delta W+s}{(V+v)g} \tag{1.6}$$

式中 g——重力加速度;

V——重锤的体积;

v——悬丝的体积;

s——由液体的表面张力引起的悬丝附加力,$s=2r\pi\sigma\cos\theta$。

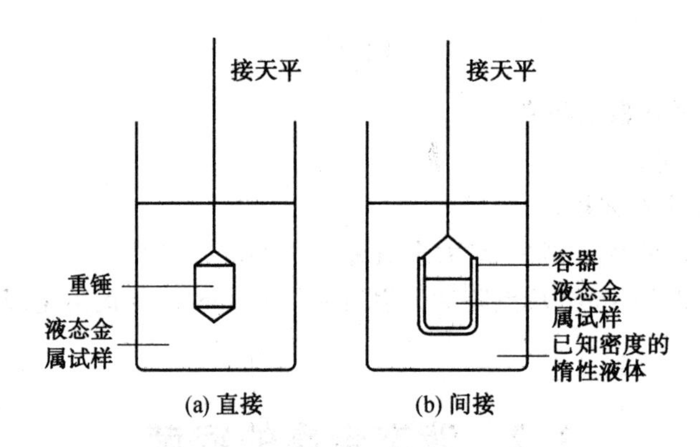

图 1.6 Archimedean 方法示意图

重锤和悬丝的体积可以在室温下标定,为了获得精确的密度数据,要考虑热膨胀对重锤和悬丝体积的影响。

(2)间接 Archimedean 方法。

间接 Archimedean 方法是将液态金属放入一个容器中,然后把它浸在一个已知密度的惰性液体中进行测量,如图 1.6(b)所示。

间接 Archimedean 方法的优点是可以精确地测量出熔化时体积的变化；缺点是需要预先精确地知道在给定温度下所使用的惰性液体（油或熔盐）的各种物理性能及密度。

2. 密度计法

采用密度计法测量液态金属的密度的装置如图 1.7 所示，在一个已知体积的容器中装满液态金属，冷却至室温，然后称其质量。再根据密度的定义，用上述数据计算获得液态金属的密度。密度计法的特点是可以获得液态金属的绝对密度。

3. 膨胀计法

膨胀计法是将一种已经精确测定质量的液态金属或合金吸入一个细长的毛细管内，如图 1.8 所示，液态金属或合金的体积随温度的变化可以通过毛细管中液面的高度测定。毛细管的体积可以用已知密度的液体（如 Hg 等）对膨胀计进行标定。这种方法的优点在于可以连续地进行测量，因此被广泛采用；缺点是由于表面张力的作用，很难精确地读出液态金属或合金在毛细管中的高度。因此必须对表面张力带来的影响进行修正。

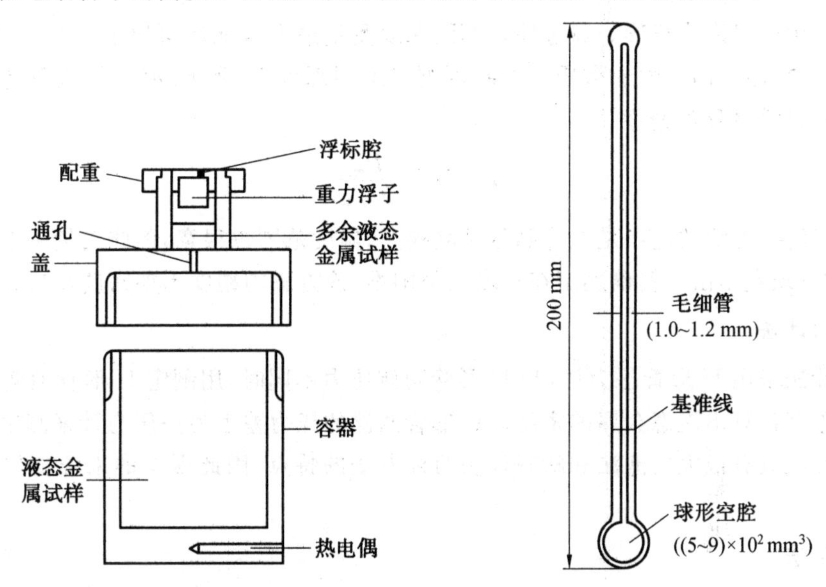

图 1.7　采用密度计法测量液态金属的密度的装置　　图 1.8　带有细长毛细管的膨胀计

4. 最大气泡压力法

最大气泡压力法是向浸入液体一定深度的毛细管内吹入惰性气体时，在浸入液体一端的毛细管的尖端将产生一个一定尺寸的气泡，通过测量新产生气泡所需的气体压力，间接地计算出液态金属的密度，如图 1.9 所示。

在液体深度为 h 处，产生的最大气泡的压应力等于平衡液体压力和气泡表面所需的压力之和，即

$$P_m = \rho g h + \frac{2\sigma}{r} \tag{1.7}$$

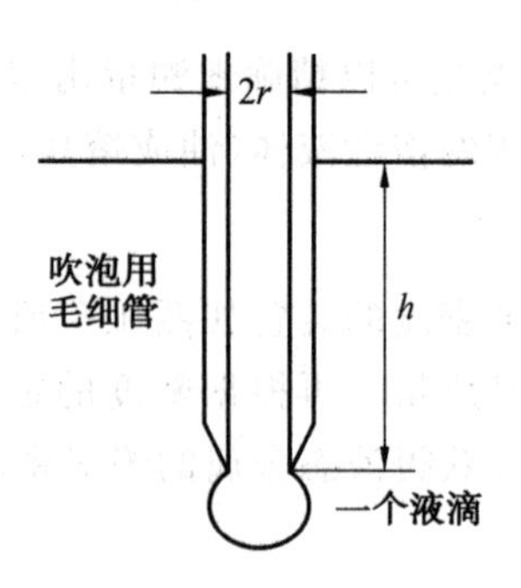

图 1.9　吹泡用毛细管的圆锥形端部示意图

式中　σ——表面张力；

r——毛细管的半径；

P_m——液体在 h 深度处的压强；

h——液体的深度。

假定产生的气泡为球形。通过插入不同深度测量最大气泡压可以消去式(1.7)中等号右侧的第二项，即表面张力的影响。这时再测定不同深度 h_1 和 h_2 时的最大气泡压 P_{m1} 和 P_{m2}，由下式计算液体的密度：

$$\rho=\frac{P_{m1}-P_{m2}}{(h_1-h_2)g} \tag{1.8}$$

最大气泡压力法的优点是允许测量温度很高，温度范围也很宽，因此大量用于测定液态金属的密度；缺点是由于精确测定在技术上很困难，该方法的精度不如密度计法。

5. 压力计法

压力计法采用 U 形管压力计，当 U 形管两侧压力不同时，用测定 U 形管两侧液态金属柱的高度差来计算出液态金属的密度。U 形管两侧的压力差由另一压力计来测定。

压力计法具有最大气泡法和膨胀计法两种方法的特点，因此误差的来源也与上述两种方法相似。

6. 液滴法

液滴法是用摄影的方法来精确测定液滴的外形尺寸，然后计算出液滴的体积，并在凝固后称重，最后计算出液态金属的密度。

制造稳定的测量液滴的方法有两种，即座滴法和悬滴法。这两种方法都可以用于高达 2 300 K 的高温。

7. γ 射线法

γ 射线法是基于 γ 射线穿过物质时的吸收效应。γ 射线衍射仪示意图如图 1.10 所示。γ 射线由放射源产生，中间是加热炉及液态金属，左侧为 γ 射线探测系统。当 γ 射线穿过厚度为 x 的试样后，透射强度由下式确定：

$$I=I_0\exp(-\alpha\rho x) \tag{1.9}$$

式中　α——单位质量的吸收系数。

可以用已知密度的固体金属测定 α 的值。

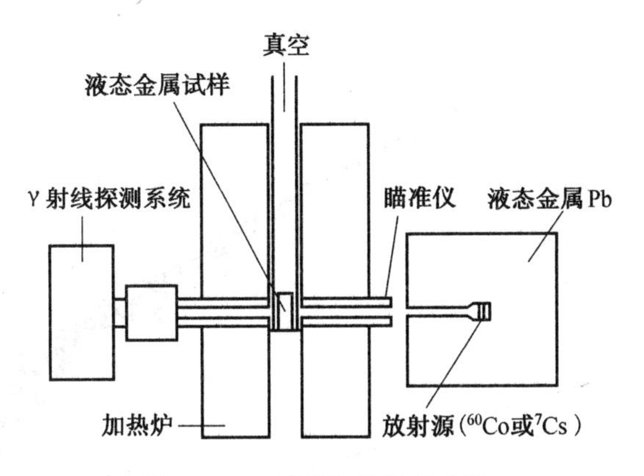

图 1.10　γ射线衍射仪示意图

γ射线法可以提供精确的液态金属密度数据，其精度主要取决于γ射线探测仪的灵敏度。

1.2.2　液态金属密度的计算方法

Cailletet－Mathias 定律给出了液体和气体密度的平均值（即两种密度之和的一半）随温度升高而线性下降的规律。该定律的数学表达式为

$$\frac{\rho_l+\rho_g}{2}=a-bT \tag{1.10}$$

式中　ρ_l——液体的密度；

ρ_g——气体的密度；

T——绝对温度；

a,b——常数。

该方程在整个液相温度区间内均有效。在临界点，液体和气体的密度相等，$\rho_l=\rho_g=\rho_c$，将式(1.10)写为

$$D=\frac{\rho_l+\rho_g}{2\rho_c}=1+\mu(1-T) \tag{1.11}$$

式中　D——约化直径（约化密度的倒数）；

T——约化温度，$T=T/T_c$；

μ——常数，$\mu=bT_c/\rho_c$，其值小于 1，其中 T_c 为临界点温度，ρ_c 为临界点密度。

式(1.10)和式(1.11)的有效性已经为许多实验所证实，包括苯、水和液态氩等。

由于液体的密度 ρ_l 远大于气体的密度 ρ_g，在很宽的温度范围内式(1.10)可以写为

$$\rho^*\approx 2+\frac{\rho_m^*-2}{(1-T_m^*)}(1-T^*) \tag{1.12}$$

式中　ρ^*——液态金属的密度；

ρ_m^*——在金属熔点 T_m 处的约化密度(ρ_m/ρ_c)。

图 1.11 给出了几种液态金属的密度随温度的变化规律。

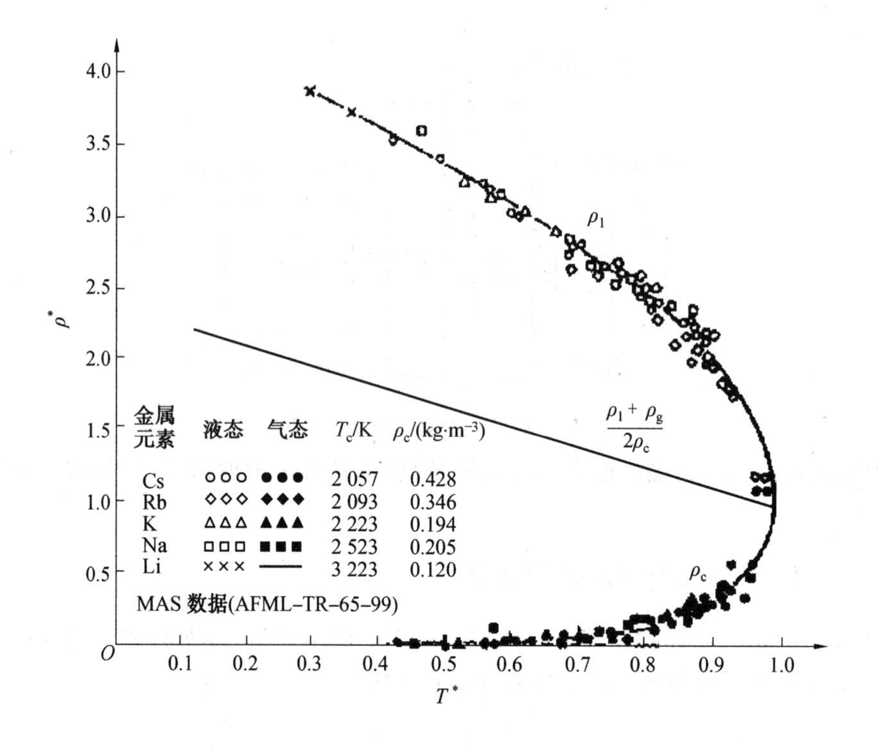

图 1.11　几种液态金属的密度随温度的变化规律

1.2.3　液态金属与液态二元合金的密度

1. 液态金属的密度

表 1.2 给出了液态金属单质密度的实验数据。数据主要选取各自在熔点时的密度 ρ_m 以及密度温度系数 Λ 值(Steinberg)。对于相互冲突的数据，根据以下原则选取：①在较宽温度范围内测量的密度值是比较准确的；②由表 1.2 给出"范围"内尽可能与最新实验值 Λ 的外推值相符合，所有数据的覆盖范围相当大。

表 1.2　液态金属单质的密度

金属元素	ρ_m /($\times10^3$ kg·m^{-3})	$-\Lambda(=-(\partial\rho/\partial T)_p)$ /($\times10^{-1}$ kg·m^{-3}·K^{-1})	取值区间	V_m/($\times10^{-6}$ m^3·g−atom)	$\alpha_m=-\Lambda/\rho_m$ /($\times10^{-4}$ K^{-1})
Ag	9.33	9.1	9.1～9.7	11.6	0.98
Al	2.38	3.5	2.4～4.0	11.3	1.50
As	5.22	5.4	—	14.4	1.00
Au	17.40	12/17	—	11.3	0.69/0.98
Ba	3.32	2.7	—	41.4	0.81
Be	1.69	1.2	—	5.33	0.71
Bi	10.05	11.8	20.8～14.1	20.80	1.17
Ca	1.36	2.2	—	29.5	1.60

续表 1.2

金属元素	ρ_m /($\times10^3$kg·m^{-3})	$-\Lambda(=-(\partial\rho/\partial T)_p)$ /($\times10^{-1}$kg·m^{-3}·K^{-1})	取值区间	V_m/($\times10^{-6}$m^3·g−atom)	$\alpha_m=-\Lambda/\rho_m$ /($\times10^{-4}$K^{-1})
Cd	8.01	12.2	11.4～14.1	14.0	1.50
Ce	6.69	3.3	—	20.9	0.34
Co	7.75	10.9	9.5～12.5	7.60	1.40
Cr	6.29	7.2	—	8.27	1.10
Cs	1.84	5.7	5.5～6.0	72.2	3.10
Cu	8.00	8.0	7.2～10.0	7.94	1.00
Fe	7.03	8.8	7.3～9.6	7.94	1.30
Ga	6.10	5.6	7.3～5.1	11.4	0.92
Ge	5.49	4.9	4.7～4.9	13.2	0.89
Hg	13.69	24.2	—	14.65	1.77
In	7.03	6.8	6.8～9.4	16.3	0.97
K	0.83	2.4	2.2～2.5	47.1	2.90
La	5.96	2.4	—	23.3	0.40
Li	0.518	1.0	—	13.4	1.90
Mg	1.59	2.6	—	15.3	1.60
Mn	5.76	9.2	—	9.54	1.60
Na	0.927	2.35	2.25～2.45	24.8	2.54
Nd	6.69	5.3	—	21.6	0.79
Ni	7.90	11.9	8.7～12.5	7.43	1.51
Pb	10.67	13.2	12.0～13.3	19.42	1.24
Pd	10.49	12.3	—	10.14	1.17
Pr	6.61	2.5	—	21.3	0.38
Pt	18.91	28.8	—	10.31	1.52
Pu	16.65	14.1	14.1～15.2	14.65	0.847
Rb	1.48	4.5	4.1～4.8	57.7	3.0
Sb	6.48	8.2	4.5～11.8	18.8	1.3
Se	4.00	11.7	11.7～12.3	19.7	2.93
Si	2.53	3.5	—	11.1	1.4

2. 液态二元合金的密度

Morita 等用毛细管膨胀计法精确地测定了液态 Hg−In 合金的密度值，并与 Predel 测定的密度数据进行比较，尽管低熔点合金的密度数据应当是比较可靠的，但是，在某些成分范围的偏差还是过大，最大偏差可以达到12%左右。等温条件下液态 Hg－In 二元合金系的密度曲线如图 1.12 所示。

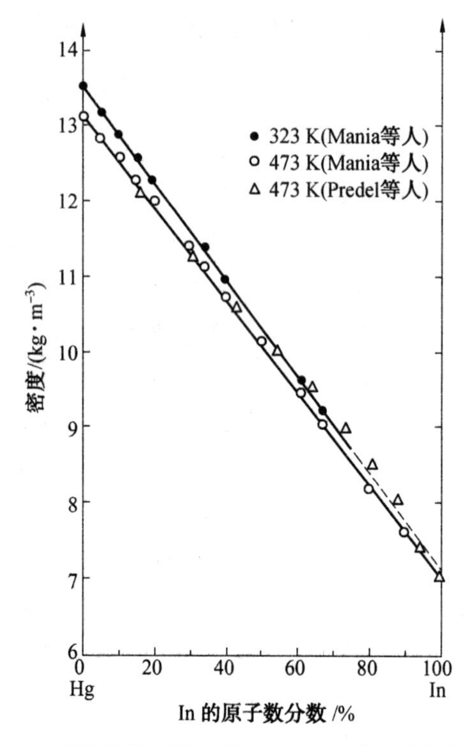

图 1.12　等温条件下液态 Hg－In 二元合金系的密度曲线

1.3　液态金属与二元合金的表面张力

1.3.1　表面张力的实验及测量方法

由于液态金属表面在高温下易于氧化及污染，所以精确地测定液态金属的表面张力十分困难。目前唯一精确测定表面张力的液态金属是 Hg。高熔点金属或活泼金属的表面张力的测定还存在很大的问题。

1. 表面张力测量方法的原理

测量液态金属表面张力的原理均源于 Laplace 方程。液体弯曲表面上的压力差为

$$\Delta P=\sigma\left(\frac{1}{R_1}+\frac{1}{R_2}\right) \tag{1.13}$$

式中　σ——表面张力；

R_1，R_2——在观察点的主曲率半径。

当液态金属为球形表面时，$R_1=R_2=R$，故 $\Delta P=2\sigma/R$。下列实验方法多采用这一关系式。

2. 表面张力的测量方法

测定液态金属表面张力的方法很多，主要包括：

①座滴法(Sessile Drop Method)。

②最大气泡压力法(Maximum Bubble Pressure Method)。

③悬滴法(Pendant Drop Method)。

④滴重法(Drop Weight Method)。

⑤最大液滴法(Maximum Drop Method)。

⑥毛细管上升法(Capillary Rise Method)。

⑦振动液滴法(Oscillating Drop Method)。

在这些方法中，座滴法和最大气泡压力法易于在高温下测量，因此也是最常用的方法。

(1) 座滴法。

座滴法是基于测量置于水平基体上一静止液滴(一般为$(3\sim5)\times10^{-7}\,m^3$)的外形曲线，然后通过计算获得液体的表面张力。这种方法被广泛应用于测定金属和合金的表面张力。其主要优点是不接触液态金属，因此可在高温下并能在很宽的温度区间内精确测定金属液滴的曲线，然后精确获得高温金属液体的表面张力，而其他方法由于需要接触到液体金属，因此容许的测定温度较低。

由座滴法测得液滴轮廓线后，有很多种数学方法可以计算表面张力。图 1.13 给出了液滴轮廓线上的待测参数，其用于表面张力的计算。

采用 Bashforth－Adams 方程计算表面张力的公式为

$$\sigma=\frac{g\rho b^2}{\beta} \tag{1.14}$$

式中　g——重力加速度；

ρ——金属或合金的密度；

b,β——根据测定的 X 和 Z 值计算获得。

液滴体积 V 的计算公式为

$$V=\frac{\pi b^2X^2}{\beta}\left(\frac{2}{b}-\frac{2\sin\theta}{X}+\frac{\beta Z}{b^2}\right) \tag{1.15}$$

求得体积后，可以根据液滴的质量求得液态金属的密度 ρ。

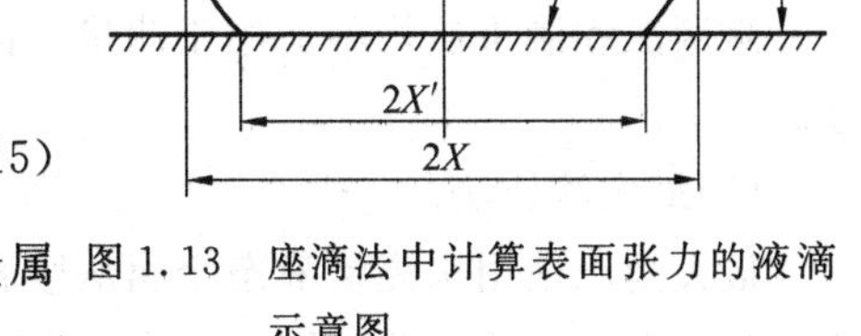

图 1.13　座滴法中计算表面张力的液滴示意图

(2) 最大气泡压力法。

最大气泡压力法是用一根毛细管插入液态金属不同深度，吹入惰性气体，测量毛细管尖端产生的最大气泡压力，然后进行计算，获得表面张力。

最大气泡压力法的优点在于它可在新形成的表面上连续测量，使表面污染效应减至最小，特别适用于易于表面污染的碱性金属，如 Al，Mg 和 Ca 等。这种方法可以得到表面张力的绝对值数据，不需要任何实验标定过程。

已有多种方法对实验数据进行修正以获得表面张力的绝对值，最常用的是

$$\sigma=\frac{rP_\sigma}{2}\left[1-\frac{2r\rho g}{3P_\gamma}\times10^{-3}-\frac{1}{6}\left(\frac{r\rho g}{P_\gamma}\right)^2\times10^{-6}\right] \tag{1.16}$$

式中　$P_\gamma=P_m-\rho gh$(SI 单位制)；

P_m——浸入深度为 h 时的最大气泡压力；

r——毛细管的半径。

方程(1.16)中括号里的代数式可看作 P_σ 的修正因子。当 $r(2\sigma/\rho g)^{\frac{1}{2}}$ 值较小时，即 $r<0.2(2\sigma/\rho g)^{-\frac{1}{2}}$ 时(这里 $2\sigma/\rho g$ 又称为毛细常数)，该方程的计算结果很好。

(3) 悬滴法。

图 1.14 是悬挂于毛细管(或杆)端悬滴形状的示意图。当作用在悬滴上的重力和表面张力相平衡时，则液体的表面张力为

$$\sigma=\frac{\rho gX^2}{H} \tag{1.17}$$

式中　X——悬滴的最大直径；

$1/H$——悬滴的形状因子，其值可由 X'/X 的值确定。

X'/X 的值由实验测得，通常变化范围为 0.3～1.0。如果平衡条件完全可以满足，ρ，X' 和 X 均没有误差，则式(1.17)可以求得精确的表面张力。

在测定表面张力的若干方法中，悬滴法与座滴法很相似。

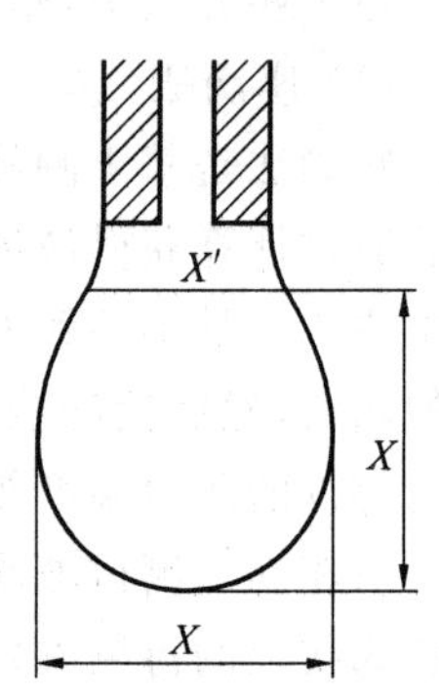

图 1.14　悬滴法中计算表面张力的悬滴示意图

(4) 滴重法。

在悬滴法中，当液滴长到足够大时将从管端滴落，这个液滴为最大液滴。由最大液滴的质量可以求得液体的表面张力。设最大液滴的质量为 m，则表面张力为

$$\sigma=\frac{mg}{2\pi rf_D} \tag{1.18}$$

式中　f_D——V/r^3 的函数，其中 V 为下落液滴的体积。

悬滴法和滴重法均不适用于测量不同温度下的表面张力的变化，而适用于单熔点的合金。

(5)最大滴压法。

最大滴压法用来测量液态金属从竖直毛细管顶端挤压出细小液滴所需的压力。显然其原理与最大气泡压力法相同。最大滴压法的优点是可提供新鲜的和无污染的液滴，同时可避免接触角的问题。该方法主要用于测量反应性金属和低熔点金属的表面张力。

(6) 毛细管上升法。

毛细管上升法属于毛细现象的一种应用。液体表面张力的计算式为

$$\sigma=\frac{\rho ghr}{2\cos\theta} \tag{1.19}$$

式中　h——毛细管中液体表面和毛细管外液面的高度差；

r——毛细管的半径；

θ——液体和毛细管壁的接触角。

式(1.19)中有接触角一项,接触角本身的测定比表面张力更难。因此该方法并不常用于液态金属。

(7) 振动液滴法。

振动液滴法是悬浮技术的一种应用,即用高频磁场悬浮液滴来测定液滴振动频率。

这种方法的优点是消除了在座滴法、毛细管上升法和最大气泡压力法都无法消除由基板或毛细管引起的污染。但存在研究者有限的经验,现在还不能定量地讨论这种方法。

3. 液态金属表面张力的计算方法

根据表面张力与液体的物理量之间的相互关系,也可以推导出计算液态金属表面积的公式。

Skapski 采用准化学法,根据升华焓与表面张力的关系,认为液体总的摩尔表面能应当等于从体内取走 N_A 个原子放到它的自由表面所需的能量。故液体总的摩尔表面能 σ_0 为

$$\sigma_0 = S_A\left[\sigma - T\left(\frac{d\sigma}{dT}\right)\right] \tag{1.20}$$

式中　S_A——单层 N_A 原子占据的表面积,由下式计算得到:

$$S_A = fN_A z\left(\frac{V}{N_A}\right)^{\frac{2}{3}} = fN_A^{1/3}\left(\frac{M}{\rho}\right)^{\frac{2}{3}} \tag{1.21}$$

f——表面堆垛分数或组态因子,总的摩尔自由能可以直接由 0 K 下的升华热 $\Delta_s^g H_0$ 和最近邻原子组态进行计算(准化学法)。

Oriani 给出了液体表面张力的表达式为

$$\sigma_0 = \frac{1}{S_A}\left[\left(\frac{z_i - z_s}{z_i}\right)\Delta_s^g H_0 - \frac{z_s\phi}{2}\right] + T\left(\frac{d\sigma}{dT}\right) \tag{1.22}$$

式中　z_i——液相体内的配位数,i 为液相(内部);

z_s——液相表面原子的等价配位数,s 为表面(外部);

ϕ——剩余结合能,即体内与表面原子的结合能之差。

1.3.2　二元合金的表面张力计算方程

由于低表面张力金属容易在液态合金表面上富集,大部分二元合金的表面张力并未表现出与溶质质量分数成正比的关系。

Guggenheim 使用统计力学方法建立了二元合金的表面张力计算方程。假定表面的成分与体相成分差仅限于单分子层,这样对一个理想的二元溶液,表面张力方程可表达为

$$\exp\left(-\frac{\sigma_M A}{RT}\right) = x_1\exp\left(-\frac{\sigma_1 A}{RT}\right) + x_2\exp\left(-\frac{\sigma A}{RT}\right) \tag{1.23}$$

对二元正则溶液,有

$$\sigma_M = \sigma_1 + \frac{RT}{A}\ln\frac{x_1^s}{x_1} + \frac{W}{A}l\{(x_2^s) - x_2^2\} - \frac{W}{A}mx_2^2 =$$

$$\sigma_2 + \frac{RT}{A}\ln\frac{x_2^s}{x_2} + \frac{W}{A}l\{(x_1^s)^2 - x_1^2\} - \frac{W}{A}mx_1^2 \tag{1.24}$$

式中　$\sigma_M, \sigma_1, \sigma_2$——混合后的表面张和混合前组元 1,2 的表面张力;

A——摩尔表面积;

$W=H^E/x_1x_2$（H^E 为混合焓）；

x_1, x_2——组元 1，2 的摩尔分数；

x_1^s, x_2^s——组元 1，2 的表面摩尔分数；

l, m——表面的任何一个分子在它自己这一层的次近邻分子总和的倒数，以及该分子与最近邻层的次近邻的分子总和的倒数（$l=2m+1$）。

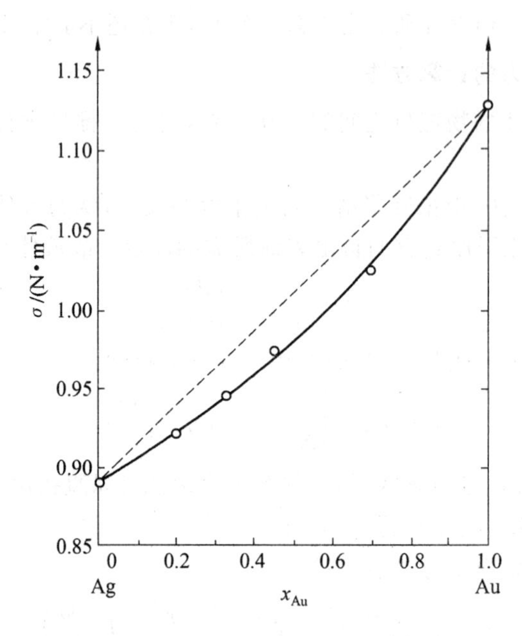

图 1.15　1 381 K 时 Ag－Au 合金系熔体的表面张力

Bernard 和 Lupis 采用实验方法测定了 Ag－Au 合金系熔体的表面张力，实验结果如图 1.15 所示，图中“◦”表示的是实验结果，实线为使用了理想溶液模型的估算值。图 1.15 表明采用方程(1.23)计算获得的结果与实验结果相当吻合

1.4　液态金属与合金熔体的黏度

黏度是黏滞力的宏观表现，黏滞力是液体不同层面存在相对运动时才表现出来的一种物理性质。从微观的角度来讲，液体的一个最大特征在于原子的高度流动性。黏滞力是液体中原子间摩擦力的一个标度。

1.4.1　液态金属黏度的实验及测量方法

黏度系数又称动力学黏度（剪切黏度），或简称黏度。黏度的定义是

$$T=\mu\frac{dv}{dz} \tag{1.25}$$

式中　T——在与运动垂直的方向 z 上以 dv/dz 的速度增加时，在与运动平行的方向上所受的剪切应力。

黏度的倒数称为流动性。黏度与密度的比值 μ/ρ 称为流体的动力学黏度 v，它是流体

力学中一个重要的物理量。

对液态金属与合金而言，由于它们的熔点高、化学活性强，因此能用于测定黏度的方法仅有以下几种：

①毛细管法(Capillary Method)。

②振荡容器法(Oscillating－Vessel Method)。

③旋转法(Rotational Method)。

④振荡片法(Oscillating－Plate Method)。

1. 毛细管法

毛细管法是根据体积固定的液体在恒压下流经一个毛细管所需的时间与液体的黏度有关这一原理提出的一种测定方法。在毛细管法中，先将一定体积的液体注入左边的容器内，然后将其吸到测量球内，如图 1.16 所示。测量球两端各有一个环形片 m_1 和 m_2，以 m_1，m_2 为基准，用眼睛观察或用电学方法测量液体充满测量球所需的时间。通过该测量时间来求得液体的黏度。

黏度与液体流动时间的关系可用修正的 Poiseuille 公式(或称 Hagen－Poiseuille 公式)给出：

$$\mu=\frac{\pi r^4\rho g\bar{h}t}{8v(l+nr)}-\frac{m\rho V}{8\pi(l+nr)t} \tag{1.26}$$

式中　r——毛细管的半径；

l——毛细管的长度；

$\bar{h}$——左、右两侧液面高度差；

ρ——液体密度；

V——t 时间内流过的液体体积(即以 m_1，m_2 为基准测量球的体积)；

m,n——常数，$m=1.1\sim1.2$，$n=0\sim0.6$；

nr——端部修正项。

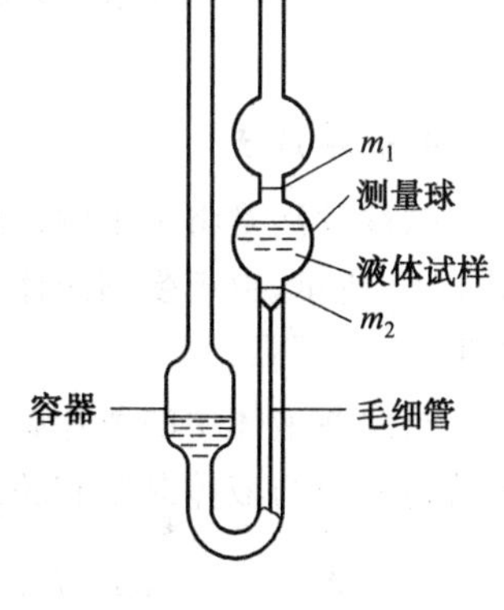

图 1.16　毛细管黏度计

该方法过程简单，因此可以有效地消除许多出现误差的机会，通常用来测量液态金属的相对黏度。

2. 振荡容器法

振荡容器法是将一装有液体的容器悬挂在一个细的悬线上，如图 1.17 所示，首先给容器一个初始的扭转角度，然后使其自由振动。由于液体的内摩擦力会消耗振动能，因此容器的振动会逐渐衰减。测量不同液体试样振动振幅的减小量及振动时间，可以求出液体的黏度。

振荡容器法由于设备简单，振荡时间和振幅容易精确测量，对温度也没有特殊要求，因此通常用来测定高温的液态金属或合金熔体的黏度。

3. 旋转法

旋转法是将液体填充到同轴的圆柱和圆筒容器之间，如图 1.18 所示。圆柱用细线悬挂起来，并保持静止，当圆筒容器以恒定的角速度旋转时，液体的黏滞力会对悬挂的圆柱容器施加一旋转力矩，然后通过测量悬线的角位移来估算悬挂着的圆柱容器所受的力矩，进而计算出液体的黏度。

旋转法还可以派生出多种形式。作为中间的物体，可以选择球、圆片等，旋转的对象也可以是内部的物体。

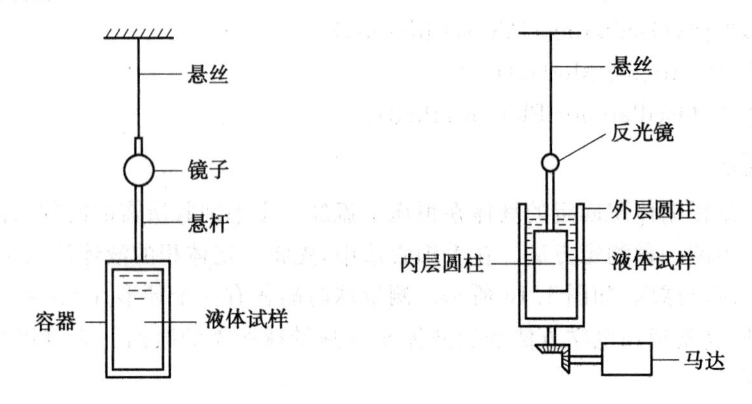

图 1.17　振荡容器黏度计结构示意图　　图 1.18　旋转黏度计结构示意图

4. 振荡片法

振荡片法是将一个做线性振动的薄片浸入到液体中，如图 1.19 所示，由于受到液体黏滞力的阻碍，因此振动会逐渐消失。

给浸在液体中的薄片施加一恒定的驱动力，则薄片的振幅就是一个与液体黏度有关的值。黏度与振幅的关系为

$$\rho\mu=K_0\left(\frac{f_a E_a}{fE}-1\right)^2 \tag{1.27}$$

$$K_0=\frac{R_M^2}{\pi f A^2} \tag{1.28}$$

式中　f_a，f——薄片在空气和液体中的共振频率；

E_a，E——薄片在空气和液体中的共振振幅；

K_0——系统的常数，由标准黏度试样确定；

R_M——实际机械衰减分量；

A——薄片的有效面积。

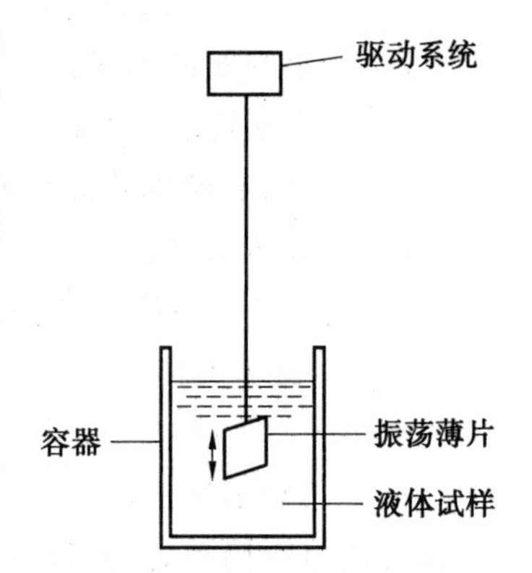

图 1.19　振荡薄片黏度计结构示意图

1.4.2　黏度的理论计算公式

液态金属中的原子与固态时一样，都是以平衡位置为中心，在随机方向上以一定的振幅不停地振动。液体金属的黏度正是由于原子振动的动量由一个原子层面传递到相邻的原子层面而引起的。Andrade 由此导出简单液体（单原子液体）在熔点附近的黏度为

$$\mu_m=\frac{4vm}{3a}=1.6\times10^{-4}\frac{(mT_m)^{\frac{1}{2}}}{V_m^{\frac{2}{3}}}(\mathrm{m\cdot Pa\cdot s}) \tag{1.29}$$

式中　v——原子振动的特征频率；

a——原子间的平均距离，$a=(V/N_A)^{1/3}$；

$\frac{4}{3}$——粗略估算的修正因子。

Andrade 公式的计算值与实际测量值的对比结果如图 1.20 所示，图中误差带为目前 μ_m 的最大值和最小值。

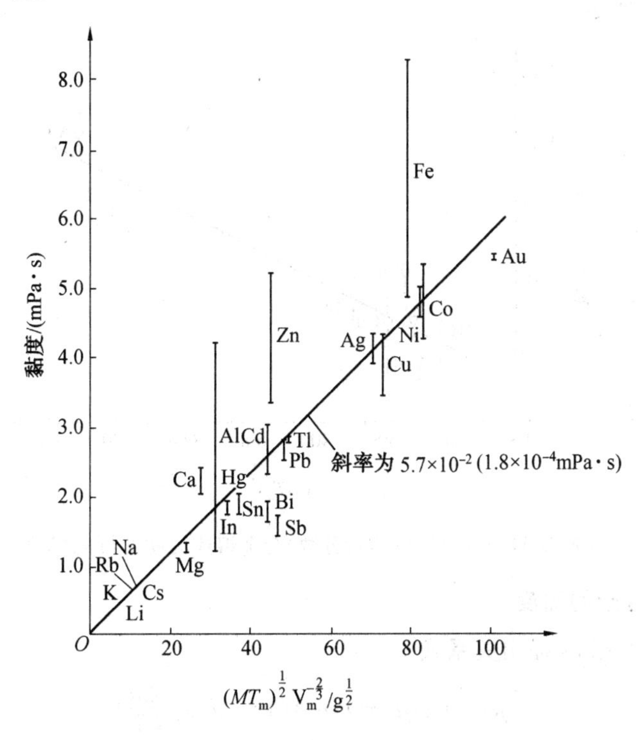

图 1.20　Andrade 公式的计算值与实际测量值的对比结果熔点处的黏度 μ_m 和 $(MT_m)^{\frac{1}{2}}V_m^{-\frac{2}{3}}$ 的关系

式(1.29)给出的液态金属在熔点的黏度值与实验值比较吻合，表明 Andrade 黏度计算公式具有较高的精度。此外，Andrade 还研究了温度对黏度的影响，并给出了黏度随温度变化的表达式，即

$$\mu c_p^{\frac{1}{3}} = A\exp\left(\frac{c}{c_p T}\right) \tag{1.30}$$

式中　c_p——比热容；

A,c——常数。

1.4.3　合金熔体的黏度

1. 稀液态合金的黏度

稀液态合金的黏度的表达式为

$$k_\mu = \left(\frac{2a_M}{a_M + a_X}\right)^2 \left(1 + \frac{8.0\times10^6\,|\Delta\chi^2|}{T_{m,x}T}\right) \tag{1.31}$$

式中 a——平均原子间距；

χ——电负性($|\Delta\chi|=|\chi_M-\chi_X|$)；

$T_{m,x}$——熔点；

下脚标 M,X——基体金属和溶质元素。

采用式(1.31)计算 413 K 时 Hg－1.0%X(质量分数)，合金熔体的黏度与 $k_\mu(MT_m)_x^{\frac{1}{2}}$ 的关系如图 1.21 所示。

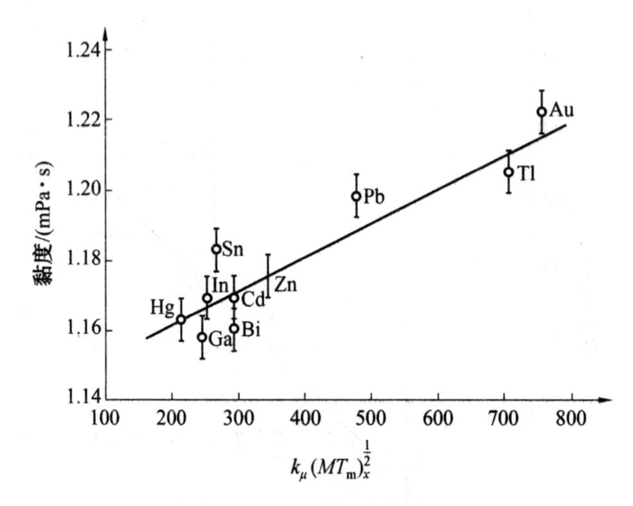

图 1.21 413 K 时 Hg－1.0%X(质量分数)合金熔体的黏度与 $k_\mu(MT_m)_x^{1/2}$ 的关系

2. 液态二元合金的黏度

Moelwyn－Hughes 提出关系式

$$\mu_A=(x_1\mu_1+x_2\mu_2)(1-2x_1x_2\frac{\Delta u}{kT}) \tag{1.32}$$

式中 μ_A——液态二元合金的黏度；

x——摩尔(原子)分数；

Δu——交互作用能；

下脚标 1,2——组元。

式(1.32)用来描述液态二元合金的黏度，还可写成剩余黏度 μ^E 的形式，即

$$\mu^E=-2(x_1\mu_1+x_2\mu_2)\frac{H^E}{RT} \tag{1.33}$$

Iida 等从唯象学的角度提出液态二元合金剩余黏度的计算公式，可以用液态合金的一些基本物理量来表达：

$$\mu^E=(x_1\mu_1+x_2\mu_2)(\mu_{h,d}^E+\mu_{h,m}^E+\mu_s^E) \tag{1.34}$$

式中

$$\mu_{h,d}^E=\frac{-5x_1x_2(d_1-d_2)^2}{x_1d_1^2+x_2d_2^2}$$

$$\mu_{h,m}^E=2\left\{\left[1+\frac{x_1x_2(m_1^{1/2}-m_2^{1/2})}{(x_1m_1^{1/2}+x_2m_2^{1/2})^2}\right]^{\frac{1}{2}}-1\right\}$$

以上两项 $\mu_{h,d}^E$，$\mu_{h,m}^E$ 为原子黏滞运动摩擦系数的硬交互作用项，它们与原子直径和相对

原子质量大小的关系。

$$\mu_s^E = \frac{0.12 x_1 x_2 \Delta\mu}{kT} \tag{1.35}$$

或

$$\mu_s^E = -0.12(x_1 \ln f_1 + x_2 \ln f_2) \tag{1.36}$$

式中　d——原子直径（Pauling 理论中正离子的直径）；

m——相对原子质量；

f——活度系数；

μ_s^E——原子黏滞运动摩擦系数的软交互作用项，与系统的化学位的关系。

显然，随 d_1 与 d_2 和 m_1 与 m_2 的差异变大，$\mu_{h,d}^E$将变得更负，而 $\mu_{h,m}^E$将增大。

用式(1.34)和式(1.36)的计算结果如图 1.22 所示，图中还给出 Ag－Sb 二元合金剩余黏度的实验数据。可以看出，对于规则溶液或近似规则溶液用上式得到的计算值和实验值二者符合得相当好。

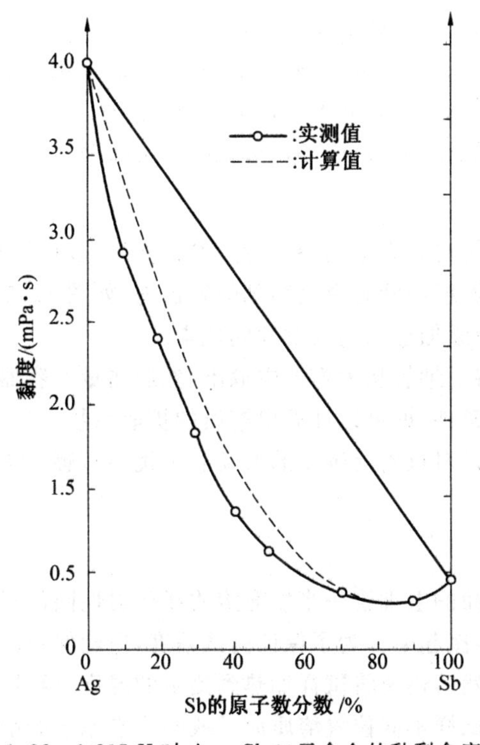

图 1.22　1 237 K 时 Ag－Sb 二元合金的黏剩余度

1.5 液态金属中与合金熔体中的扩散

对液态金属来讲，采用实验方法获得扩散规律的研究目前还很困难，其主要原因是缺乏相应的放射性同位素，同时，液态金属自扩散的实验数据又相当稀少。因此，需要人们更进一步开展针对实验方法、理论计算的研究，以便获得更多液态金属的自扩散数据，进而求出溶质或扩散杂质的扩散系数。

1.5.1 扩散系数的实验及测量方法

测量扩散系数的方法很多，下列方法是在液态金属扩散系数的测量中常用的方法。

①毛细管源法(Capillary－reservior Method)。

②扩散偶法(Diffusion Couple Method)。

③剪切池法(Shear－cell Method)。

④薄片源法(Plane Source Method)。

⑤电化学浓度池法(Electrochemical Concentration－cell Method)。

⑥慢中子散射法(Slow Neutron Scattering Method)。

⑦核磁共振法(Nuclear Magnetic Resonance Method)。

1. 毛细管源法

毛细管源法的原理是将含有金属溶质(源)的试样放入内径均匀、一端封闭的毛细管中，然后将其插入盛有一定温度的液态金属溶剂的容器内，如图 1.23 所示。如果是测量自扩散系数，则需要在毛细管中添加适当的放射性同位素。

经过一段时间后，将毛细管从大容器中取出，然后测量大容器内溶解的溶质的浓度。据此浓度及毛细管长度等条件，即可以计算出溶质的扩散系数。

毛细管源法的优点是对仪器周围小的波动和干扰不敏感。该方法是最常用的测量液体金属扩散系数的方法。

2. 扩散偶法

扩散偶法是将等截面的毛细管一半填充溶质或放射性同位素，另一半填充金属溶剂，按如图 1.24 所示的方式连接起来。为了保证测试精度，应确保两段试样的长度远远大于内部扩散粒子扩散的距离。然后迅速将试样加热到测定的温度，经过一段时间扩散之后，再迅速将试样冷却。通过测量试样不同位置溶质原子或同位素原子的浓度，即可计算出扩散系数。

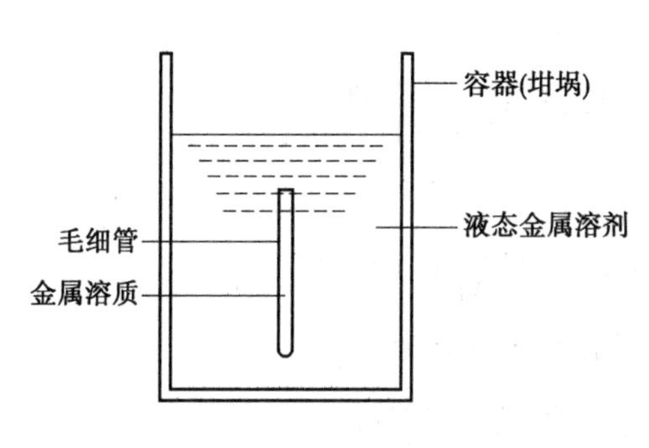

图 1.23　毛细管源法示意图

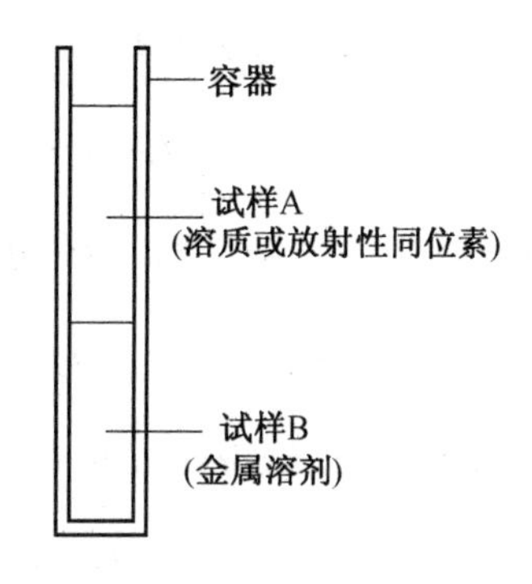

图 1.24　扩散偶法示意图

由于在加热和冷却过程中溶质或同位素也会发生扩散，从而会影响到数据的精度，因此通过采用高速的加热和冷却方法可以提高精度。

3. 剪切池法

剪切池由两个光学上平整的圆盘同轴地放在一起，每个盘上钻有偏心孔，两个盘上的孔对准后就是扩散通道。测量时转动盘，将两个盘上的孔对准后，溶质和金属溶剂（或放射性同位素）相互接触，实验开始。当再转动两个盘使扩散通道断开时，实验结束。该方法的优点是可测量高压下的扩散系数；缺点是实验在开始和结束时圆盘的转动会引起液体的流动，并且实验装置也比较复杂。

4. 薄片源法

薄片源法是将扩散源做成一个 1 mm 或更薄的溶质薄片，另一部分是盛有几厘米深（远大于粒子扩散距离）溶剂的容器，如图 1.25 所示，将薄片放到溶剂的顶部。扩散开始后，溶质即溶解到溶剂当中去。该方法的实验步骤与扩散偶法相似。

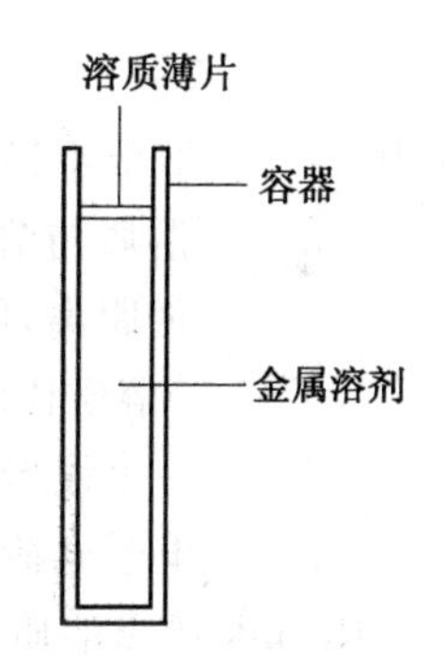

图 1.25　薄片源法示意图

5. 电化学浓度池法

电化学浓度池法的优点是用电学量（如电流、电压）的测量取代复杂的化学分析，不必将液态金属冷却就可以直接测量扩散系数；缺点是适用的金属只有少数几种，能测量的浓度区间也受限制。

1.5.2　扩散系数计算方法

硬球模型的发展推动了液态金属自扩散系数的计算工作，基于硬球理论，人们给出了计算自扩散系数的几个表达。

(1) Vadovic 和 Colver 给出的表达式为

$$D=0.365r\left(\frac{\pi kT}{m}\right)^{\frac{1}{2}}\frac{\eta_{\rm m}/\eta}{9.385(T_{\rm m}p/Tp_{\rm m})-1} \tag{1.37}$$

$$r=\left[\frac{3}{4}\left(\frac{\eta_{\rm m}M}{\pi p_{\rm m}N_{\rm A}}\right)\right]^{\frac{1}{3}}$$

式中　r——原子半径，$r=\sigma/2$。

(2)Faber 给出的表达式为

$$D=4.9\times10^{-6}\left(\frac{T}{M}\right)^{\frac{1}{2}}V^{\frac{1}{3}}\frac{(1-\eta)^3}{\eta^{\frac{5}{3}}(1-\eta/2)} \tag{1.38}$$

在熔点时，$\eta_m=0.45$，式(1.38)化为

$$D_m=4.0\times10^{-6}\left(\frac{T_m}{M}\right)^{\frac{1}{2}}V_m^{\frac{1}{3}} \tag{1.39}$$

(3)Protopapas，Andersen 和 Parlee 给出的表达式为

$$D=\sigma C_{AW}(\eta)\left(\frac{\pi RT}{M}\right)^{\frac{1}{2}}\frac{(1-\eta)^3}{8\eta(2-\eta)} \tag{1.40}$$

$$\sigma=1.126\sigma_m\left[1-0.112(T/T_m)^{\frac{1}{2}}\right] \tag{1.41}$$

式中　σ_m——熔点时的 σ 值。

式(1.39)～(1.41)给出了液态金属自扩散系数的数值及其随温度的变化关系。

1.5.3　液态合金中的溶质扩散

Swalin 将溶质扩散系数的公式写成溶质扩散系数 D_i 与熔剂自扩散系数 $D_{S,M}$ 之比的形式，即

$$\frac{D_i}{D_{S,M}}=\left[1-\frac{\varepsilon}{\lambda^2K_f}\left(1+\frac{2\lambda}{d}+\frac{2\lambda^2}{d^2}\right)\right]^{-1} \tag{1.42}$$

$$\varepsilon=\frac{\beta Z^Ee^2}{d}\exp\left(-\frac{d}{\lambda}\right)$$

式中　λ——屏蔽半径($1/\lambda$ 称为屏蔽常数)；

d——溶质与溶剂粒子之间的距离(由于在很多情况下不知道溶质与溶剂粒子之间的距离，因此 d 取溶剂粒子中心的距离)；

Z^E——溶质比溶剂多余的价电子(或剩余价)；

β——一个缓慢变化的量，其值是 Z^E 的函数；

e——电子电荷。

Reynik 给出溶质的扩散系数为

$$D_i=2.08\times10^9Zx_0^2T-1.72\times10^{24}Zx_0^4K_f \tag{1.43}$$

$$x_0=d-(r+r_i)$$

式中　r——溶剂原子的有效半径；

d——溶质与溶剂粒子中心的距离(在很多情况下不知道溶质与溶剂粒子之间的距离)；

r_i——溶质原子的有效半径。

Solar 和 Guthrie 将液态 Fe 中溶质扩散系数表示为 x_0 的函数。图 1.26 列出了三种不同 K_f 取值的液体。从图 1.26 中可以看出，当 x_0 很小时，D 曲线趋向式(1.43)中等号右侧的第一项，K_f 值的大小对 D 影响很小。

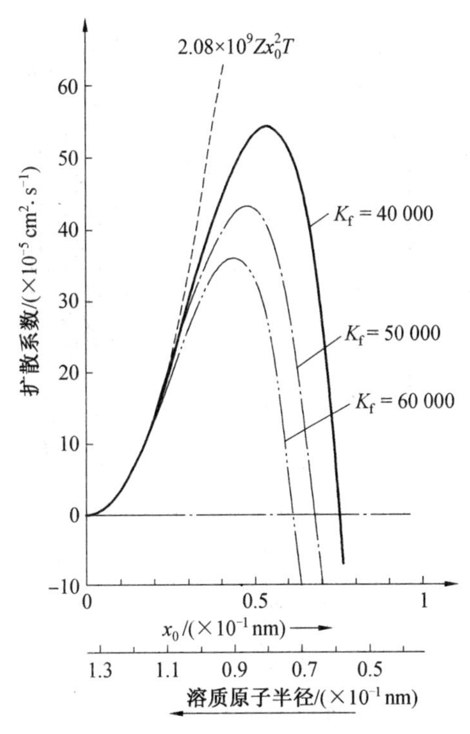

图 1.26　不同 K_f 值的三种溶质在液态 Fe 中的扩散系数(计算值)与 x_0 的关系

1.6　液态金属的电导与热导

液态金属的电阻对于金属的冶金过程十分重要,如炼钢过程的精炼、电磁搅拌等一些工艺都需要由液态金属的电阻数据来支持。同样,液态金属的热导率对于控制凝固过程更是尤为重要,目前很多液态金属的热导率尚属于严重缺乏的状态。

1.6.1　液态金属电阻的测量方法

目前,测量液态金属电阻的主要方法有直流四探针法和旋转磁场法。

1. 直流四探针法(直接方法)

直流四探针法的理论基础是欧姆定律,即通过测量恒定直流条件下等截面、固定长度的液态金属的电压,从而获得液态金属电阻率。仪器的标定多采用已知电阻的液态金属 Hg 来标定。测定仪器装置如图 1.27 所示。

2. 旋转磁场法(间接法)

旋转磁场方法的原理是根据一个圆柱形的试样在旋转磁场中受到的扭矩与其电阻的倒数成正比的原理来设计的。其测量实验装置的剖面图如图 1.28 所示。测量仪器也需用已知电阻的液态标准试样(如 Hg)来标定。由于该测量仪器不直接接触液态金属,因此可用来测量高温液态金属的电阻。这种方法的缺点是需要先知道液态金属的密度等数据。

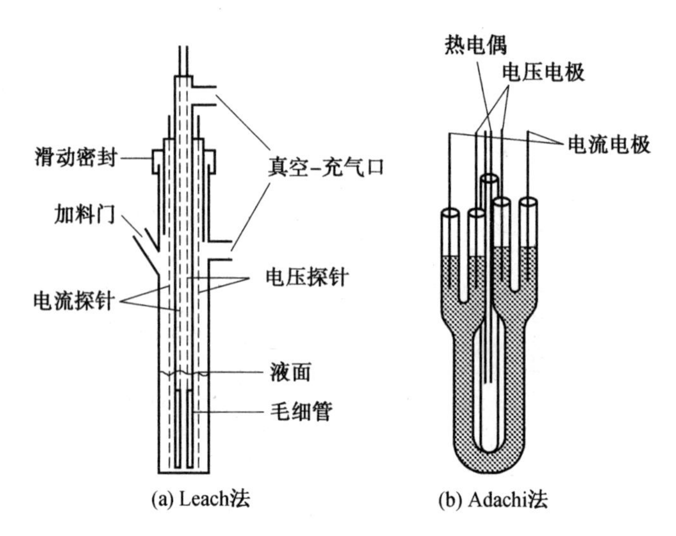

图 1.27　液态金属电阻率测定装置示意图

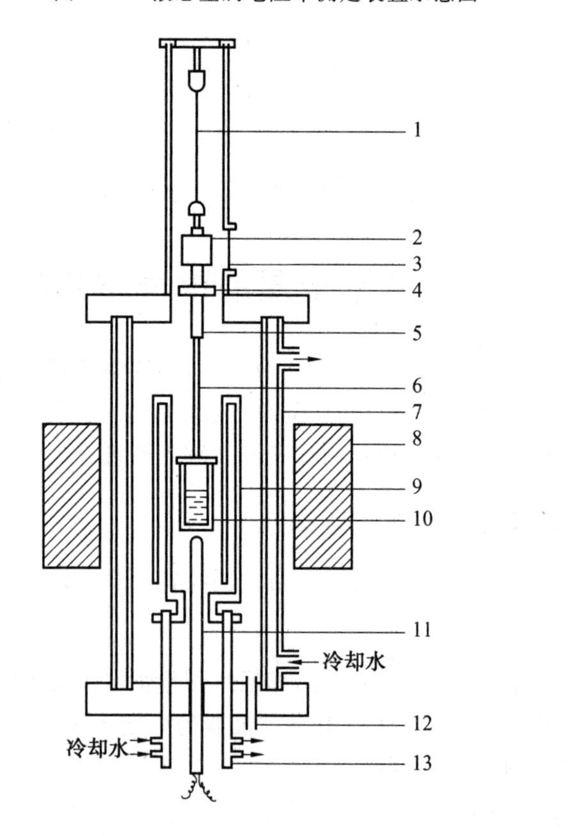

图 1.28　旋转磁场法测量液态金属电阻装置的剖面图

1—悬丝；2—反光镜；3—观察窗口；4—铜盘；5—铜棒；6—石墨棒；7—玻璃水，冷套；8—电磁铁；9—石墨加热体；10—盛有液态金属的 Al_2O_3 的坩埚；11—热电偶；12—真空管路；13—电源

1.6.2　液态金属电导率的计算方法

液态金属中的离子无序度比固态大，因而液态金属的电阻值比固态金属的电阻值大，同时，由于液态金属中自由电子的移动距离缩小，因此，导致其导电能力也比固态金属小。液态金属的电导率不像固态金属那样有精确的计算公式，只能通过方程来近似地描述液态金属电导率的变化规律。

(1)Molt 指出在熔点处，液态金属电导率与固体电导率的比值 $\sigma_{e,l}/\sigma_{e,s}$ 可用下列方程计算：

$$\frac{\sigma_{e,l}}{\sigma_{e,s}}=\left(\frac{v_l}{v_s}\right)^2=\exp\left(-\frac{80\Delta_s^l H_m}{T_m}\right) \tag{1.44}$$

式中　$\Delta_s^l H_m$——熔化焓或熔化潜热，kJ/mol；

v_s——固体中原子振动频率。

(2)Zimann 公式。

$$\rho_e=\frac{12\pi V}{e^2 h v_F^2}\int_0^1 |U(Q)|^2 S(Q)\left(\frac{Q}{2k_F}\right)^3 d\left(\frac{Q}{2k_F}\right) \tag{1.45}$$

式中　e——电子电荷；

v_F——Fermi 速度；

k_F——Fermi 波矢；

V——原子的体积；

$U(Q)$——赝势；

$S(Q)$——(静态)结构因子。

方程(1.45)给出了液态金属的电导率直接和间接的计算公式，解决了液态金属电导率计算的问题。

1.6.3　液态金属与合金熔体的热导率

热导率的测量方法有很多，但针对液态金属这样的高温液体，最常用的是轴向热流法。图 1.29 给出了该方法的装置示意图。轴向热流法是将液态金属试样放在如图 1.29 (b)所示的容器内，确保热量从垂直于容器壁的表面流过，周围用隔板来防止水平方向上的热量流失。

热导率是随温度变化的。热导率由测量出来的热流及径向温度梯度计算得出，即

$$\lambda=\frac{1}{A}\left(\frac{\dot{q}}{dT/dx}-\lambda_c A_c\right) \tag{1.46}$$

式中　$\dot{q}$——向冷端的能量输入；

λ_c——容器的热导率；

A——容器空腔在水平方向的面积；

A_c——容器在水平方向的面积；

dT/dx——测量区域上的温度梯度(图 1.29(b)中容器的 B～E 部分)

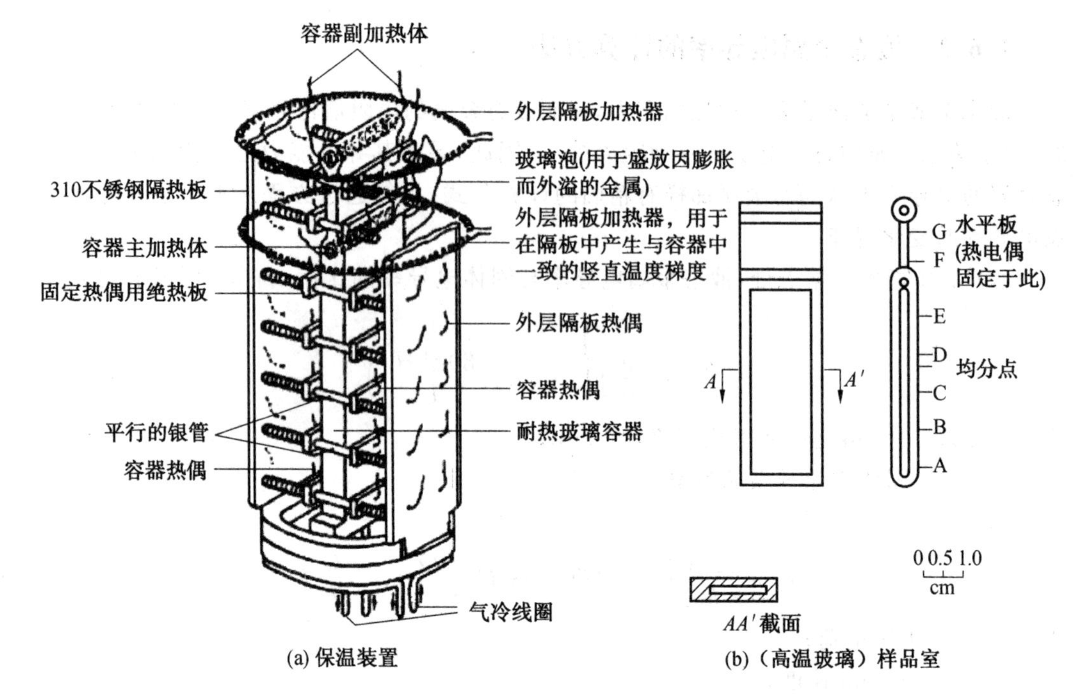

图 1.29　轴向热流法测量热导率的装置图

热导率测量的关键在于热流的精确测量。因而不同的测试方法间数据常存在着较大的差异。图 1.30 和 1.31 分别列出了一些液态金属与合金的热导率。由图可以看出，热导率随温度的变化十分复杂。

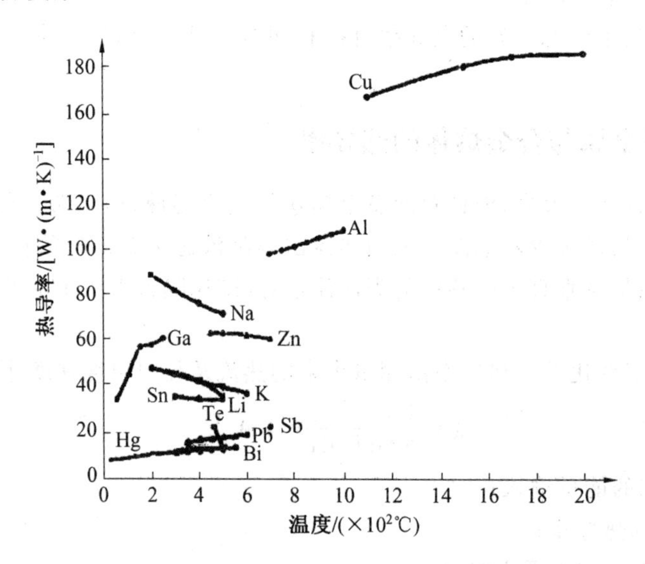

图 1.30　几种液态金属单质热导率与温度的关系

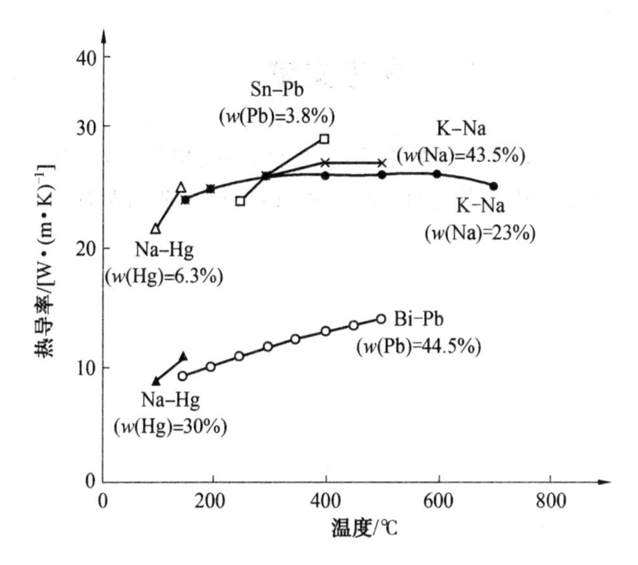

图 1.31　几种液态合金的热导率与温度的关系

1.6.4　液态金属电导率与热导率的关系

高温时，液态金属的电导率与热导率存在如下的简单关系：

$$\frac{\lambda}{\sigma_e T}=\frac{\pi^2 k^2}{3e^2}=2.45\times10^{-8}(\mathrm{W}\cdot\Omega\cdot\mathrm{K}^{-2}) \tag{1.47}$$

即 $\lambda/\sigma_e(=\lambda\rho_e)$对所有金属为定值，这就是著名的 Wiedemann－Franz－Lorenz(WFL)定律。Lorenz 发现该比值与绝对温度有关。因此式(1.47)右边的常数 $\pi^2k^2/3e^2$ 就称为 Lorenz 常数。

思考题

1. 金属的熔化熵、蒸发熵、蒸发焓是否存在一定的规律？其规律的特点是什么？
2. 金属熔化时体积变化有哪些特征？
3. 固体向液体转变的失稳条件是什么？
4. 液态金属密度的测量方法有哪些？最大气泡压力法测量液态金属密度的原理是什么？
5. 液态金属表面张力的测量方法有哪些？悬滴法测量表面张力的原理是什么？
6. 液态金属黏度的测试方法有哪些？振荡容器法的测试原理是什么？
7. 合金熔体的黏度是如何计算获得的？
8. 液态金属扩散系数是如何测量的？薄片源法的测试原理是什么？
9. 热扩散系数的测试原理是什么？测试方法有哪些？

参考文献

[1] 冼爱平,王连文.液态金属的物理性能[M].北京:科技出版社,2005.
[2] 郭景杰,傅恒志. 合金熔体及其处理[M]. 北京:机械工业出版社, 2005.

第2章　液态金属与合金熔体的结构

长期以来，人们对固态金属的结构有了比较清楚的认识，然而，对于看似熟悉的液态金属，尽管也对其进行了许多研究和应用，但是，我们真正知道液态金属又有多少？液态金属的结构会是怎样？一方面它具有固定的体积，这很像固态；另一方面，它的形貌又可以自由变化，这很像气态。那么液态金属的结构到底是接近固态还是更接近气态？由于液态金属一般温度很高，研究认识它十分困难，因此造成了对液态金属的认识远远落后于对固态金属的认识。

随着研究金属结构的X射线、中子衍射及其他研究的不断进步，特别是分子动力学模拟研究的快速进展，人们对液态金属结构的认识正逐步走向清晰。

2.1　液态金属结构的特征

2.1.1　液态金属中原子的短程有序

目前，采用X射线衍射和中子衍射方法是获得液态金属结构的主要方法。通过X射线衍射可以得到晶体或液态金属的X射线衍射图样。理想晶体的X射线衍射谱是由一组明锐而对称的衍射峰组成。多晶纯铁的X射线衍射谱线，如图2.1所示。

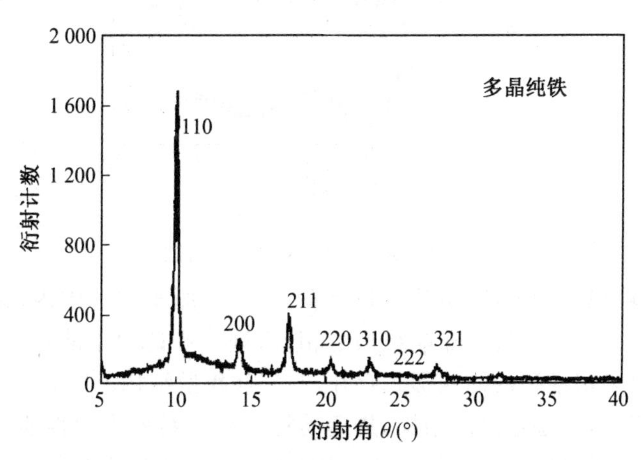

图2.1　多晶纯铁的X射线衍射谱线(X射线波长为0.071 nm)

气态的X射线衍射谱线一般没有明锐的峰，而是一组连续的谱线。液态金属的衍射谱线由少数几个峰值组成。这可解释为液态金属中的原子存在着类似于密堆的结构并随机分布，如图2.2所示。

这就是我们对液态金属的最初认识，前两个峰有明显的峰值，表明液态金属与固态金属

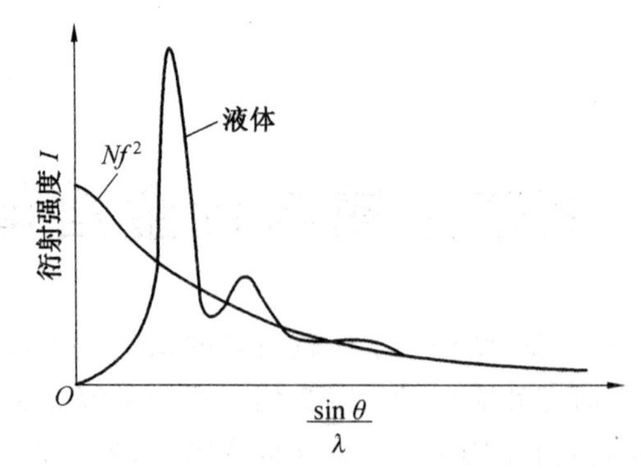

图 2.2　液态的 X 射线衍射图样

（Nf^2 曲线对应于（理想）气体。I 为 X 射线在 2θ 处的衍射强度，λ 为入射光束波长，N 为原子总数，f 为原子散射因子）

在近程是相似的，但是也有和固态金属不同的地方，后面的峰随着距离的变远而逐渐消失。这表明远程液态金属的结构逐渐靠近气态，与气态的谱线十分吻合，说明其结构在远程上与气态一样，远程是无序的。液态金属的 X 射线衍射结果证实了上述分析的结构是正确的。

液态金属的结构与非晶固体的结构非常相似。非晶态的 X 射线衍射图如图 2.3 所示，表明原子的排列在宏观上看是杂乱无章的。

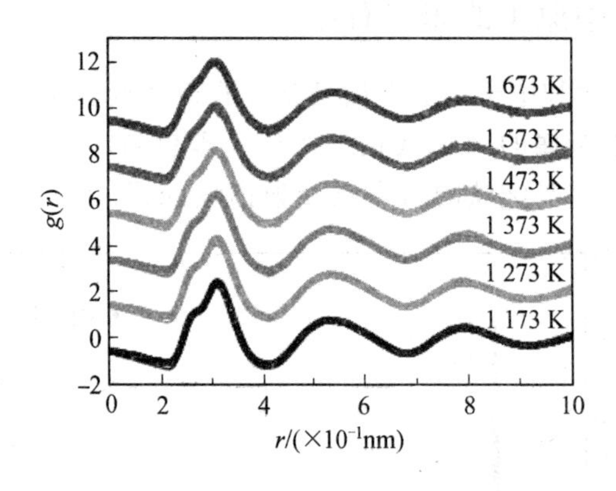

图 2.3　非晶态的 X 射线衍射图

原子处于紧密堆积的状态，但是从微观上看，在几个原子的范围内，原子和晶体是相似的，即处于有序排列。液态金属与非晶结构的相似，进一步证明了液态金属近程有序，远程杂乱无章，总体是以紧密堆积的结构形式存在，与气体松散结构不同。

另外，在熔点附近，液态金属的结构、热运动特点和一系列力学性能与晶体有较大的相似性。熔化过程消除了晶体的三维周期性，但在一定范围内仍保持着原子排列的近程有序。远程无序并不强烈影响原子之间的结合力所决定的诸力学性能，如比热容、原子比热容量及等温压缩性的变化。例如在熔化时，不同金属的相关数据见表 2.1。

表 2.1　各种物质熔化时单位体积 V_s 等温压缩性 β_T 比热容 c_p 和自扩散系数 D 的变化

物质	V_s /(×10^{-6} m^3)		β_T /[×10^{-10} m^2 · N^{-1}]		c_p /[×10^{-3} J · (mol · K)$^{-1}$]		D /(m^2 · s^{-1})	
	固态	液态	固态	液态	固态	液态	固态	液态
Ar	24.8	28.3	8.91	19.3			10^{-13}～2×10^{-12}	1.8×10^{-9}
Na	24.1	24.7	1.65	1.91	79.5	84.5	1.6×10^{-11}	4×10^{-9}
Al	10.75	11.4	0.222	0.238	35.2	36.5	—	—
Sn	16.6	17.0			58.5	56.4	1.6×10^{-14}～8×10^{-14}	2.1×10^{-9}
NaCl	30.2	37.7			45.8	66.8	(Cl^-)6.6×10^{-13}	2.1×10^{-9}
KCl	41.6	48.8	1.61	3.62	41.4	66.8	—	—

从表 2.1 可以看出，熔化前后许多物理量的变化不大，表明液态和固态具有相近的物理性质。

2.1.2　液态金属中的分子(原子)热运动

液体中原子的热运动是由原子围绕平衡中心的振动和单个原子的位移一自扩散所构成的。原子的位移又称原子的移动，它可通过三个途径来实现：①原子从一个位置到相距约有一个原子大小距离的另一个位置的跃迁；②原子振动中心以相对不大的速度位移；③通过既有活化跃迁，又有原子振动中心缓慢位移相综合的中间式的运动。

另外，原子运动的起伏机制认为：原子平移的值比原子间距离(0.04～0.11 nm)要小得多，而液体中的微孔体积是小于一个原子所占的体积，原子转移到近邻微孔的时间与自己的振动周期没有区别。所以原子静止不动的时间接近为零；液体微观体积内能量的起伏，导致原子(或它们的集团)的位置相对于一些最近邻位置进行不断的变化，也就是说，它们的位移小于原子间距离的一个不固定的距离。

用分子动力学计算可知，液态金属(Al，Fe，Ni)中的单个原子和原子集团的运动特点如图 2.4 所示。靠近诸原子终点的数字说明它们对 z 轴的原点的偏差。根据富兰克林的观点，单个原子迅速地由旧的振动中心转向新的振动中心。

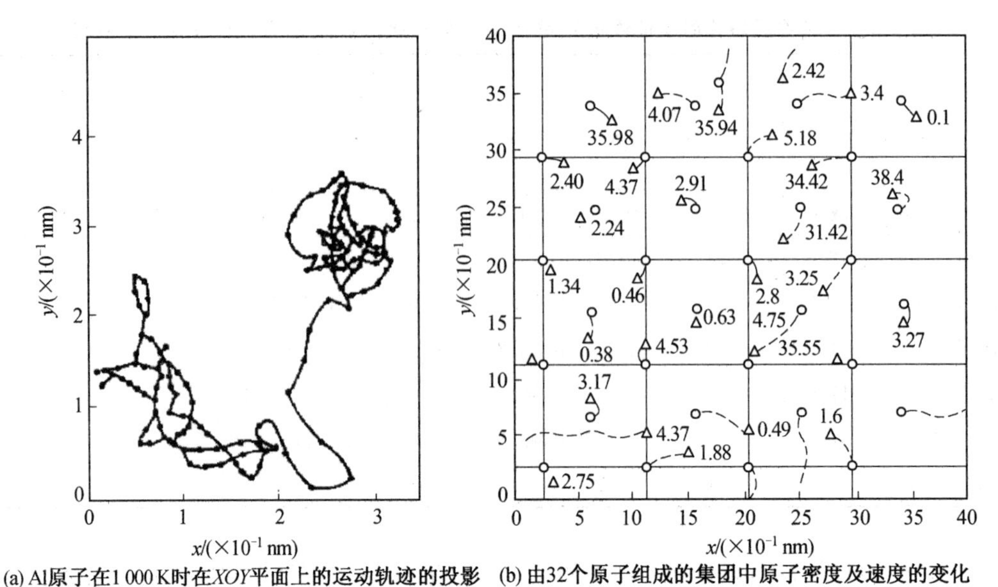

(a) Al原子在1 000 K时在*XOY*平面上的运动轨迹的投影　(b) 由32个原子组成的集团中原子密度及速度的变化（靠近诸原子终点的数字说明它们对*z*轴的原点的偏差）

图 2.4　液态金属单个原子和原子集团的运动规律

2.1.3　液态金属单个原子和原子周围的径向分布与结构因子

同描述晶体一样，研究液态金属原子周围的径向分布，也可借助于任一原子（分子）处于距离参考原子 r 处的概率的双体分布函数 $g(r)$ 来定量描述液态金属的结构。无量纲的双体分布函数以 $g(r)=\rho(r)/\rho_0$ 相互联系，其中 ρ_0 为系统中的平均原子密度。

对于一些简单的液体来说，$g(r)$是与双原子相关函数完全一样的，后者实际上可列入描述液相的任何动力学方程中。径向分布函数是根据衍射实验中所测定的结构因子 $S(Q)$计算出的：

$$S(Q)=\frac{I(Q)}{Nf^2(Q)} \tag{2.1}$$

式中　$I(Q)$——波矢函数 Q 处的散射强度，其中 $Q=\frac{4\pi}{\lambda}\sin\theta$，$\theta$ 为散射角的一半，λ 为辐射波长；

$f(Q)$——原子散射强度的原子因子；

N——散射中心数。

液态金属的 X 射线衍射实验积累了大量液态金属结构的信息。图 2.5 ～2.8 所示为在熔点附近液态金属 Na，Pb，Cu 和 Fe 的双体分布函数曲线。

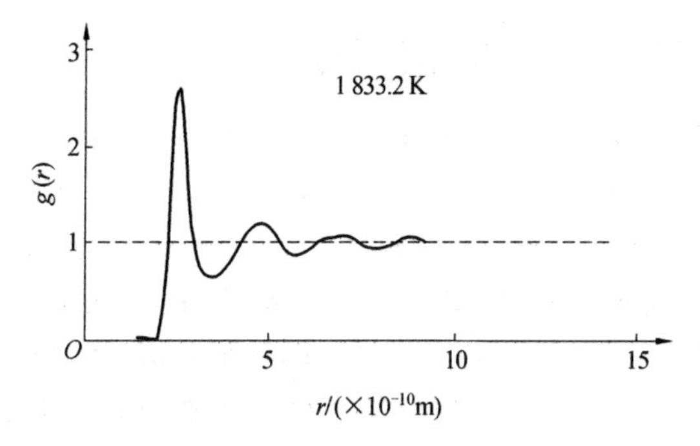

图 2.5　液态 Na 在熔点附近的双体分布函数曲线

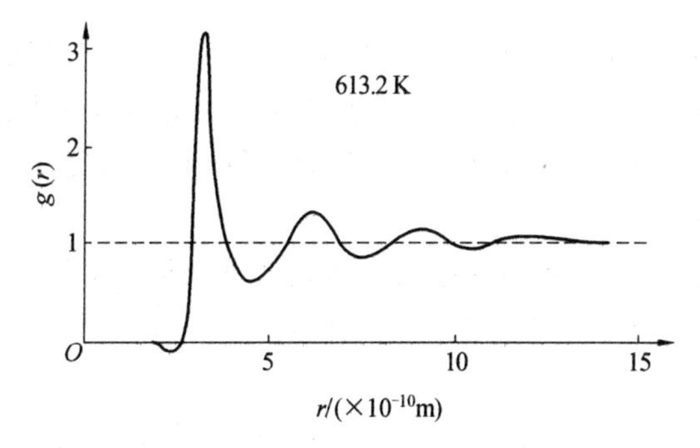

图 2.6　液态 Pb 在熔点附近的双体分布函数曲线

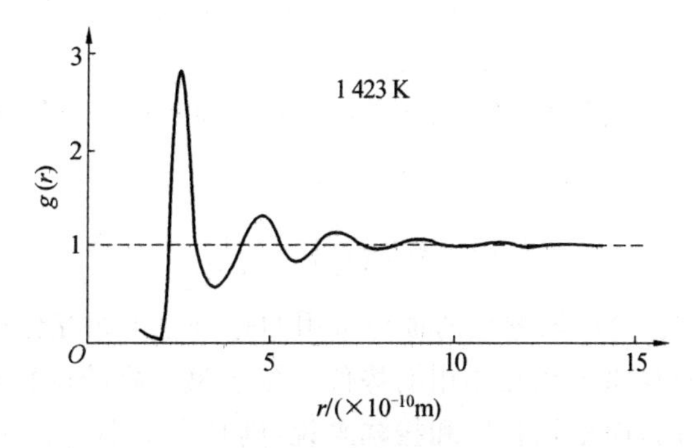

图 2.7　液态 Cu 在熔点附近的双体分布函数曲线

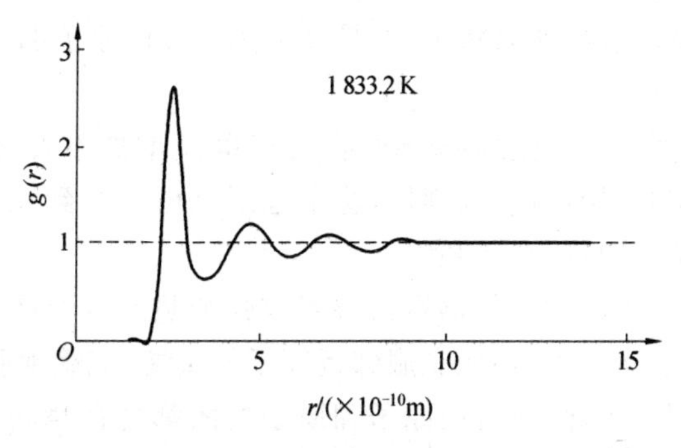

图 2.8　液态 Fe 在熔点附近的双体分布函数曲线

2.1.4 液态金属双原子间相互作用势能

在液态金属中，原子间同样存在着相互作用的势能。在简单液体中，原子间的作用势能取决于原子距离，液态金属就属于这种情况。金属键是不定向和不饱和的，同时许多金属的离子有着惰性气体的结构和具有球状的对称性。

在液态物理领域，最简单和最常用的是 $L-J$ 势，其中，斥力和引力相应地与距离的 12 次方和 6 次方成反比，考虑到金属正离子的电子的屏蔽效应，便可得到稳定的振荡势 $\phi(r)$ 与 $\cos(2k_f r)r^{-3}$ 成比例，在这里 k_f 为费密球的半径。这种情况下的全势位可表示为

$$\phi(r)=\frac{A}{r^{12}}-\frac{B}{r^{6}}+\frac{C}{r^{3}}\cos(2k_f r+a)\exp(-\Delta k_f r) \tag{2.2}$$

式中，第一项说明短距离内的离子的斥力；第二项是由一些离子壳层的电子的相关效应所引起的短时起作用的引力；第三项是通过电子的长时起作用的引力；系数 $\Delta k_f=0.05$ 是考虑到了液态金属中费密面的破坏；常数 A，B 和 C 表示原子的有效直径 d_{eff}、势阱的深度和振动振幅；a 由条件 $\phi(d_{eff})$ 中选出。

同样，有关液态金属中质点间相互作用力的数据可以从衍射结果分析来获得，把双原子势位与液体的一些结构特性联系起来的方程式得到了广泛的应用。

(1)B－B－G 方程式：

$$\phi(r)=-k_B T\ln g(r)+\int_0^{\infty}\frac{d\phi(t)}{dt}G(t,r)dt$$

式中

$$G(t,r)=\frac{\pi\rho_0}{k}g(t)\int_{-t}^{+t}(t^2-q^2)(q+r)[g(|q+r|)-1]dq \quad (-t\leqslant q\leqslant t,0\leqslant t\leqslant r_{max})$$

(2)P－Y 方程式：

$$\phi(r)=k_B T\ln\left[1-\frac{C(r)}{g(r)}\right]$$

式中，$g(r)$ 和 $C(r)$ 为相关函数，该方程的推导采用的是双原子相互作用近似法。

图 2.9 为液态 Al 的双原子相互作用的势位。按照第一峰的位置和深度来看，每个元素的势位函数是互相近似的，而根据长度和振幅来说，则是有差别的。

上述液态金属结构的特征从宏观、微观揭示了液态金属的结构，从总体上看，固态金属熔化后，其原子处于相对较大的能量状态，但是又不能像气体原子那样杂乱无章地运动。液态金属结构具备如下特点：

①金属熔化后原子间的结合受到部分破坏，原子间距增加不大，但仍有较强的结合能。在较小的范围内，原子排列仍然具有规则性，这个范围是由十几到几百个原子组成的集团，即所谓的近程有序，原子集团称为“晶胚”。

②液态金属中原子集团内的原子仍然保持着较强的热运动。在这些原子集团内，原子除了在集团内做很强的热运动外，还能克服邻近原子的束缚，成簇地脱落本集团而加入其他集团，组成新的原子集团。因此，所有的原子和原子集团都处在瞬间万变的状态，此起彼伏较大，又称为原子的能量起伏。

③原子集团的起伏犹如原子集团处在游动状态。原子集团间的距离大，犹如存在“空

穴”，原子集团与空穴都在游动，一个原子集团与空穴消失的同时，新的原子集团与空穴又会在其他位置生成。在原子集团内，原子间的结合靠金属键，一些自由电子归此原子集团中所有的原子所共有，故液体金属仍具有导电的特征。在原子集团间，自由电子难以自己飞越空穴，只能随着集团间的原子交换而跟随正离子一起运动，从某种意义上说，空穴间的导电具有离子导电的特征。所以大部分金属在熔化时，电阻突然增加1～2倍。

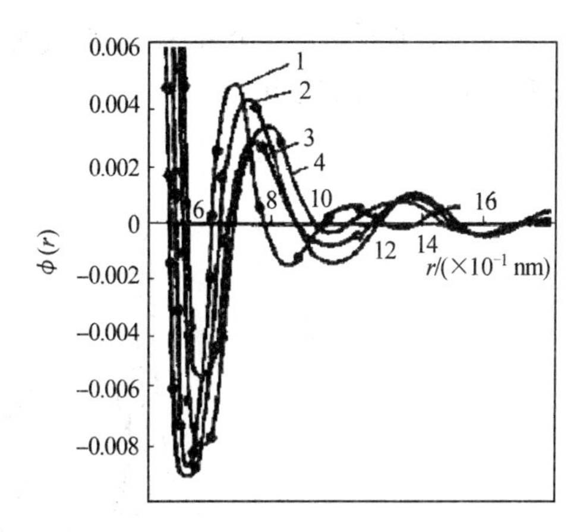

图2.9　液态Al的双原子相互作用的势位

1—根据赝势而得；2—按照B－B－G方程式的计算而得；3—采用不同作者的数据；4—根据P－Y方程式所得

④原子集团的存在和游动受温度的影响较大。集团的尺寸、游动的速度都与温度有关。温度越高，原子集团的尺寸越小，游动的速度越快。

综上所述，液体金属是由许多游动的原子集团组成，在集团内可以看作是空位等缺陷较多的固体，其中原子的排列和结合与原有的固体相似。但是存在很大的能量起伏，热运动很强。原子集团间存在空穴。温度越高，原子集团的尺寸越小，游动的速度越快。基于上述原因，液态金属具有很好的流动性。

2.2　合金熔体的结构特征

合金熔液结构理论分析相当困难。即使是二元合金，欲求其结构必须同时知道三个双体分布函数，即$g_{11}(r)$，$g_{12}(r)$和$g_{22}(r)$。

一般称$g_{\alpha\beta}(r)$为偏双体分布函数，指在距参考原子α为r处，在球壳$r\rightarrow r+dr$内找到另外一个原子β的概率。

$$g_{\alpha\beta}(r)=1+\frac{1}{2\pi^2 n_0 r_0}\int_0^\infty Q[S_{\alpha\beta}(Q)-1]\sin(Qr)dQ \tag{2.3}$$

式中　$S_{\alpha\beta}(Q)$——偏结构因子。

二元合金的偏结构因子$S_{\alpha\beta}(Q)$可以表示为三个偏结构因子和的形式，其值可分别由衍射实验测得：

$$S_{\alpha\beta}(Q)=W_{11}S_{11}(Q)+W_{22}S_{22}(Q)+W_{12}S_{12}(Q) \tag{2.4}$$

其中

$$W_{\alpha\beta}=x_\alpha x_\beta f_\alpha f_\beta/(x_\alpha f_\alpha+x_\beta f_\beta)$$

式中　x——原子分数；

f——散射因子。

由实验获得二元合金的偏结构因子的实例如图2.10和图2.11所示。S_{Al-Mg}曲线上第一主峰的位置位于S_{Al-Al}曲线上第一主峰和S_{Mg-Mg}曲线上第一主峰的中间。作为对比，S_{Ag-Sb}曲线上第一主峰和S_{Ag-Ag}曲线上第一主峰几乎重叠，而不是像随机混合假设预测的那

样位于 S_{Ag-Ag} 曲线第一主峰和 S_{Sb-Sb} 曲线第一主峰的中间，表明 Ag－Sb 二元系中可能存在着某种化合物或者有序相。

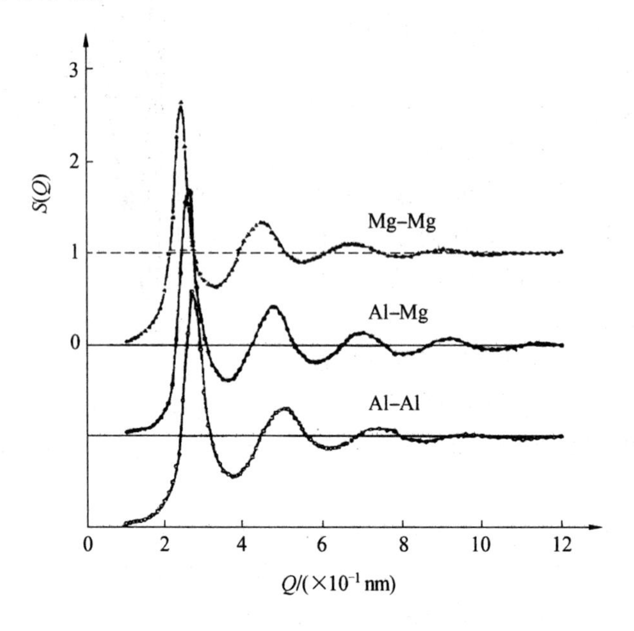

图 2.10　液态 Al－Mg 合金的偏结构因子

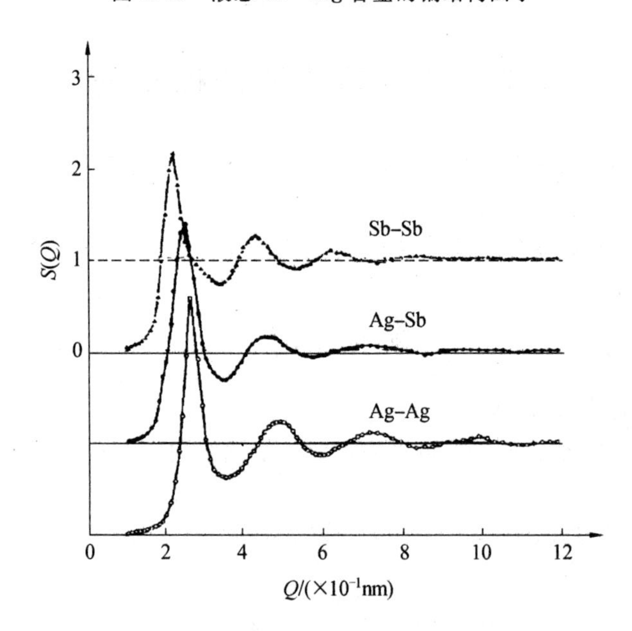

图 2.11　液态 Ag－Sb 合金的偏结构因子

图 2.12 给出了由反常散射实验(Anormalous Scattering Technique)获得的 Fe－P 合金熔体(金属－类金属系统)的三个偏结构因子 $S_{\alpha\beta}(Q)$ 和三个偏双体分布函数 $g_{\alpha\beta}(Q)$。根据这一结果，Waseda 讨论了液态 Fe－P 合金的结构，认为该合金系中的原子组态主要取决于 Fe 原子的无序分布，类似于 Bernal 的随机密堆模型，即 P 原子占据由四个 Fe 原子组成

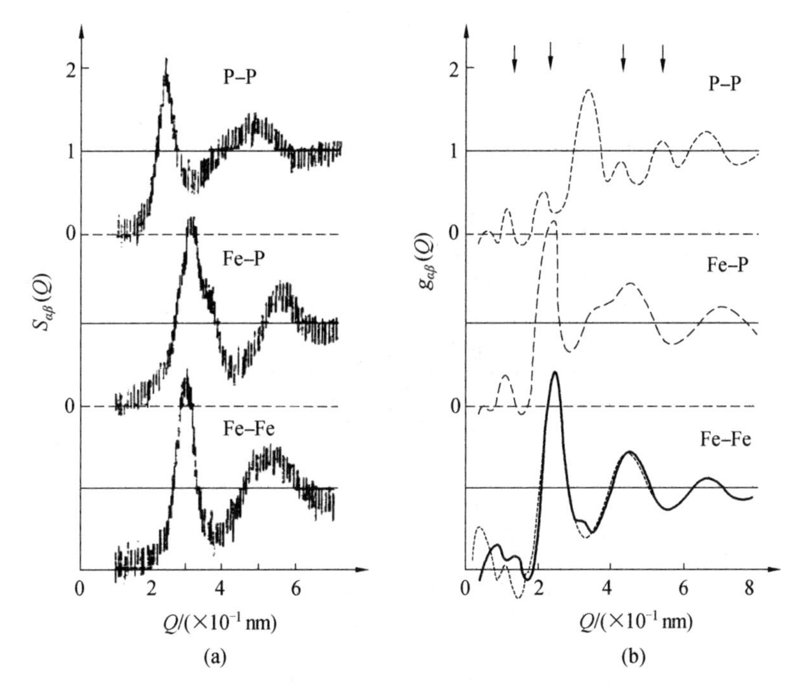

图 2.12　液态 Fe－25%P(原子分数)的偏结构因子和偏径向分布函数

的四面体的中心，以该四面体为基本单元进行随机的密排堆垛。

图 2.12 中箭头所指为由于终端效应引起的寄生涟波所在的位置，其中偏双体分布函数是根据偏结构因子的数据估算而得出的。

利用散射实验的数据已经计算出了许多二元合金系的偏结构因子。在使用这些数据时应当注意这些计算都含有若干假定和近似。对于那些形成化合物的系统，其特征 $S(Q)$ 曲线上第一主峰后存在着一个次峰，如图 2.13 所示，其中 Cu－In 二元系 $S(Q)$ 曲线中峰位及峰高的数据列于表 2.2 中。

表 2.2　液态 Cu－In 合金全结构因子的峰位和峰高

成分	整体结构因子			全双体向分布函数在第一峰处的值 $/(\times10^{-1}$ nm)
	第一主峰和次峰的位置 Q_1 $/(\times10^{-1}$ nm)	第一主峰和次峰的高度 $/(\times10^{-1}$ nm)	第二主峰的位置 Q_2 $/(\times10^{-1}$ nm)	
Cu	3.00	2.41	5.47	2.60
Cu－25.5% In	(2.13)2.84	(0.62)4.07	5.27	2.75
Cu－50.0% In	(2.51)2.82	(1.33)1.90	4.90	3.00
Cu－75.0% In	2.32(2.76)	1.51(1.38)	4.52	3.20
In	2.28	2.08	4.40	3.30

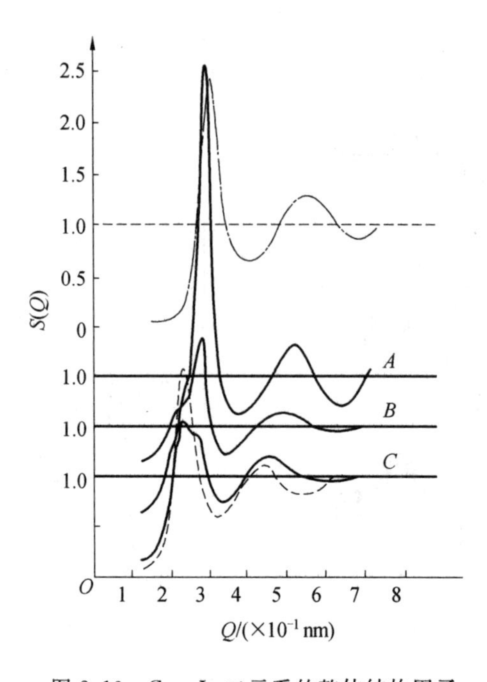

图 2.13 Cu—In 二元系的整体结构因子

点划线:Cu (1 423 K)

曲线 *A*:Cu—25.5%In (973 K)的实验数据

B:Cu—50.0%In (973 K)的实验数据

C:Cu—75.0%In (973 K)的实验数据

虚线:In (771 K)

2.3 液态合金的结构

液态合金的结构远比液态金属结构复杂得多,它与液态合金中原子分布和原子间作用力有很大关系。当两种原子间的作用力与本原子间的作用力相近时,如 Na—K 系二元合金中 Na— Na 和 Na—K,K—K 间的作用力相近。在全部成分范围内衍射峰的位置随成分有规律地变化。随着合金元素含量的增加,合金衍射峰的位置由纯组元衍射峰的位置逐渐向纯合金元素组元衍射峰的位置逼近。这表明两种原子的分布是无序的。

当两种原子间的作用力与本原子间的作用力相差很大时,如 Au—Sn 和 Cu—Sn 系等合金,情况要复杂得多。图 2.14 是 Au—Sn 二元液态合金在不同成分时衍射强度变化图。从纯 Au 到 Au—25% Sn(摩尔分数),第一衍射峰的形状变化不大,但是它的位置则向右移动,说明向 Au 中加入 Sn 后,第一配位距离减小。从图 2.14 可以看出,纯 Sn 的衍射峰位置在小角度一边,但向 Au 中加入 Sn 后衍射峰位置不是靠近纯 Sn 的衍射峰而是远离它。这可以从原子之间的作用力来解释,在 Au—Sn 二元液态合金中,Au—Sn 原子间的作用力大于 Au—Au 和 Sn—Sn 间的作用力,Au 原子的相邻位置优先被 Sn 原子占据,使原子堆积更加紧密,从而减小第一配位距离。从 29.4% Sn 到 50% Sn,第一衍射峰的位置保持不变,但

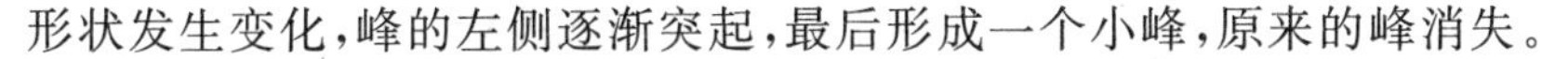

形状发生变化，峰的左侧逐渐突起，最后形成一个小峰，原来的峰消失。

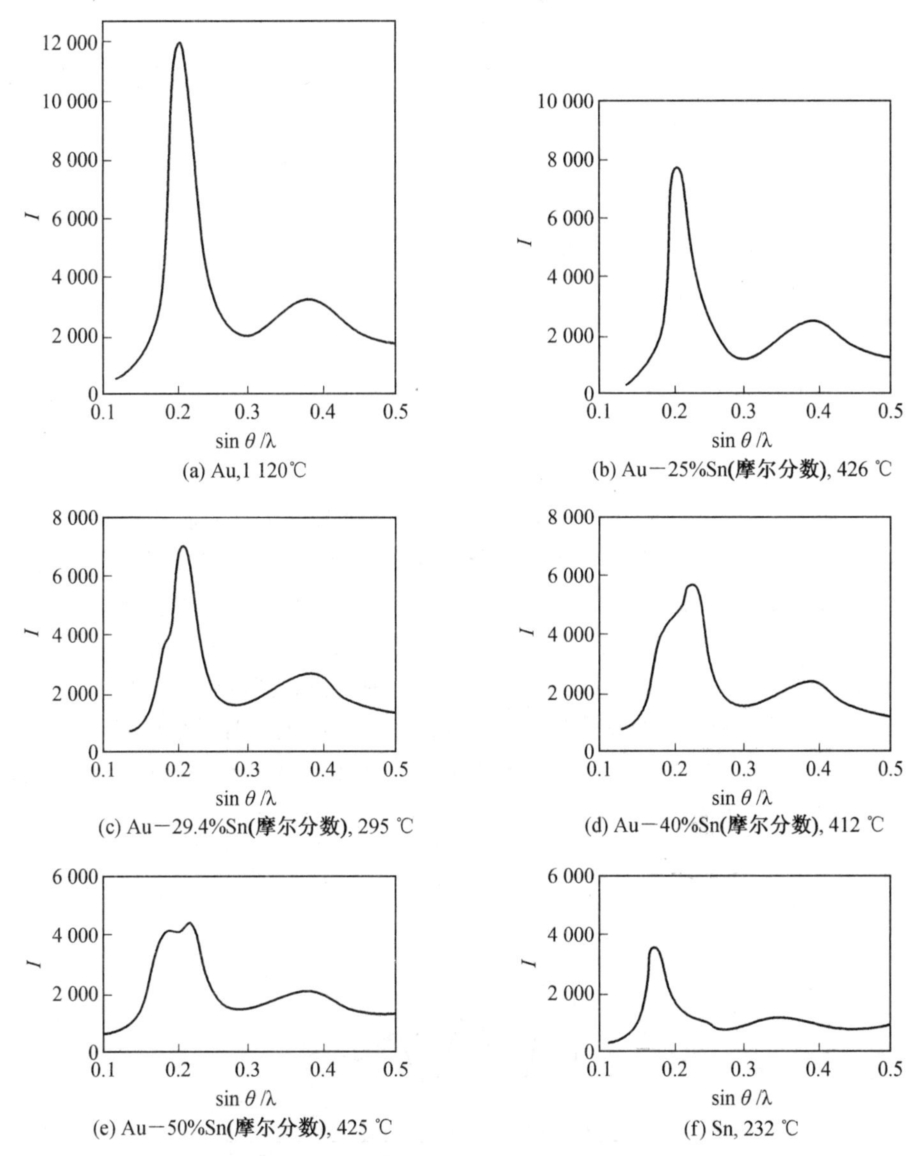

(a) Au,1 120℃

(b) Au－25%Sn(摩尔分数), 426 ℃

(c) Au－29.4%Sn(摩尔分数), 295 ℃

(d) Au－40%Sn(摩尔分数), 412 ℃

(e) Au－50%Sn(摩尔分数), 425 ℃

(f) Sn, 232 ℃

图 2.14　Au－Sn 二元液态合金在不同成分时衍射强度变化图

综上所述，合金的液态结构是相当复杂的。在合金中不但存在游动原子集团、空穴和能量起伏，而且由于原子间的结合力不同，还存在成分起伏。

2.4　液态金属与合金熔体结构的表征方法

X 射线衍射法揭示了液态金属结构的本征，为研究液态金属结构奠定了基础。为了进一步深入研究和了解液态金属结构的深层次问题，有必要建立数学模型，利用数学模型来研究液态金属的未知之谜。下面介绍描述液态金属结构的双体分布函数及其计算方法。

2.4.1 双体分布函数和径向分布函数

双体分布函数 $g(r)$是目前描述液态金属和合金结构的重要且唯一的方法，它可以很好地描述液态金属原子在平衡状态下的结构和性质。

对于处于平衡态的液体单原子，在其中的任意一点 $r=0$ 有一个原子，在距离该原子 r 处的厚度为 $\mathrm{d}r$ 的球壳中能找到的原子数 $\mathrm{d}N$ 为

$$\mathrm{d}N=4\pi r^2\mathrm{d}r\left(\frac{N}{V}\right)g(r) \tag{2.5}$$

式中 N——体积中的原子总数。

与理想气体类似，假定原子间无交互作用，那么液体原子在空间的分布是均匀的，$g(r)$在任意位置的值都等于单位值。因此在 $r\to r+\mathrm{d}r$ 的球壳内的原子数为

$$\mathrm{d}N=4\pi r^2\mathrm{d}rn_0 \tag{2.6}$$

式中 n_0——平均单位体积中的原子数，$n_0=N/V$。

然而，在实际液体中原子之间存在着相互作用，这种作用反映在原子之间存在的吸引力和排斥力，这些相互作用力的存在使得双体分布函数作为一个距离的函数变得十分复杂。

一方面，当 r 较大时，中心原子与外层原子的作用力会迅速减小，在 $r\to r+\mathrm{d}r$ 的范围内找到另一个原子的概率与参考原子的存在无关，相当于完全无序；另一方面，当 r 小于原子间距时，由于两个原子不能重叠，则在 $r\to r+\mathrm{d}r$ 的范围内找到其他原子的概率必须趋于零。

图 2.15 给出了一种典型的双体分布函数曲线。该曲线上有若干个峰值。当 r 增大时，它的峰值迅速降到单位值，表明仅在距离参考原子不远处存在着有序结构。$g(r)$曲线上第一个峰的位置大致上与双体势最小值的位置相对应。

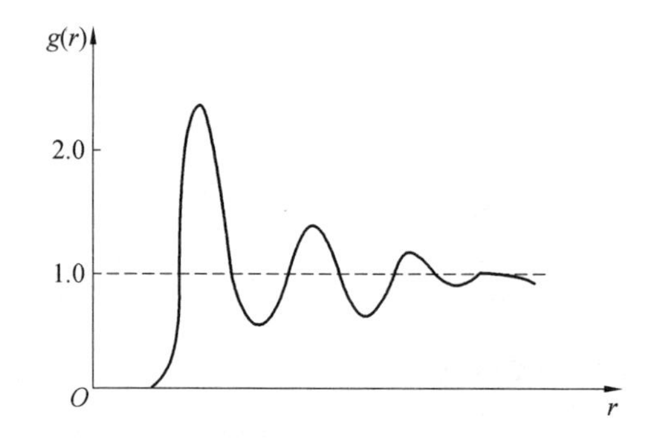

图 2.15 典型的双体分布函数

图 2.16 给出了一种典型的径向分布函数曲线，其中 r_0 和 r_m 分别表示径向分布函数曲线开始处和第一个峰处的值。当 r 值较大时，双体分布函数接近单位值，径向分布函数趋向于抛物线 $4\pi r^2 n_0$。曲线上主峰下所包围的面积可以理解为最近邻原子数或所谓的第一配位数，其数学表达式为

$$Z=2\int_{r_0}^{r_m}4\pi r^2 n_0 g(r)\,\mathrm{d}r \tag{2.7}$$

液体的性质可以近似用第一配位数表示，第一配位数是一个经常使用的重要的物理参数。

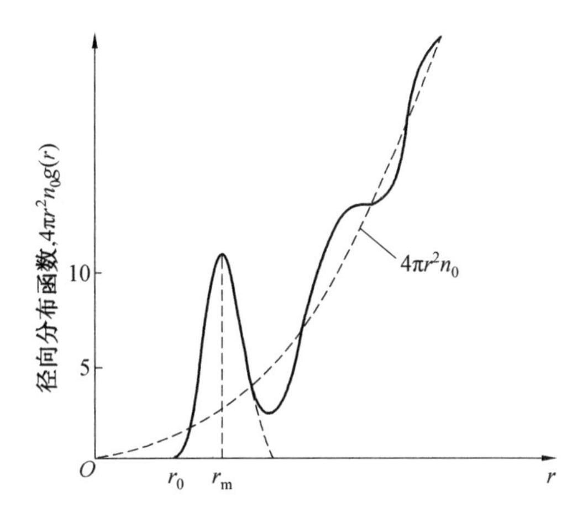

图 2.16　典型的径向分布函数

2.4.2　$g(r)$函数的计算

$g(r)$函数的计算分为理论计算和实验测定两种。

1. $g(r)$的理论计算

根据统计学的理论,双体分布函数可以表示成

$$g(r)=V^2\frac{\int^{N-2}\cdots\int e^{-\phi/kT}\,dv_3\cdots dv_N}{\int^{N}\cdots\int e^{-\phi/kT}\,dv_3\cdots dv_N} \tag{2.8}$$

式中　V——系统的总体积;

dv——体积的微分;

ϕ——系统的总势能。

在方程(2.8)中,双体分布函数是原子间交互作用势能总和的函数,实际上无法用上述多重积分式之间求解双体分布函数。为此发展了若干近似公式,如 Born－Green,这些方程给出的积分式将双体分布函数与双体势 $\phi(r)$联系起来,并且可以用实验测得的 $g(r)$来反推 $\phi(r)$值。

由于数学上的繁杂和缺乏双体势 $\phi(r)$的数据,从理论上计算双体分布函数十分困难。到目前为止,对 $g(r)$值的理论计算还远没有达到可满足实际应用的结果。

2. $g(r)$的实验测定

液态金属的结构可用 X 射线衍射、中子衍射或电子衍射来完成,因此双体分布函数可以由实验来测定,如图 2.17 所示。图中,2θ 为 X 射线的散射角;I 为液体反射光(粒子)束的强度。

$$g(r)=1+\frac{1}{2\pi^2 n_0 r_0}\int_0^{\infty}Q\left(\frac{1}{Nf^2}-1\right)\sin(Qr)\,dQ \tag{2.9}$$

$$Q=\frac{4\pi\sin\theta}{\lambda} \tag{2.10}$$

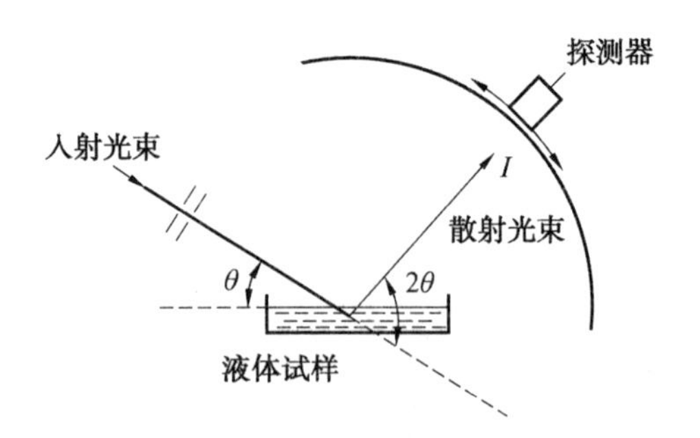

图 2.17　液体结构散射实验示意图

式中　f——原子的散射因子，即原子中电子密度的 Fourier 变换；

λ——入射光(粒子)束的波长。

这个公式也可作为 $g(r)$的定义式。

2.4.3　双体势 $\phi(r)$

双体势 $\phi(r)$是指液态中两近邻原子间的势能。平衡态液体的所有性质都可以用双体分布函数 $g(r)$表示，而 $g(r)$又取决于 $\phi(r)$，因此，$g(r)$和 $\phi(r)$是液体性质最基本的两个物理量。原则上可以用量子力学来推导 $\phi(r)$，但由于计算量十分巨大，目前除一些简单的原子如 H 和 He 外，用量子力学方法来计算双体势 $\phi(r)$还尚未做到。实际的数值计算通常用以下几种双体势的经验模型。

1. Lennard－Jones 势

Lennard－Jones 势用来描述绝缘液体，它的表达式为

$$\phi(r)=4\varepsilon\left[\left(\frac{\sigma}{r}\right)^{n}-\left(\frac{\sigma}{r}\right)^{m}\right] \tag{2.11}$$

一般取 $n=12$，$m=6$，但也经常使用其他组合。

Lennard－Jones 势是一个形式简单的经验公式，它所描述的势函数如图 2.18(a)所示。表明原子间的作用势随原子间距的变大迅速由排斥力向引力转变，并且随着距离的进一步增大，引力逐渐减小。

2. 有效离子－离子作用势

通常用有效离子－离子作用势来表示液态金属原子间的双体势，即

$$\phi(r)=\frac{A}{r^{3}}\cos(2k_{\mathrm{F}}r) \tag{2.12}$$

式中　A——常数；

k_{F}——Fermi 球半径，或称 Fermi 波矢。

有效离子－离子作用势的函数曲线如图 2.18(b)所示。它与双体分布函数曲线有较好的吻合，表明构建的这一函数更接近实际，因此被广泛使用。

上述双体分布函数模型是目前描述液态金属结构的一种成熟的数学模型，在大量液态金属结构的研究中得到了应用。此外，还有硬球势和负指数势，如图 2.18(c)(d)所示。

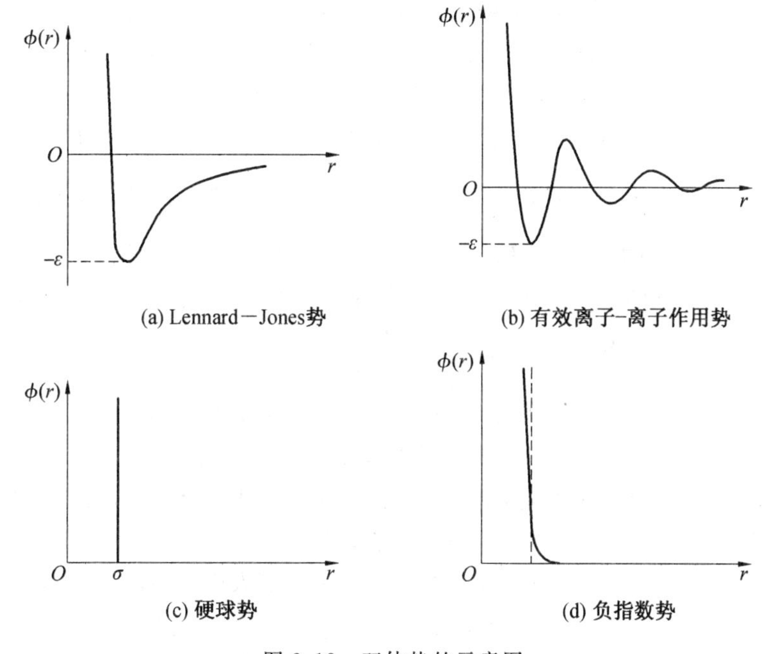

图 2.18　双体势的示意图
（ε 为吸引势阱的深度）

2.5　液态金属与合金熔体结构的数值模拟方法

研究液态金属结构的方法主要有直接测试（如 X 射线衍射、中子散射、精细 X 射线衍射等）、理论计算和物性测试等。然而，在一些实验方法无法测试的场合，理论计算（计算机模拟）无疑成为最好的研究液态金属结构的方法，它能提供一些实验无法得到的很多重要信息。

2.5.1　液态金属结构数值模拟方法

液态金属结构的数值模拟方法可分为三类：①基于随机数学方法的 MC 法；②基于分子力学的 MD 法；③基于第一性原理的从头计算方法。这些方法都可以直接用来研究液态金属的结构及其演变过程，因此需要根据液态合金的特点及其转变的特点选择适合的方法。下面主要介绍几种常用的模拟方法。

①MC 法（Monte Carlo，蒙特卡罗法）。

②MD 法（Molecular Dynamics，等温等压分子动力学）。

③非平衡分子动力学（Non－equilibrium Molecular Dynamics）。

④从头计算分子动力学方法（Ab Initio Molecular Dynamics）。

⑤能量最小化方法（Energy Minimization）。

1. MC 法

假定一定数量的分子在一定体积内运动，任一瞬间各分子的位置都是确定的，从而有一个确定的构型，即可算出该构型时的能量。首先给出各分子的坐标(x_i, y_i, z_i)，得到构型1，并根据各分子间的距离及位能函数计算构型1的能量U_1。然后在此构型中随机地选取一个分子，将其坐标由(x, y, z)转移到$(x+u, y+v, z+w)$，其中u, v和w是在$(-\delta, \delta)$间隔内随机选择的三个数值，这样构型1就转变成构型2，并算得构型2的能量U_2。如果$U_2<U_1$，则确定由构型1转变为构型2是合理的；如果$U_2>U_1$，则还要进一步计算$\exp\left(-\frac{U_2-U_1}{kT}\right)$，并将它与(0,1)之间的随机数加以比较，当指数值大于随机数时，构型1可以转变为构型2，否则就不可能。这样做的根据是当$U_2>U_1$时，下一个构型可能是构型1，也可能是构型2，它们的概率分别是$\exp\left(-\frac{U_1-U_2}{kT}\right)$和$\exp\left(-\frac{U_2-U_1}{kT}\right)$。随后再移动一个分子，如此反复运算下去，经过若干次运算后，体系的能量趋于稳定，即达到平衡。而后抽取一定量的构型，根据各构型中分子的坐标算出径向分布函数和宏观性质的系统平均。

由于计算机运算速度的限制，MC法中选取的分子数目不能太多，因为要得到较好的平均效果，运算的构型数应在50 000个以上，分子数目越多，运算每个构型所需的机时越长。但是为了得到有足够代表性的模拟，选取的分子数也不能太少，在没有相变发生的模拟条件下，最少的分子数是32个。选取分子数较少时，表面效应的影响很大，为了减少这一影响，可假定研究体系的体积有周期性边界，也就是认为一个分子从一边离开体积时，另一个分子同时由另一边的相应位置进入体积内。这就使有限分子更好地代表大量分子的真实体系。

MC法只能计算体系的平衡性质，这方面它优于分子动力学方法，但是后者可用于处理非平衡性质。在分子动力学法中，首先设定各分子的初始位置和速度，如果采用硬球或方阱位能模型，在移动一个分子时只有当两个分子碰撞后分子速度才会改变，可根据经典牛顿运动方程对碰撞后的位置和速度求值。而后移动另一个分子，再如此做处理，经过一定数量的运算后，分子的速度达到马克斯威尔分布。然后根据平衡分布时分子位置求出径向分布函数和热力学性质。也可根据记录下来的分子位置和速度分布对体系非平衡性质进行处理。

2. 等温等压分子动力学

1959年，Alder等首先在IBM704计算机上实现了硬球势的MD方法，此后，分子动力学方法在原理和应用两个方面都取得了迅猛发展。到1984年已有三种定常温度MD方法问世。

在MD方法中，模拟中心元胞一般含有100～5 000个粒子，它是嵌在大块液体中及其微小的一团，在运动中不可避免地受到周围粒子的能量及密度涨落的影响。通常的MD方法强行抑制这些涨落，而定常温度MD方法允许这些涨落。为了实现等温等压过程，Anderson在物理系统中引入新的自由度，将体积看作是动力学量，体积变化取决于内压与外压的差。内压表示为动能的平均，反映粒子运动的微观信息及相互作用。外压是可以控制的参数，使用反馈机制使压力保持恒定，或在外压附近涨落。Parrinello等进一步对此方程加以发展，通过对MD模拟单元大小和形状的改变，使粒子可以自己选择稳定的状态，这种方法更具一般性。Parrinello用此方法成功地应用于外力作用下的相变，并计算了Ni的等轴压缩应力应变的关系。后来，Tankna等的研究发现，Anderson方法中原子碰撞概率需要人为地加以选择，否则可能得到不合理的结果。Hoover，Ladd，Moran 以及 Evans 又相继提出了“Damp Force”方法，他们通过一个“摩擦系数”参量 $\zeta(r,p)$ 得到了牛顿运动方程组。但是 Nose 研究发现，在 Evans 等的研究方法中，粒子的速度分别满足正则系统分布，但没有给出很好的证明。Nose 根据动力学方程建立了等温－等压系统分子动力学模拟的一般方法，为研究过冷液体的计算机模拟奠定了坚实的基础。

3. 非平衡分子动力学

计算非平衡性质的传统方法是考虑系统对外部非平衡条件的响应，与真实实验非常像，有的也采用非平衡统计力学中的涨落耗散理论。前者要求相当大的粒子数，后者则要求时间步长数相当多。Evans 等用修正运动方程的方法提出的非平衡分子动力学，克服了传统方法的不足。

4. 从头计算分子动力学方法

1985 年，Car 和 Parrinello 在传统的分子动力学中引入电子的虚拟动力学，把电子和核的自由度做统一考虑。首次把密度泛函理论与分子动力学有机地结合起来，提出了从头计算分子动力学方法，使基于局域密度泛函理论的第一原理计算直接用于统计力学模拟成为可能，极大地扩展了计算机模拟实验的广度和深度。此方法的原理是直接在计算机模拟中求解局域密度近似下的波动方程。然后由 Hellman－Feynman 理论求解出作用于每个“离子实”上的力。通过这种方案求出的力，按牛顿力学作用于每个“离子实”上，然后由得到的体系构型重复求解波动方程，从而确定下一步的力。这种方法对固态及液态结构的建立有意义，缺点是计算量巨大，所计算的粒子数一般仅局限于几十个原子的体系。

5. 能量最小化方法

能量最小化方法，又称晶格静力学方法(Lattice Statics)。它是通过对体系中原子的能量进行最小化，来确定所模拟体系充分弛豫后处于相对静止的状态。它被广泛用于研究液态、非晶态以及晶态中的缺陷等。这种方法的基本思想是：假设体系构型处于平衡态，那么每个原子所受合力 $F=-\nabla V=-\sum\limits_{i\neq j}\dfrac{\partial V_i(r_{ij})}{\partial r_{ij}}$ 均应为零。具体实践时首先计算出每个原子所受力的大小及方向，然后每个粒子在所受力的作用下做小量位移。不断重复此过程，最终可得到接近某能量阀值的状态，从而得到被认为是充分“弛豫”的状态。用最陡下降、共轭梯度以及其他技术可使体系能量最小化，从而对各种模型体系进行静态能量学研究。当然，能量最小化方法可以同时考虑体系弛豫过程中其他因素的影响，如边界条件等。

MD 的研究过程流程图如图 2.19 所示。

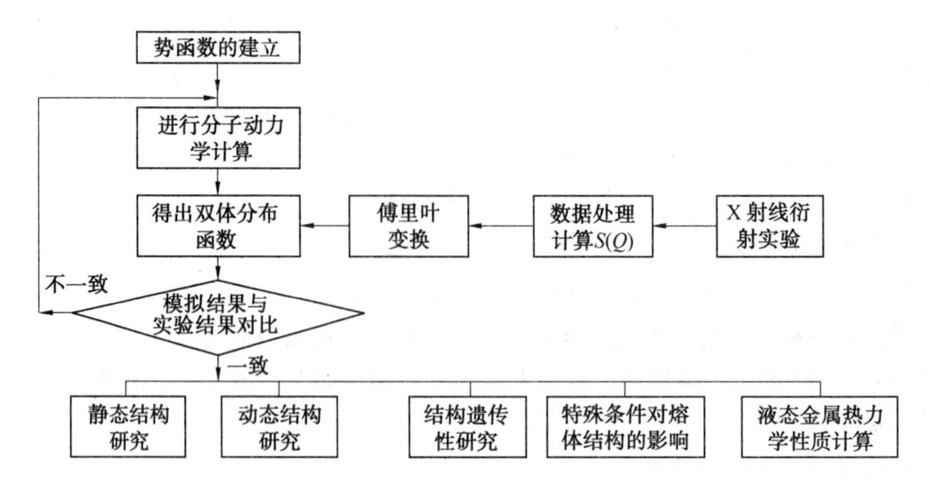

图 2.19　MD 的研究过程流程图

2.5.2　液态金属与合金熔体结构的分子动力学模拟

1. Al 熔体的动态结构研究

图 2.20 为冷却速度为 3.7×10^{14} K/s 的液态 Al 在不同温度的双体分布函数。

Al 的双体分布函数在 600 K 时第二峰发生劈裂，这表明在 600 K 时液态 Al 中已有非晶结构形成；随着 Al 熔体温度从 2 000 K 降到 300 K，Al 的双体分布函数发生了微细的变化，第二峰虽变化不大，但有增大趋势，这一变化说明液态 Al 在低温下的配位数增大，原子集团的尺寸变大，同时，其他峰值的变化说明液态金属 Al 的有序度不断提高，无序度下降，这是符合热力学普遍规律的。

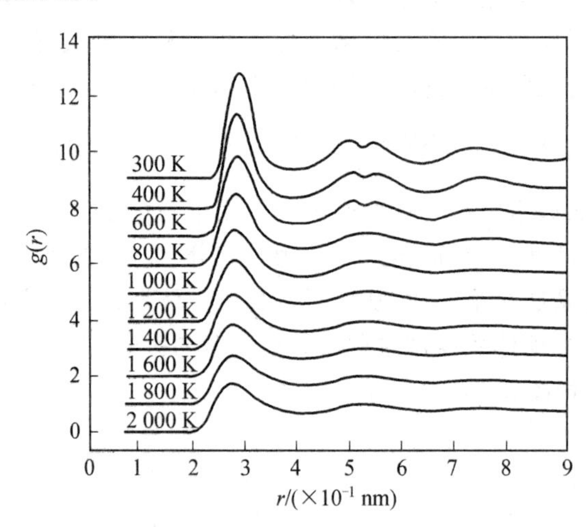

图 2.20　冷却速度为 3.7×10^{14} K/s 的液态 Al 在不同温度的双体分布函数

2. Al_3Fe 熔体的动态结构研究

对 Al_3Fe 熔体模拟时，粒子总数为 500（Al 原子数取 375，Fe 原子数取 125），初始构型取 fcc，首先在 2 000 K 下运行 8000 个时间步长，对体系进行充分弛豫，得到平衡的液态，在

此基础上以 4×10^{14} K/s 的冷却速度冷却至 300 K，每隔 200 K 记录一次构型，进行结构分析。

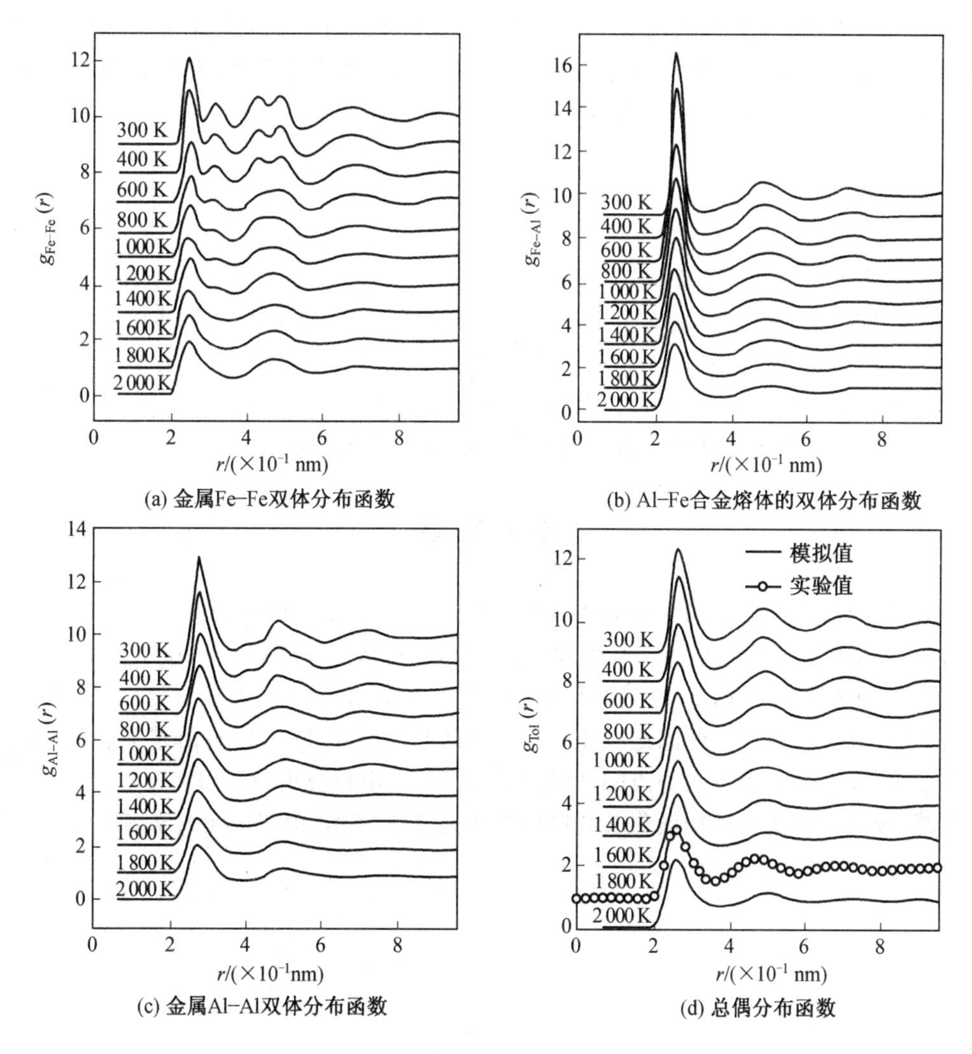

图 2.21　不同温度下的双体分布函数

很明显，异类原子对 $g_{Fe-Al}(r)$ 在三类偏偶分布函数中有最大值，这充分说明在液态金属 Al_3Fe 中，异类原子对之间存在着较强的相互作用，异类原子形成的团簇排列得非常紧密。尽管液态金属 Al_3Fe 中 Al 原子的数量占绝对优势，但 $g_{Al-Al}(r)$ 的第一峰值比其他双体分布函数第一峰值小，$g_{Al-Al}(r)$ 的最大值远远低于 $g_{Fe-Al}(r)$ 的最大值。由此可以推断，液态金属中的 Al 原子大部分与 Fe 原子结合在一起，Fe 原子周围是由 Al 原子占据的。同类原子 Al—Al 形成的团簇内部空洞较多，原子排列较为松散，双体分布函数随温度降低，前峰变高，峰谷变低，说明液态金属随温度降低导致无序度下降、有序度上升这一普遍的自然规律，原子排列随温度的降低趋向于短程有序。$g_{Fe-Fe}(r)$ 自 800 K 时第二峰劈裂，表明有非晶态金属形成。随着温度的降低，第一峰与第二峰之间开始出现一个偏肩峰，且随着温度的减小而逐渐增大，说明非晶态金属形成的同时，伴随有部分晶体的形成。$g_{Al-Al}(r)$ 随着温度的降低，第一峰与第二峰之间也有出现小肩峰的迹象，而且小肩峰偏向第二峰一边，$g_{Fe-Al}(r)$自 400 K 时第二峰也开始劈裂，但 $g_{Al-Al}(r)$与 $g_{Tol}(r)$并不出现这一现象，这说明 Al_3Fe 熔体在快速凝固条件下是以部分非晶的形式形成的，且 Fe－Fe 类型的原子团形成非晶的倾向更强。由总偶分布函数可知，在 1 800 K 下，实验值与模拟值基本吻合，表明所选定的作用势能够反映液态 Al_3Fe 的微观情况。

思考题

1. 通常用什么方法研究液态金属的结构?
2. 液态金属的结构与气态和固态金属的结构有哪些共同点？有哪些不同点?
3. 双体分布函数是如何表征液态金属的结构的？其数学表达式的含义是什么?
4. 液态金属的双体分布曲线与合金熔体的双体分布曲线有什么异同?
5. 采用分子动力学方法描述液态金属或合金的结构有什么特点?

参考文献

[1] 冼爱平，王连文. 液态金属的物理性能[M]. 北京：科学出版社，2005.
[2] 郭景杰，傅恒志. 合金熔体及其处理[M]. 北京：机械工业出版社，2005.
[3] 边秀房，王伟民，李辉，等. 金属熔体结构[M]. 上海：上海交通大学出版社，2003.
[4] 田学雷. 有关金属液－固态结构相关性若干问题的研究[D]. 济南：山东工业大学，1999.
[5] 陶东平. 液态合金和熔融炉渣的性质[M]. 昆明：云南科技出版社，1997.
[6] 李辉. 液态金属微观结构演化及其遗传性研究[D]. 济南：山东工业大学，1999.

第3章　液态金属的热力学性质

液态金属的热力学性质对于研究合金处于高温状态下的化学反应、成分变化以及随后的凝固过程十分重要。本章给出了这些热力学性质(包括蒸气压、比热容、声速及活度)的含义及获得方法。

3.1　金属的蒸气压

液态金属的蒸气压是一个重要的热力学性质,它反映了液态金属的内聚能或结合能。从制备工艺的角度看,了解液态金属蒸气压非常重要,例如,在某些工艺条件下减小金属的损失。反之,在提炼工艺过程中,可以利用金属元素或者杂质不同的挥发条件提纯金属。

从热力学的观点来看,Clausius－Clapeyron 方程是表达气相与凝聚液相平衡的基本关系,即蒸气压随温度的变化。然而在这一热力学方程中的积分常数应由实验确定。Sackur－Tetrode方程由统计力学推导,也可给出液相平衡蒸气压,其优点在于不含待定系数。

3.1.1　蒸气压的理论方程

1. 热力学方程

对平衡中的 α,β 两相,平衡蒸气压与温度的关系为

$$\frac{\mathrm{d}P}{\mathrm{d}T}=\frac{H^{\beta}-H^{\alpha}}{T(V^{\beta}-V^{\alpha})}=\frac{\Delta_{\alpha}^{\beta}H}{T\Delta_{\alpha}^{\beta}V} \tag{3.1}$$

式(3.1)即 Clausius－Clapeyron 方程。考虑液相与气相的平衡,将式(3.1)中 α,β 换成气相 g 和液相 l,则平衡压力与平衡温度的关系为

$$\frac{\mathrm{d}P}{\mathrm{d}T}=\frac{H^{\mathrm{g}}-H^{\mathrm{l}}}{T(V^{\mathrm{g}}-V^{\mathrm{l}})}=\frac{\Delta_{\mathrm{l}}^{\mathrm{g}}H}{T\Delta_{\mathrm{l}}^{\mathrm{g}}V} \tag{3.2}$$

对于理想气体,且蒸发焓为常数,则

$$P=A\exp\left(-\frac{\Delta_{\mathrm{l}}^{\mathrm{g}}H}{RT}\right) \tag{3.3}$$

式中　A——积分常数。

方程(3.3)可以在很宽的范围内确定平衡蒸气压。这个方程表示蒸气压与温度的关系为幂指数关系,蒸气压对温度的敏感性大小与蒸发焓 $\Delta_{\mathrm{l}}^{\mathrm{g}}H$ 有关。

2. 统计力学方程

根据统计力学,理想气体的熵由下式给出:

$$\begin{cases} S^{g}=\frac{5}{2}Nk\ln T-Nk\ln P+Nk\left(\frac{5}{2}+i\right) \\ i=\ln\left\{\frac{(2\pi m)^{\frac{3}{2}}k^{\frac{5}{2}}}{h_3}\right\} \end{cases} \tag{3.4}$$

式中 N——相对原子(或单原子分子)数；

m——相对原子质量；

k——Boltzmann 常数；

h——Planck 常数；

i——化学常数。

这个关系分别由 Sackur 和 Tetrode 独立推导获得，因此称为 Sackur－Tetrode 方程。在推导中假定蒸汽为理想气体，具有固定的比热容。这种近似一般与实际情况比较接近。

考虑在温度 T 时液体与其蒸汽平衡，设 S^{g} 和 S^{l} 为气体和液体的摩尔熵，则

$$S^{g}-S^{l}=\frac{\Delta_{l}^{g}H}{T} \tag{3.5}$$

式中 $\Delta_{l}^{g}H$——液体蒸发的摩尔焓。

将式(3.5)结合式(3.4)可得 $\ln P$ 的一个解，即

$$\ln P=\frac{\Delta_{l}^{g}H}{RT}+\frac{5}{2}\ln T+\frac{5}{2}+\ln\left\{\frac{(2\pi m)^{\frac{3}{2}}k^{\frac{5}{2}}}{h^{3}}\right\}-\frac{S^{l}}{R} \tag{3.6}$$

式(3.6)也称 Sackur－Tetrode 方程。式中液相熵可以由测定的比热容函数计算，即

$$S^{l}=\int_{0}^{T}\frac{c_p^{l}}{T}\mathrm{d}T=\int_{0}^{T}c_p^{l}\mathrm{d}(\ln T) \tag{3.7}$$

3.1.2 蒸气压的经验方程

与公式 3.3 相类似，金属的饱和蒸气压经常用经验方程给出，如 $\ln P=a-b/T$，这里 a，b 为常数。方程(3.3)给出了一个较好的近似，并可有效地解释收集的实验数据。较精确的关系是在后面再加一项，即 $\ln P=a-b/T+c\ln T$，前面已经说明这个公式的理论。$\Delta_{l}^{g}H$ 可以表示成

$$\Delta_{l}^{g}H=\Delta_{l}^{g}H_{m}-K_{e}(T-T_{m}) \tag{3.8}$$

或

$$\left(\frac{\partial\Delta_{l}^{g}H}{\partial T}\right)_{p}=-K_{e} \tag{3.9}$$

式中 T_{m}——熔点温度；

T_{b}——沸点温度；

$K_{e}=\frac{\Delta_{l}^{g}H_{m}-\Delta_{l}^{g}H_{b}}{T_{b}-T_{m}}$。

不同金属元素的 K_{e} 值见表 3.1。考虑数据的实验误差(对蒸气压为 10％～20％)，对大多数液态金属，在 $\Delta_{l}^{g}H$ 与温度的关系中，K_{e} 的变化范围为 5～15 J/(mol · K)。

表 3.1　不同金属元素的 K_e 值

金属元素	K_e^* /[J·(mol·K)$^{-1}$]	金属元素	K_e^* /[J·(mol·K)$^{-1}$]
Li	7.8	Sr	10.3
Na	9.9	Y	16.3
Mg	11.0	Mo	4.9
Al	8.4	Ag	6.7
Si	4.8	Cd	9.0
K	11.9	In	3.7
Ca	10.9	Sb	28.7
Ti	7.4	Cs	15.1
Cr	10.8	La	1.2
Mn	31.9	Sm	24.7
Fe	11.1	Ir	8.2
Ni	17.0	Pt	14.6
Cu	7.4	Au	7.9
Zn	10.3	Hg	5.6
Ga	4.2	Tl	6.1
Ge	6.4	Pb	7.8
Rb	15.0	Bi	10.6

3.1.3　蒸气压的实验数据

各种元素的平衡蒸气压实验值绘于图 3.1 中。大多数正常金属的蒸汽状态是单原子，然而，一些半金属或非金属(如 P,S)的气体通常是多原子。例如 Bi 的蒸汽中含有 Bi_2 和 Bi。对于大多数金属，即便是 Cu,Ag 和 Au，也可以观察到少量双原子气体分子。

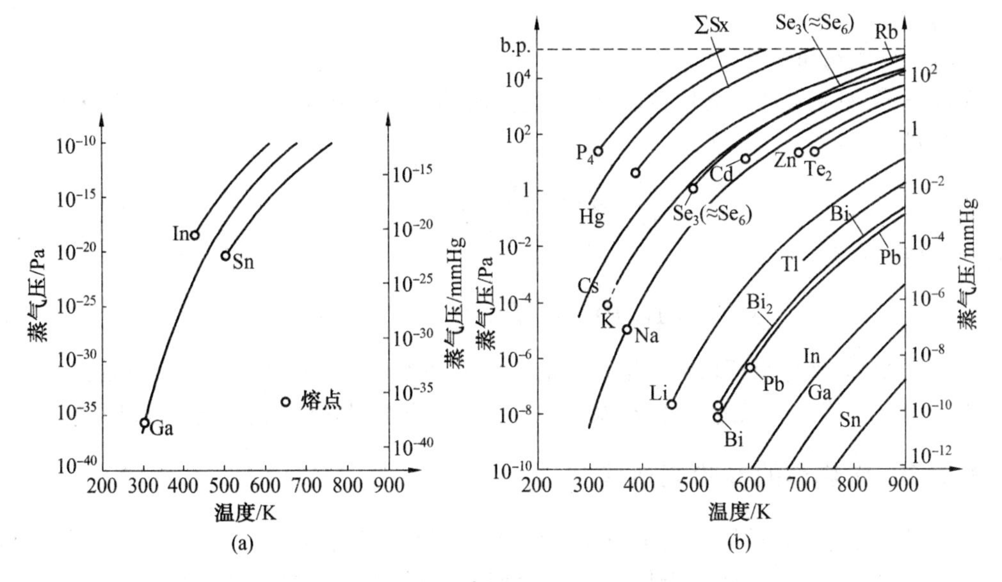

图 3.1　液态金属的平衡蒸气压与温度的关系

(1 mmHg=133.322 4 Pa)

3.2 液态金属的比热容

固体元素比热容的研究已经进行了多年，具有丰富的计算方法和数据。Dulong 和 Petit 提出了一个经验定律，在室温和标准压力(10^5 Pa)下，大多数固体金属的摩尔比热容约为 26 J/(mol·K)。但是，用该理论方法计算液体的比热容，至今没有一个是成功的。因此，目前迫切需要液态金属和合金比热容的精确数据。

目前液态合金的比热容值通常用组元的加权平均来计算，即 Neumann－Kopp 定律。

3.2.1 常压下的比热容

对给定的系统，比热容主要取决于加在这个系统上的约束条件，通常有两种情况：①恒容条件；②恒压条件。两种比热容的热力学表达式分别为

$$C_V=\frac{\delta q_V}{\mathrm{d}T}=\left(\frac{\partial U}{\partial T}\right)_V \tag{3.10}$$

$$C_p=\frac{\delta q_p}{\mathrm{d}T}=\left(\frac{\partial U}{\partial T}\right)_p \tag{3.11}$$

式中 δq——从系统中抽出或添加一个无限小的热量；

$\mathrm{d}T$——无限小的温度变化；

U——热力学能；

下脚标 V 和 p——恒容条件和恒压条件。

C_p，C_V是相关的热力学量，即

$$C_p-C_V=\frac{\alpha^2 VT}{k_T} \tag{3.12}$$

式中 k_T——等温压缩率。

在常压下，只有在体积膨胀或收缩做可逆功的情况下，根据热力学第二定律，相应的熵增计算公式如下：

$$\mathrm{d}S=\frac{\mathrm{d}H}{T}=\frac{C_p}{T}\mathrm{d}T \tag{3.13}$$

对式(3.1)积分，有

$$\Delta S=S(T_2,P)-S(T_1,P)=\int_{T_1}^{T_2}C_p\mathrm{d}(\ln T) \tag{3.14}$$

ΔH 和 ΔS 分别称为焓增和熵增。一般比热容随温度的变化由 C_p 和 T 的曲线所包围的面积可得 ΔH 值。类似地，可以绘制 C_p 和 $\ln T$ 曲线，与其坐标轴包围的面积为熵增 ΔS。

3.2.2 比热容的经验表达式

由于温度对比热容的影响很小，所以，对于大多数液态金属，在一定的温度范围内都将比热容设定为常数。这主要因为是：一方面，液态金属热熔可用的数据太少；另一方面，温度对液态金属比热容的影响很小。液态金属的恒压比热容见表 3.2。

表 3.2　液态金属的恒压比热容

元素	C_p /(J·(mol·K)$^{-1}$)	温度区间 /K
Be	29.46	1 560～2 800
B	31.38	2 453～3 500
Mg	32.64	922～1 150
Al	31.8	933～2 400
Si	25.61	1 685～1 873
P	26.32	317～870
Ca	29.29	1 112～1 757
V	47.49	2 175～2 600
Cr	39.33	2 130～
Mn	46.0	1 517～2 333
Fe	41.8	1 809～1 873
Co	40.38	1 768～1 900
Ni	38.49	1 726～2 000
Cu	31.38	1 356～1 600
Zn	31.38	693～1 200
Ge	27.61	1 210～1 600
Se	35.1	493～800
Y	39.79	1 799～2 360
Ag	30.54	1 234～1 600
Cd	29.71	594～1 100
Sb	31.38	904～1 300
Te	37.7	723～873
Cs	31.88	303～330
Ba	48.1	1 002～1 125
Ce	37.70	1 071～1 500
Pr	42.97	1 204～1 500
Nd	48.79	1 289～1 400
Ta	41.82	3 250～4 000
Au	9.29	1 336～1 600
Tl	30.1	577～1 760
Th	46.0	2 023～3 000

注:在表中温度区间内 C_p 为常数

在较宽的温度范围，液态金属的比热容同固态一样，可用经验方程给出：

$$C_p=a+bT+cT^{-2}+dT^2 \tag{3.15}$$

式中 a,b,c,d——常数。

图 3.2 给出了几种液态金属 C_p 随温度变化的情况。

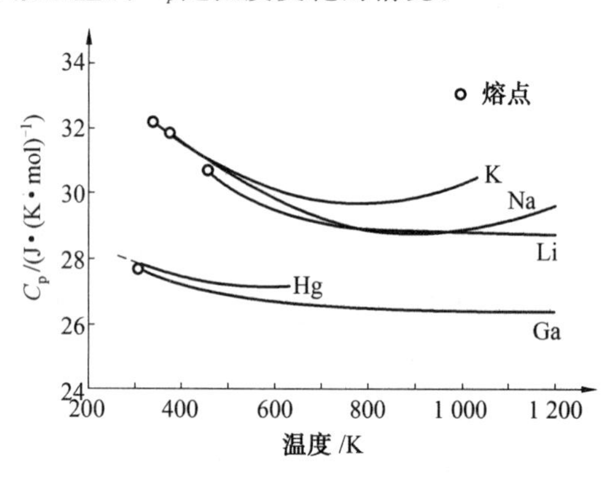

图 3.2 液态金属 C_p 随温度的变化

3.3 液态金属中的声速

液体中的声速是一个最基本的热力学性质，然而关于液态金属中声速的研究却很少。如果测出液态金属中的声速，而且等压比热容和热膨胀率的数据已知，那么就可以由熟知的热力学公式计算出液态金属的等熵压缩率（又称为绝热压缩率）、等温压缩率和恒容比热容等。

3.3.1 声速和体积压缩率之间的热力学关系

声速 U 与等熵压缩率 $k_S(\equiv -V^{-1}(\partial V/\partial P)_S)$ 的关系为

$$U=\left(\frac{l}{\rho k_S}\right)^{\frac{1}{2}}=\left(\frac{B_S}{\rho}\right)^{\frac{1}{2}} \tag{3.16}$$

式中 ρ——介质的密度；

B_S——等熵体积模量。

式(3.16)是测量声速，确定 k_S 或 B_S 的基础。

等温压缩率 k_T、等容比热容 C_V 和比热容比 $\gamma_h(=C_p/C_V)$ 可以由热力学关系计算

$$\frac{k_T}{k_S}=\frac{C_p}{C_V} \tag{3.17}$$

$$\frac{C_p}{C_V}=1+\frac{\alpha^2 VT}{k_S C_p} \tag{3.18}$$

利用实验确定等温压缩率和等容比热容是十分困难的，但通过声速测量和运用上述热力学关系式，可以进行间接计算。

3.3.2　双体分布函数、结构因子和压缩率之间的关系

在正则系中，考虑一个给定体积中的原子数目的波动，等温压缩率可由双体分布函数给出，即

$$k_T=\frac{1}{n_0 kT}\left\{1+n_0\int_0^{\infty}[g(r)-1]4\pi r^2\mathrm{d}r\right\} \tag{3.19}$$

当 $Q(=4\pi\sin\theta/\lambda)\to 0$ 时，等温压缩率、结构因子 $S(0)$ 与 $S(Q)$ 值有关，即

$$k_T=\frac{1}{n_0 kT}S(0)\quad(\lim_{Q\to 0}S(Q)=S(0)) \tag{3.20}$$

目前，在低 Q 时实验数据的精确性较差，还不能满足计算需要。

3.3.3　液态金属中声速的理论方程

(1)根据 Bohm 和 Staver 的胶冻模型(Jellium Model)，假定液态金属中存在无交互作用的自由电子气，凝聚态金属中声速可以表示为

$$U=\left(\frac{2ZE_F}{3M}\right)^{\frac{1}{2}} \tag{3.21}$$

式中　Z——每个原子价电子数目；

E_F——Fermi 能；

M——金属原子质量。

表 3.3 给出了在熔点时测定和计算的液态金属中的声速数据。测量值与用方程(3.21)计算值的比值为 0.4～1.6。

表 3.3　在熔点时液态金属中声速的计算值和测量值

金属元素	$(U)_{mexp}$ /(ms^{-1})	$(U_m)_{cal}$/ms^{-1}			$(U_m)_{exp}/(U_m)_{cal}$/ms^{-1}		
		BS	A	GM	BS	A	GM
Na	2 531	2 960	2 500	—	0.86	1.01	—
Al	4 688	8 750	4 900	—	0.54	0.96	—
K	1 880	1 810	1 720	—	1.04	1.09	—
Cu	3 485	2 580	2 700	3 450	1.35	1.29	1.01
Zn	2 836	4 180	2 610	1 980	0.68	1.09	1.43
Ga	2 873	5 430	2 850	3 020	0.53	1.01	0.95
Rb	1 260	1 140	1 103	—	1.11	1.14	—
Ag	2 810	1 740	1 920	2 550	1.61	1.46	1.10
Cd	2 242	2 850	1 840	1 610	0.79	1.22	1.39
In	2 314	3 760	2 041	2 260	0.62	1.13	1.02
Sn	2 466	4 630	2 440	2 430	0.53	1.01	1.01
Sb	1 893	5 340	3 150	1 900	0.35	0.60	1.00
Cs	967	880	890	—	1.10	1.09	—
Hg	1 480	2 100	1 220	—	0.70	1.21	—
Tl	1 665	2 760	1 580	1 400	0.60	1.05	1.19
Pb	1 826	3 350	1 900	—	0.55	0.96	—
Bi	1 670	3 940	2 080	1 430	0.42	0.80	1.17

(2)Ascarelli 基于硬球浸在一个均匀的背底势的模型,提出液态金属中声速的方程为

$$U=\left\{\frac{1}{M}\frac{C_p}{C_V}kT\left[\frac{(1+2\eta)^2}{(1-\eta)^4}+\frac{2}{3}\frac{ZE_F}{kT}-A\left(\frac{V_m}{V}\right)^{\frac{1}{3}}\frac{4}{3}\frac{kT_m}{kT}\right]\right\}^{\frac{1}{2}} \tag{3.22}$$

式中 η——堆垛系数;

V_m——在熔点 T_m 时的体积;

V——在 T 时的体积。

$$A\equiv 10+\frac{\frac{2}{5}ZE_F(T_m)}{kT_m}$$

在熔点处,式(3.22)变成

$$U_m=\frac{1}{M}\frac{C_p}{C_V}kT_m\left[27+\frac{1}{5}\cdot\frac{2}{3}\frac{ZE_F}{kT_m}\right]^{\frac{1}{2}} \tag{3.23}$$

由表 3.3 可见,对所列的 17 种元素,U_m 的观测值与用方程(3.23)计算值的比率在 0.6~1.5变化。据此可以认为 Ascarelli 的结果代表一个改进的模型,它优于 Bohm－Staver模型,尤其是对多价金属。

(3)根据液体统计力学理论,可以将声速表示成热力学能 U_C 和原子量的函数,即

$$U=\left(\frac{2U_C}{M}\right)^{\frac{1}{2}} \tag{3.24}$$

$$U_C=\frac{2\pi N_A^2}{V}\int_0^{\infty}g(r)\varphi(r)r^2\mathrm{d}r$$

式中 N_A——阿伏加得罗常数;

V——原子体积。

在表 3.3 中,除 Zn,Cd,Tl 和 Bi 稍差外,由式(3.24)计算的理论值与实验值最为接近。

3.3.4 液态金属中声速的经验方程

根据 Lindemann 公式有

$$U_m\propto\left(\frac{RT_m}{M}\right)^{\frac{1}{2}} \tag{3.25}$$

式中 R——气体常数。

这个关系表明,在熔点附近,固体中的声速 U_m 正比于熔点的平方根,反比于原子质量的平方根。这个关系已为理论界十分熟悉。

方程(3.25)可以粗略地应用于液态金属,其原因是固态和液态中的声速类似。图 3.3 给出了若干液态金属在熔点时的声速与$(RT_m/M)^{1/2}$之间的关系,图中虚线表示±20%的误差带。

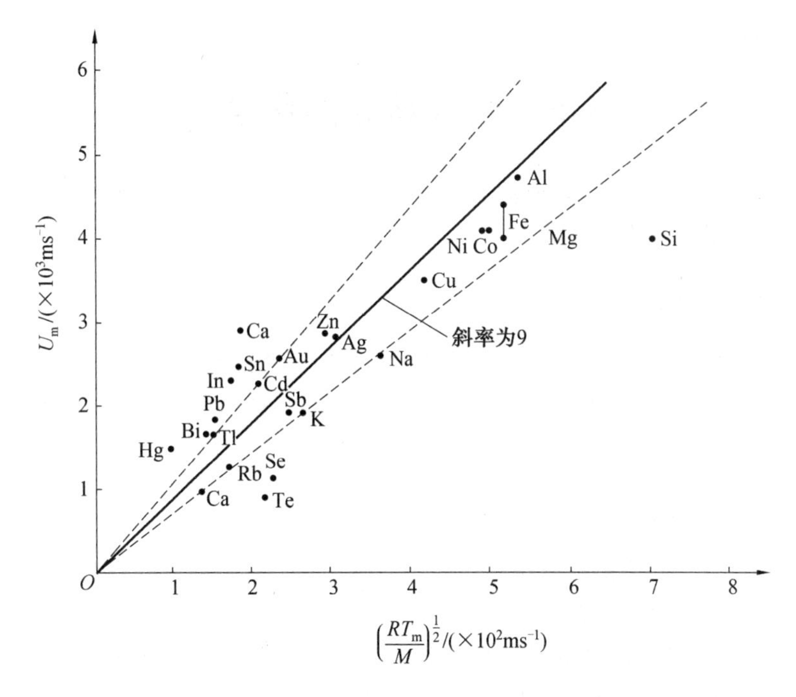

图 3.3 熔点时液态金属中声速随$(RT_m/M)^{\frac{1}{2}}$的变化

3.4 合金熔体的热力学基本关系式

合金熔体的三个热力学性质(混合热、混合熵及混合吉布斯自由能)在恒温、恒压条件下存在如下关系:

$$\Delta G_m = \Delta H_m - \Delta S_m T = -RT\ln a \tag{3.26}$$

式中 R——摩尔气体常数;

T——热力学温度,K;

a——活度。

ΔG_m——混合吉布斯自由能,常用于判断熔体中元素间反应能否进行的条件:

$\Delta G_m < 0$ 反应自发进行

$\Delta G_m = 0$ 平衡状态

$\Delta G_m > 0$ 进行逆反应

ΔH_m——混合热,也称热焓,表示物质系统能量的一个状态函数,它与构成熔体的分子或原子间的相互作用力有关。

ΔS_m——混合熵,与物质的分子或原子间的排列方式有关。

在恒压条件下,热焓又可以用等压比热容来表示,即

$$\Delta H = \int_0^T C_p \mathrm{d}T \tag{3.27}$$

式中 C_p—— 等压比热容。

通常认为熵值增大是分子或原子的排列从有序到无序的变化,因此可以用来判断某种

变化是否容易进行。

3.5 合金熔体的活度

合金熔体是一种特殊的液体，或称为溶液，因此，它也遵循有关溶液的一些定律和规律。溶液又可分为理想溶液和真实溶液。

3.5.1 理想溶液

将组成溶液的所有组元遵循拉乌尔定律的溶液称为理想溶液。

拉乌尔定律：组元 i 的平衡蒸气压等于纯组元 i 的平衡蒸气压与组元 i 的摩尔分数乘积，即

$$P_i = P_i^0 X_i \tag{3.28}$$

式中 P_i—— 组元 i 的平衡蒸气压；

P_i^0——纯组元 i 的平衡蒸气压；

X_i——组元 i 的摩尔分数。

在理想溶液中，其典型的特征是各组元分子间的相互作用力相等，所以，$\Delta H = 0$，又因分子半径相等，采取完全无序分布，故 $\Delta S_m = \Delta S_{理}$。

从理想溶液的特征分析可知，只有化学性质及物理性质相似，才能形成理想溶液。例如，金属元素与其同位素及其化合物形成的溶液，同族和同一周期中相邻金属的合金以及其金属氧化物形成的固熔体和溶液等。

在现实的合金熔体中，能够定义为理想溶液的甚少，所谓理想溶液只能作为判断实际溶液性质的一个参考体系。

3.5.2 真实溶液

合金熔体的处理过程都是在高温、多相、多组元系统中进行的。参与反应的物质是以熔体的形式存在。所构成的新的熔体结构更加复杂，溶液中各组元的性质与理想溶液有很大差别，即 $\Delta H_m \neq 0$ $\Delta S_m \neq \Delta S_{理}$。因此拉乌尔定律不适用于真实合金熔体，即真实溶液，这给研究真实溶液带来极大的困难。

3.5.3 活度的测量与计算

尽管真实溶液与理想溶液之间存在很大差别，但是，目前由于研究真实溶液还缺乏技术方法，可行的方法依然还要借助理想溶液的物理化学定律来研究真实溶液，用溶液的有效浓度代替实际浓度作为桥梁，使得理想溶液的理论可以用于真实溶液。

活度就是有效浓度。活度系数是有效浓度与真实浓度的比值。

对于高温、多组元、活泼性很强的合金熔体，测量熔体中组元的活度很困难。目前用以计算熔体组元活度的模型可以分为两大类，即物理模型和数值模型。物理模型是从物质结构出发，根据量子力学原理和统计力学原理推算宏观的熔体热力学性质。其优点是物理图像清晰；缺点是应用范围窄，外延量小，准确性较差。数值模型则是一种半经验方法，它将理

论与具体数据相结合，推导出应用范围较广的计算公式。它所得到的结果较为有用，但物理意义不那么明确。

下面介绍一些常用的计算活度的方法。

1. 蒸气压法

对于含有易挥发组元的体系，可以利用测量体系中易挥发组元在指定温度下的蒸气压，计算该组元的活度。例如在某体系中，如果测得温度 T 时 i 组元的蒸气压为 p_i，则此温度下组元 i 的活度 a_i（以纯液态的 i 为标准态）可表示为

$$a_i=\frac{p_i}{p_i^0}=\gamma_i x_i \tag{3.29}$$

式中　p_i^0——纯液态 i 的饱和蒸气压，它只与温度有关；

γ_i——组元 i 的活度系数；

x_i——组元 i 的摩尔分数。

蒸气压方法有四种，即静态法、动态法、克努森喷射－高温质谱仪联合法和气相色谱法。

由于不同合金具有不同的蒸气压，有的相差很大，另外，由于各个组元挥发性不同，测定中很难长时间地维持成分恒定。因此，必须对蒸气压的测量采用多种测量方法，以保证测量的精度。一般情况下，当压力大于 130 Pa 时，采用直接测量法、相变法和气流携带法；当压力小于 130 Pa 时，通常选用自由蒸发法、喷射法和克努森喷射－高温质谱仪联合法。

下面简单介绍直接测量法。图 3.4 是直接测量法原理图。它由缓冲室、压力计、磁搅拌器、冷却液、针形阀、捕集器、冷阱、真空泵、温度计、样品容器、恒温槽和搅拌器组成。实验时试样放在真空容器内，将容器加热到测量温度并经长时间保温，使其达到平衡，测量蒸气压力。

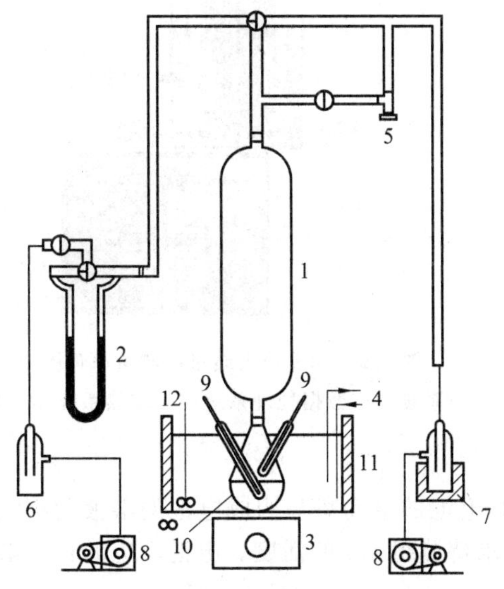

图 3.4　直接测量法原理图

1—缓冲室；2—压力计；3—磁搅拌器；4—冷却液；5—针形阀；6—捕集器；7—冷阱；8—真空泵；9—温度计；10—样品容器；11—恒温槽；12—搅拌器

2. 挥发损失质量法

对于那些含有易挥发组元的体系来说，也可通过测定在 τ 时间内，某组元 i 的挥发损失质量 $w_i(g)$ 来推算出组元 i 的平均活度。采用 Langmuir 公式，合金元素在真空中的质量挥发速率 $N_m(\mathrm{g \cdot cm^{-2} \cdot s^{-1}})$ 为

$$N_m = 4.37 \times 10^{-4} a_i p_i^0 \sqrt{\frac{M_i}{T_{ms}}} \tag{3.30}$$

因此组元 i 的平均活度可表示为

$$a_i = \frac{w_i}{4.37 \times 10^{-4} S \tau p_i^0 \sqrt{\frac{M_i}{T_{ms}}}} \tag{3.31}$$

式中　S——挥发界面的面积，$\mathrm{cm^2}$；

　　τ——挥发时间，s。

图 3.5 是挥发损失质量法测量原理图。它主要由真空系统、加热系统、高精度电子天平和数据处理系统等组成。

首先将待测试样置于炉内的天平一端上，然后抽真空至设定值，通电加热试样到待测温度，数据处理系统将自动记录和处理质量的变化。

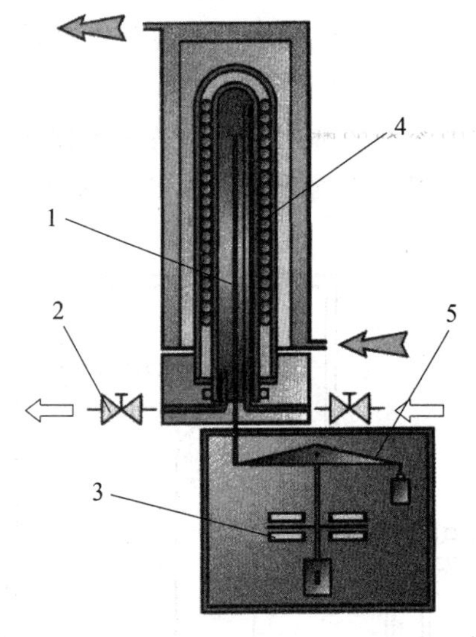

图 3.5　挥发损失质量法测量原理图

1—试样；2—真空系统；3—数据处理系统；4—加热系统；5—高精度电子天平

3. 电动势法求活度

由电化学知识可知，电池的电动势与构成电池的溶液的组元 i 的活度有关，因而，可以由测定电池的电动势来求待测组元 i 的活度。电池反应的自由焓变量与电动势的关系为

$$\Delta G = -zFE \tag{3.32}$$

从而可得活度与电动势的关系式为

$$\ln a_i = \frac{-zFE}{RT} \tag{3.33}$$

式中　E——电池电动势，V；

F——法拉第常数，96 487 J/(V · mol)；

z——离子交换电荷数。

4. 相图计算法

在缺少热力学数据(如 ΔG^M)时，利用二元相图进行计算是一种估算的方法。这种方法的准确性取决于相图的准确性，误差相对较大，但也不失为一种进行估算的有效途径。

假设一个简单的二元系 $M-i$ 相图，如图 3.6 所示，M 为溶剂，i 为溶质。在低于 M 熔点 T_m 的一个温度 T 时，从液相线到固相线存在液体和固体之间的平衡，即

$$M(s)=M(l)$$

即溶液中溶剂的活度等于与之相平衡的固体中溶剂的活度。当析出的固体为纯固体时，由 $\Delta G=\Delta H-T\Delta S$，有

$$-RT\ln a_{M(s)}^{T}=\Delta H_m-T\frac{\Delta H_m}{T_m}=\Delta H_m\left(\frac{T_m-T}{T_m}\right) \tag{3.34}$$

$$\ln a_{M(l)}^{T}=\ln a_{M(s)}^{T}=-\frac{\Delta H_m(T_m-T)}{RTT_m}$$

如果析出的固体为固熔体，则

$$\ln a_{M(l)}^{T}=\ln N_{M(s)}-\frac{\Delta H_m(T_m-T)}{RTT_m} \tag{3.35}$$

式中　$a_{M(l)}^{T}$——液相线温度时溶液中溶剂的活度；

$N_{M(s)}$——析出固熔体中溶剂的摩尔分数；

ΔH_m——纯溶剂 M 的熔化热，10^{-7} J/mol。

上面计算所得的活度系数是液相线上溶剂的活度，若要计算高于液相线温度的溶剂的活度值，就需要把液相线上不同温度下求得的值换算为高于液相线的某个温度的值，为此就要用到下列方程：

$$\left(\frac{\partial\ln \alpha_{M(l)}}{\partial T}\right)_{N_1}=-\frac{\bar{H}_M^m}{RT^2} \tag{3.36}$$

式中　N_1——溶液中溶质的某一指定的摩尔分数；

$\bar{H}_M^m$——溶剂 M 的偏摩尔溶解热。

假设所研究的溶液为二元规则溶液，则式(3.36)可变为

$$\ln a_{M(l)}^{T}=\ln a_{M(l)}^{T_1}+\frac{T_1-T}{T}(\ln a_{M(l)}^{T_1}-\ln N_1) \tag{3.37}$$

5. 吉布斯—杜亥姆(Gibbs—Duhem)方程计算法

上述方法只能求得溶液中一个组元的活度，为了求得另一组元的活度，可用吉布斯—杜亥姆方程进行积分。

吉布斯—杜亥姆方程为

$$x_1\,\mathrm{d}\ln\gamma_1+x_2\,\mathrm{d}\ln\gamma_2=0 \tag{3.38}$$

式中　x_1, x_2——组元 1 和组元 2 的摩尔分数；

γ_1, γ_2——组元 1 和组元 2 的活度系数。

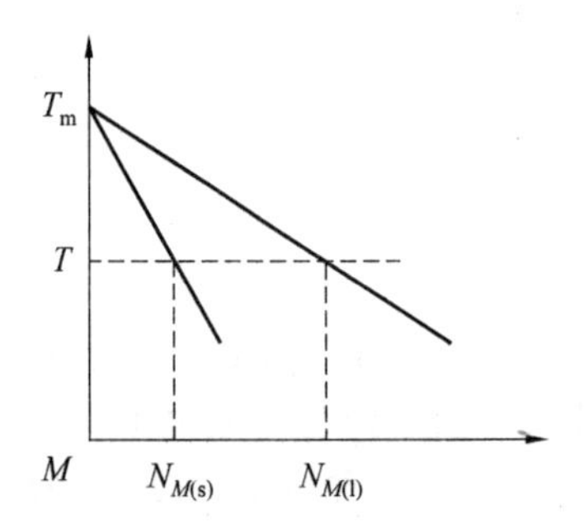

图 3.6　$M-i$ 相图靠近 $N_M=1$ 部分

对此方程进行积分，当 $x_1=1$ 时，$\ln\gamma_1=0$，故

$$\ln\gamma_1=-\int_{x_2=0}^{x_2=x_2}\frac{x_2}{1-x_2}\mathrm{d}\ln\gamma_2 \tag{3.39}$$

由于 γ_2 与 $x_2/(1-x_2)$ 之间一般没有确定的函数关系，故通常用图解法求解。即以 $-\ln\gamma_2$ 为横坐标，以 $x_2/(1-x_2)$ 为纵坐标作图，所得曲线与两个坐标轴所包围的面积即为 $\ln\gamma_1$。使用此方法时，由于 $x_2/(1-x_2)\to\infty$ 时，$-\ln\gamma_2\to 0$，因此所得曲线不与纵坐标相交。在用图解法时不能得到准确的结果。

为了解决上述困难，引入下面的 α 函数，即令

$$\alpha_i=\frac{\ln\gamma_i}{(1-x_i)^2} \tag{3.40}$$

用分步积分法对式(3.39)进行积分，并把式(3.40)代入其中可得

$$\ln\gamma_1=-\alpha_2x_1x_2-\int_{x_1=1}^{x_1=x_1}\alpha_2\mathrm{d}x_1 \tag{3.41}$$

用图解法对此方程进行求解，就不会出现上述问题。在正规溶液中，由于 α 可认为是恒定值，在此情况下有

$$\ln\gamma_1=\alpha_2x_2^2=\alpha_1x_1^2 \tag{3.42}$$

此外，对于三元合金的活度可以采用 Miedema 模型计算。借助于 Midema 生成热模型计算二元合金系的生成热，进而计算体系的偏摩尔性质如 $\Delta\overline{G}_i$，最后计算出体系中各组元的活度，因此这种方法其实是用相对偏摩尔性质求活度。

思考题

1. 蒸气压和比热容的约束条件是什么?
2. 液态金属的声速对于研究液态金属有什么意义?
3. 什么是理想溶液? 理想溶液遵循什么定律?
4. 真实溶液和理想溶液的区别是什么?
5. 什么是活度? 它的引入用来解决什么问题?
6. 计算活度有哪些方法? 它们的优缺点是什么?

参考文献

[1] 冼爱平，王连文.液态金属的物理性能[M]. 北京:科学出版社,2005.
[2] 郭景杰,傅恒志. 合金熔体及其处理[M]. 北京:机械工业出版社，2005.
[3] 边秀房,王伟民,李辉,等.金属熔体结构[M].上海:上海交通大学出版社,2003.

第 4 章　合金熔体温度控制及熔体热处理

合金熔体的处理温度与合金熔体的热处理是合金熔体温度控制的两个重要内容，对于传统合金，我们更多需要考虑的是处理温度，即将合金熔体调整到一个指定温度，以便于对合金熔体的进一步处理。例如，对于球铁合金需要进行球化处理，对于铝合金则要进行精炼处理。然而，近年来研究表明，对合金熔体实施熔体热处理可以制备出新型的合金，或者提高合金的性能，这个时候更多考虑的是将合金熔体如何进行温度控制，即加热到一个特定的温度范围，或者冷却到一个特定的温度范围，这个温度范围是传统合金熔体处理温度的禁区。因此，从某种意义上讲，合金熔体的热处理开辟了合金熔体处理温度的新领域。

4.1　合金熔体的处理温度

合金熔化结束后，合金熔体还需要进行一系列处理，因此，合金熔体需要一定的处理温度，这是首先需要考虑的问题。合金的处理温度又分为前处理温度和后处理温度。前处理温度由熔体处理工艺所决定，一般需要熔体具有一定的温度，因为，一方面，处理剂需要在一定的温度才能满足合金元素在熔体中的扩散以及与熔体的充分接触，进而进行化学反应；另一方面，熔体处理过程会导致合金熔体的温度降低，因此，需要熔体前处理温度达到所要求的温度。后处理温度一般由浇注工艺所决定。合金熔体经过种种处理后，温度会降低很多，如果熔体处理是在炉内，可以采取措施控制，提高合金熔体的温度至要求标准，但是，如果熔体处理是在炉外，合金熔体的温度调整就十分困难，因此，需要充分考虑熔体处理可能带来的温度降低。一般后处理温度以浇注温度为控制标准。合金熔体前处理温度与合金熔体后处理温度是合金熔体处理温度的核心问题。

4.1.1　合金熔体前处理温度的控制

熔化结束后，合金熔体需要经过很多的处理工艺才能最终获得合格的合金熔体。这些熔体的处理工艺包括孕育、脱硫、球化、精炼和变质等一系列处理等过程。在这些处理过程中，处理温度是一个重要的影响因素。

综合目前熔体处理工艺，合金熔体的处理方式可以归纳为施加固体颗粒的处理、施加气体的处理、施加真空处理及施加电磁处理。

1. 施加固体颗粒处理工艺的温度控制

施加固体颗粒的处理主要包括球化、孕育、变质、精炼等处理工艺，这些处理工艺采用固体颗粒的处理剂来处理合金熔体。处理剂的加入以及与熔体的反应需要建立在一定的处理温度之上，处理温度由扩散和加速化学反应速度来决定，一方面从扩散角度，增加熔体的温度有利扩散和增加化学反应速度，但是，从吸气、收缩的角度来看，过高的熔体处理温度会导致合金熔体的吸气以及浪费能源，因此需要一个适合的处理温度。另一方面，处理剂的加入会吸收大量的热量，因此导致合金熔体的温度发生降低，也会影响合金熔体对处理剂的吸收效果。

对于球墨铸铁合金，当采用压力加镁法球化铁合金时，由于铁液引起强烈的沸腾会导致合金熔体温度降低，一般处理后温度会降低 80～150 ℃，因此，在处理前铁液温度最好控制在 1 350～1 400 ℃。随后，由于需要对球化处理的铁水进行孕育处理，孕育剂的加入在一定程度上又会降低铁液的温度，一般会降低 30～60 ℃，因此，一般会在球化处理后的铁液中补加处理铁液量 1 倍左右的高温金属，以提高铁液的温度，为随后的孕育处理做好准备。

铝合金的变质处理通常采用 AlTiB 中间合金的细化。AlTiB 中间合金的细化特征与温度密切有关，不同中间合金的组织结构不同，起细化作用的最佳温度差别也很大。表 4.1 为三种 AlTiB 中间合金的化学成分。在不同处理温度它们对铝晶粒尺寸的影响规律如图 4.1 所示。

表 4.1　三种 AlTiB 中间合金的化学成分（质量分数） 

合　金	组成元素				
	Ti	B	Fe	Si	Al
AlTiB－Ⅰ	5.40	1.04	0.08	0.10	余量
AlTiB－Ⅱ	4.85	0.96	0.38	0.40	余量
AlTiB－Ⅲ	4.80	0.95	0.30	0.18	余量

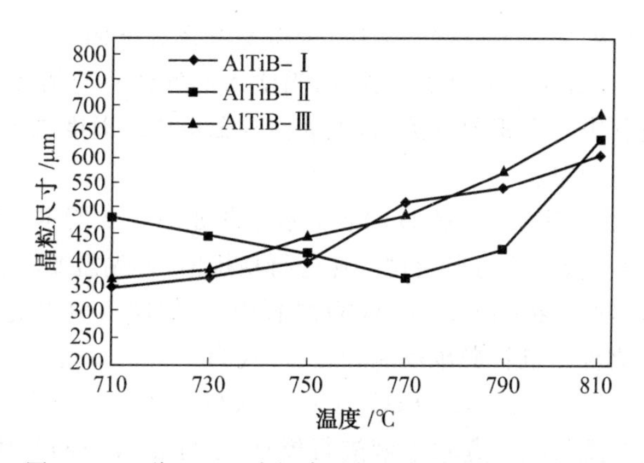

图 4.1　三种 AlTiB 中间合金的细化效果与温度的关系

由图 4.1 可以看出，三种中间合金试样的细化效果随温度变化而存在差异。晶粒尺寸达到最小的温度不同，AlTiB－Ⅰ和 AlTiB－Ⅲ在 710～730 ℃时细化效果最好，超过 730 ℃，细化效果将随温度的升高而变差；AlTiB－Ⅱ的细化效果随着温度升高，晶粒先由粗变细，然后又继续变粗，在 770 ℃时达到最大细化效果。三种中间合金的实验结果表明，当温度超过 780 ℃时，晶粒开始变得粗大，细化效果变差。

合金熔体的精炼过程会导致熔体温度降低，一般熔体的精炼处理会使合金熔体的温度降低 10～50 ℃（需要根据所处理熔体的容量来定），因此，在精炼前对熔体的温度需要调整，一般将熔体的温度提高 10～50 ℃，确保精炼后，合金熔体的温度符合浇注或其他处理要求。

铝合金的精炼温度是影响精炼剂吸附、溶解和化合造渣的主要因素。在整个造渣过程中，尤其是在化合和溶解过程中，是由扩散传质速度控制的，一般情况下，合金熔体中非金属夹杂物的熔点很高，在精炼温度下多呈固态，溶解和化合的控制环节主要是扩散，因此，提高精炼温度可以提高溶解和化合的效果。

另外，提高精炼温度对吸附造渣也是有利的。因为温度高时，金属黏度小，可提高熔剂的润湿能力和夹渣上浮或下沉的速度。由表 4.2 可知，铝合金精炼温度越高，除渣效果越好。但过高的精炼温度对脱气不利，并且可能粗化铸锭晶粒。所以控制精炼温度时要兼顾除渣、脱气两个方面。一般是先在高温进行除渣精炼，然后在较低的温度下进行脱气，最后保温静置。铝合金的精炼温度一般比浇注温度高 20～30 ℃。铜、镍和镁合金可在较高的温度下精炼，其精炼温度比浇注温度高 30～50 ℃。

表 4.2 铝合金精炼温度对精炼效果的影响

精炼温度		690 ℃		720 ℃		800 ℃	
夹杂含量	夹杂物	Al_2O_3	H_2	Al_2O_3	H_2	Al_2O_3	H_2
	精炼前	0.05%	0.54×10^{-3}%	0.056%	0.48×10^{-2}%	0.044%	0.85×10^{-3}%
	精炼后	0.05%	0.35×10^{-3}%	0.040%	0.24×10^{-1}%	0.012%	0.51×10^{-3}%
	降低量	0	35.2%	29.1%	50.0%	72.7%	40%

2. 施加气体处理工艺的温度控制

合金熔体施加气体处理工艺（精炼、搅拌）也需要考虑温度的影响，因为，当吹入的气体与合金熔体反应时，合金熔体需要合适的温度；当吹入的气体不与熔体发生化学反应时，由于合金熔体在处理过程中发生剧烈的沸腾，也会使合金熔体的温度剧烈降低。因此，需要合金熔体在处理前有合适的温度。

氩氧脱碳法又称为 AOD 法。AOD 法装置示意图如图 4.2 所示。它是利用氩、氧混合气体脱除钢中多余的碳量、气体与夹杂物。在进行精炼前，首先需要将合金熔体（钢液）的温度提升（$T\geqslant1\,560$ ℃），然后将钢液装入 AOD 装置中，开始吹入氩氧混合气体，并使炉体处于竖直位置。氧气在钢液中进行脱碳反应，其反应式为

$$C+FeO\longrightarrow Fe+CO\uparrow$$

生成的 CO 气泡与氩气泡一起对钢液进行搅拌，清除钢液中的气体和夹杂物。碳的氧化反应产生的热量使钢液温度上升。当化学成分和温度达到要求时，倾炉出钢。

多孔塞气动脱硫是以氮气为动力，从铁水包的底部通过多孔塞吹入铁液。氮气吹入铁液后迅速膨胀，使铁液强烈搅拌，脱硫剂和铁液接触充分，如图 4.3 所示。

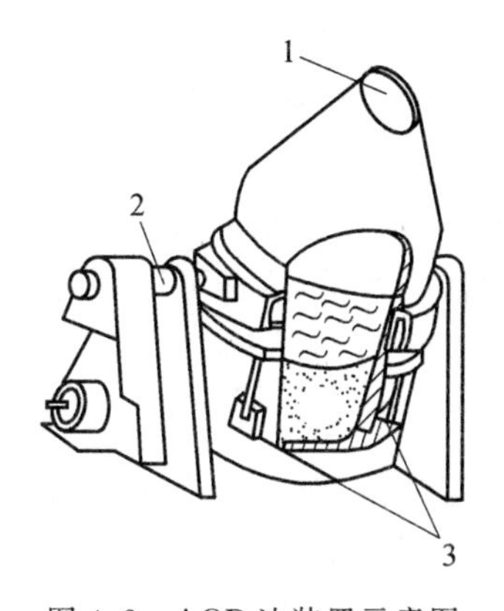

图 4.2　AOD 法装置示意图

1—加料、取样、出钢口；2—转轴；3—氩氧出风口

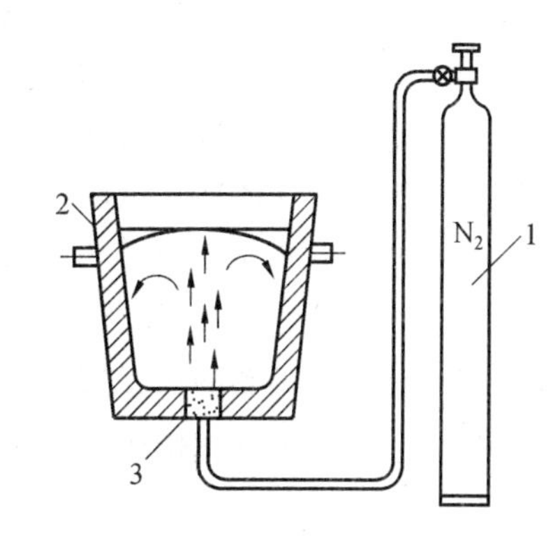

图 4.3　多孔塞吹气脱硫装置示意图

1—氮气瓶；2—浇包；3—多孔塞

多孔塞吹气脱硫方法集冲入法、气动法和摇包法的优点，成为当前广泛应用的脱硫技术。

采用多孔塞连续脱硫工艺，铁液温度对脱硫效果的影响见表 4.3。

表 4.3　铁液温度对脱硫效果的影响

温度/℃			硫的质量分数/%			脱硫率/%
处理前	处理后	降低值	处理前	处理后	降低值	
1 505	1 435	70	0.054	0.015	0.039	72
1 495	1 427	68	0.070	0.021	0.049	70
1 485	1 413	70	0.067	0.023	0.044	66
1 460	1 405	55	0.066	0.033	0.033	50
1 446	1 390	56	0.074	0.051	0.023	30

从表 4.3 可以看出，铁液温度低于 1 480 ℃，脱硫效果明显降低。

选择净化温度时应综合考虑温度对净化效果的影响，熔体与净化气体作用时的热效应，温度对熔炼时物理化学过程的影响等因素。

吹氮净化温度适当低一些，因为降低温度虽然降低氢原子的扩散程度，但却使熔体黏度增加，气泡在熔体中黏度变大，停留时间变长，熔体中溶解的氢分压增大，气泡－氢熔体边界的氢浓度降低，有利于提高除氢的效果。同时，适当降低净化温度，还能降低熔体氧化、吸气倾向及生成 Mg_3N_2 和 AlN 倾向。在吹氮净化时，由于氮吸热而使熔体温度下降的趋势很小，在不考虑其他条件的情况下，若 1 t 铝通 1 m^3 氮气，熔体温度降低不到 1 ℃。吹氯净化温度应适当提高一些，因为 Cl 能和气泡中的 H 相互作用，用气泡－熔体界面上始终保持着最小浓度的氢，提高温度既能大大提高净化气体与气泡中氢的化学反应速度，又能提高熔体中氢向气泡扩散的质量迁移系数，有利于提高净化效果。当然，氯气净化时，产生 $AlCl_3$ 和 HCl 的反应都是放热反应，熔体温度会提高（1 t 铝通入 1 m^3 时约提高 10 ℃）。同时，提高温度也会增加熔体氧化、吸气倾向。故吹氯净化温度不能太高。净化温度受熔炼温度和铸造温度制约，可调范围很小，所以，熔炼炉内精炼温度应控制在熔炼范围内。吹氯净化一般为 730～740 ℃；吹氮净化一般为 710～720 ℃；吹氮－氢混合气体净化为 720～730 ℃，在静置炉内净化温度不得低于铸造温度下限。

采用氮－氯混合气体净化可以扬长避短，据资料介绍采用（体积分数为 20％的 Cl_2 和体积分数为 80％的 N_2）的混合气体可以起到和纯氯气同样的效果，这样可以大大减少对环境的压力。

3. 施加真空处理工艺的温度控制

真空处理也是一种处理熔体的方法，这种方法既没有加入固体颗粒，也没有吹入气体，但是会在建立真空过程中造成合金熔体热量的损失，进而造成合金熔体的温度降低。

在众多的炉外精炼方法中，作为大生产用的以除气为主的 RH 法，由于其特点而得到了较快的发展，从而在真空处理方法中占有相当重要的地位。

RH 法是使用两根浸入管，利用空气扬水泵原理，使钢液循环流动。其装置示意图如图 4.4 所示。

RH 法与其他处理方法相比有以下优点：

(1)由于输入了驱动气体，在上升管内生成大量的气泡核，进入真空室的钢液被喷射成细小液滴，使脱气效率大大提高，故该方法脱气效果较好。

(2)一次处理温降较小(30～50 ℃)，且除气过程中还可以进行电加热，故钢液所需少许过热即可。

(3)适用范围大，用同一设备能处理不同容量的钢液，也可以在电炉、感应炉内进行处理。

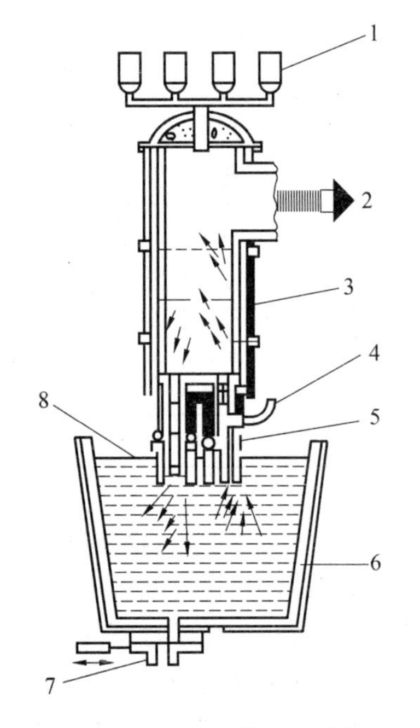

图 4.4　RH 法装置示意图

1—合金料斗；2—真空管道；3—脱气室；4—氢气管；5—吸管；6—盛钢桶；7—滑动水口；8—熔渣

真空处理法去除铝合金中气体的方法就是通过降低铝熔体表面气体的气压达到除气的目的。由于压力降低而引起下列反应：①$2[H]=H_2$；②固体夹杂物的漂浮。

降低铝熔体表面上气体的分压，从而减小铝熔体内氢的溶解度，从而使氢气从排出。

当熔体上方的平衡压力达到 101.3 kPa 时，氢的溶解度与温度的关系如图 4.5 所示。

在静置炉或包中进行真空处理时，为了取得更好的效果，工艺参数控制如下：处理温度为 740～750 ℃，处理时间为 5～20 min。

4. 施加电磁处理工艺的温度控制

电磁及超声作为合金熔体的一种特殊处理方式，在处理过程中需要合金熔体保持一定的温度，同时，这种处理方法在一定程度上也会使合金熔体的温度发生变化，因此需要考虑处理工艺与温度之间的关系。

采用低频大电流的磁场对熔体的搅拌作用，促进合金元素和温度在熔体中的均匀分布，

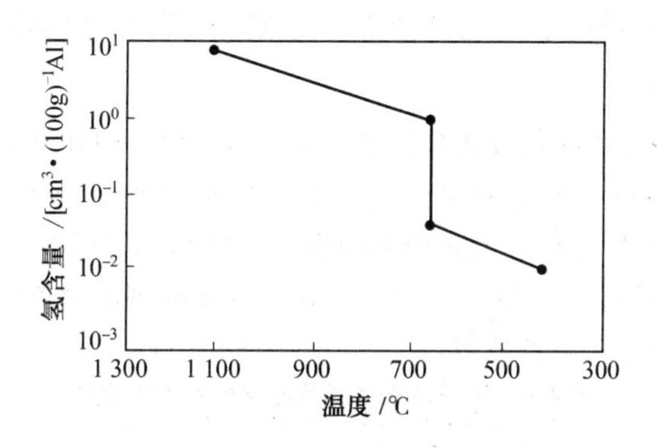

图 4.5　铝熔体中氢的溶解度与温度的关系

电磁搅拌能使熔体各个部分温度趋于一致，见表 4.4、4.5。

表 4.4　表层和底层熔体的温度　℃

序　号	表　层	底　部	温　差
1	793	687	106
2	805	698	107
3	800	702	98
4	810	695	115
5	806	690	116
平　均	803	694	109

表 4.5　电磁搅拌 15 min 表层和底部的温度　℃

序　号	表　层	底　部	温　差
1	755	745	10
2	750	744	6
3	746	743	3
4	748	745	3
平　均	750	744	6

4.1.2　合金熔体后处理温度的控制

合金熔体经过一系列处理后，较处理前温度有所下降，但是，为了后续的浇注要求仍需达到一定的温度，这个温度称为后处理温度。后处理温度由以下因素决定：

①出炉过程降温。

②静置时间。

③合金的浇注温度。

后处理温度的公式为

出炉温度(后处理温度)＝浇注温度＋出钢过程降温＋盛钢桶中停留降温

1. 出炉过程的降温

合金熔体出炉过程降温包括在出炉过程中由于熔体向周围环境散热以及加热盛放熔体的浇包消耗热量而引起的降温，还包括浇包中停留降温，出炉后熔体在浇包中镇静(时间为5～8 min)及在浇注过程中熔体在浇包中向周围环境散热也可引起的降温。出炉过程降温和浇包中停留降温都与熔体量有关。表 4.6 列出了在不同钢液量条件下出钢过程降温和盛钢桶中停留时的降温速度的大致数值。

表 4.6　出钢过程降温及盛钢桶中降温速度

钢液质量/t	1	3	5	10	15	60	90
出钢过程降温/℃	30～100	70～90	60～80	50～70	40～60	30～50	20～40
盛钢桶中降温速率/(℃ · min^{-1})	4～6	3～4	2～3	1.8～2.5	1.5～2.0	1.2～1.7	1～1.5

在钢液质量为 3～5 t，出钢后钢液在盛钢桶中镇静 5 min 后开始浇注的条件下，钢液的出钢温度见表 4.7。

表 4.7　碳钢钢液的出钢温度

钢中碳的质量分数/%	出钢温度/℃
0.10～0.20	1 620～1 640
0.20～0.30	1 610～1 630
0.30～0.40	1 600～1 620
0.40～0.50	1 590～1 610
0.50～0.60	1 580～1 600

2. 静置时间

静置是熔体后处理的一个工艺流程，利用静置可以使合金熔体中那些尚未上浮的小气泡和微小杂质充分上浮，因此，熔体需要静置一定的时间，但是，随着静置时间的延长，合金熔体在浇包内温降速度也随着静置时间的延长而增大，因此，需要综合考虑制订一个合适的静置时间。

钢液出钢后应使钢液在盛钢桶中镇静一段时间，以使悬浮在钢液中的夹杂物上浮，有利于钢液温度、成分的均匀，然后再进行浇注。镇静时间一般不小于 5 min。

当出钢温度过高时，可根据现场实际情况延长镇静时间，以使浇注温度合适。但镇静时间最长应不超过 20 min。静置时降温速率见表 4.6，钢液在盛钢桶中停留静置时，温度随着静置时间的延长而不断下降，这是导致由于静置而使熔体温度降低的又一个原因。

3. 合金的浇注温度

合金的浇注温度受以下因素影响：合金的性质；铸件的尺寸；铸型的种类。因此，合金熔体后处理温度的影响因素及其控制是一个复杂的综合问题。

(1)合金的性质。

①合金熔体的流动性。

合金熔体的流动性是合金铸造性能之一,它与合金的成分、温度、杂质含量及其物理性能有关。

合金熔体在浇注前必须要检验温度,一般合金熔体的温度要过热(50～100 ℃),主要是满足充型的需要,即满足流动性的需要,合金熔体的流动性与浇注温度之间的关系如图 4.6 所示。不同成分的合金熔体,实际浇注温度取决于液相线上一定的温度。

从合金流动性角度考虑,合金熔体的温度越高,流动性越好。但是,合金熔体的温度过高会导致易挥发合金的成分发生变化,同时还会产生严重的吸气现象。

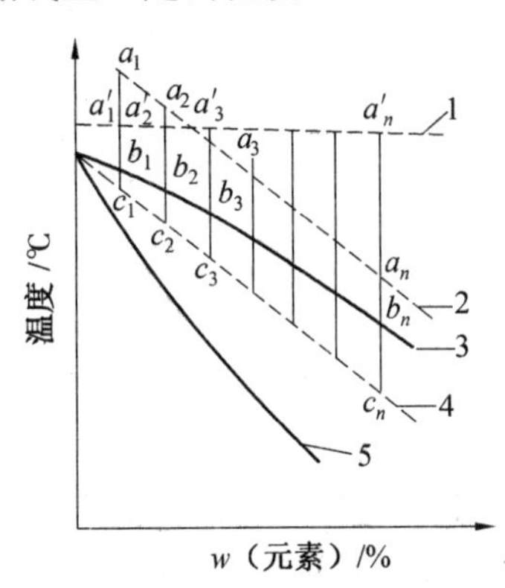

图 4.6　不同成分合金浇注温度与流动性之间关系示意图

1—实际流动性的浇注温度线；2—真正流动性的浇注温度线(指过热度相同)；3—液相线；4—零流动性线；5—固相线

②吸气的影响。

当气体分压一定时,气体在金属中的溶解度有一个随温度而变化的规律。这种规律取决于气体溶解热 ΔQ 的符号。一般金属的吸气过程为吸热反应,即 $\Delta Q>0$,溶解度随温度的升高而增加。如 Al,Mg,Cu,Ni 等金属中氢的溶解度变化均如此,如图 4.7 所示。当金属达到熔点时,气体的溶解度突然急剧增加,而且达到熔点时的液态金属所溶解的气体要比熔点时的固态金属多很多;当金属全部熔融后,气体的溶解度随温度的继续升高而快速增加。不同的金属具有不同程度的吸气倾向。例如 Al,Ni 等金属在熔炼过程中表现出较大的吸气倾向。

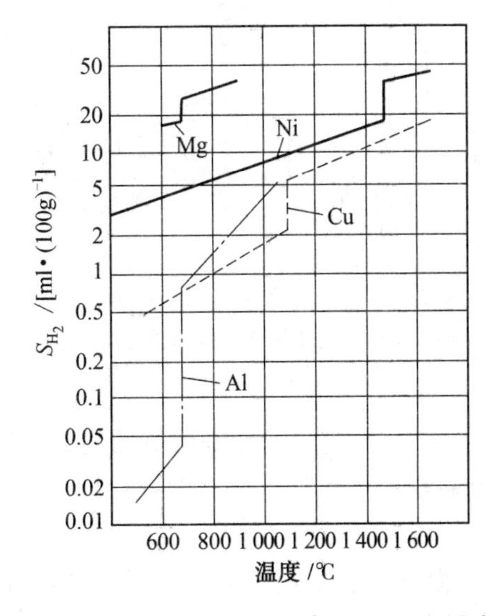

图 4.7　在 0.1 MPa 气压下氢在 Al,Mg,Cu,Ni 金属液中的溶解度

若气体在金属中的溶解过程是放热反应，即 $\Delta Q<0$，溶解度将随温度的升高而降低。如 Ti，Zr，Pd，Th，V 等少数金属溶解氢时就存在这种惰性，如图 4.8 所示。

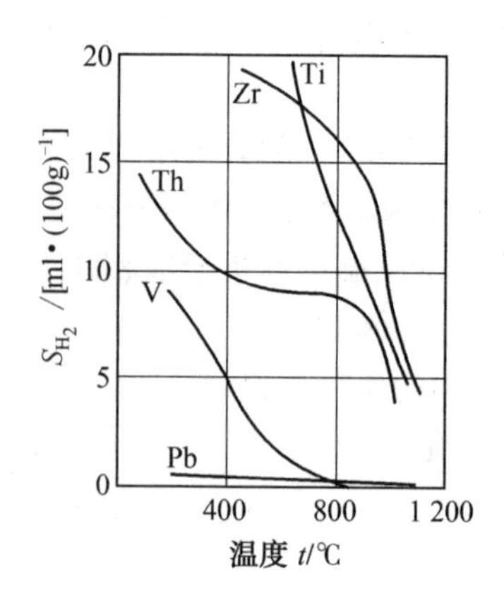

图 4.8 氢在 Ti，Zr，Pd，Th，V 金属液中的溶解度

应该指出，气体在金属中的溶解度与温度的关系还会受蒸气压的影响。事实上，虽然多数金属溶解气体的过程是吸热反应，但是气体的溶解度不会随金属液温度的升高而无限度地增加。当气体溶质的浓度升高到能形成凝聚相时便达到了极限溶解度。此后，金属液的温度越接近沸点，气体的溶解度越低，达到沸点时降为零，如图 4.9 所示。

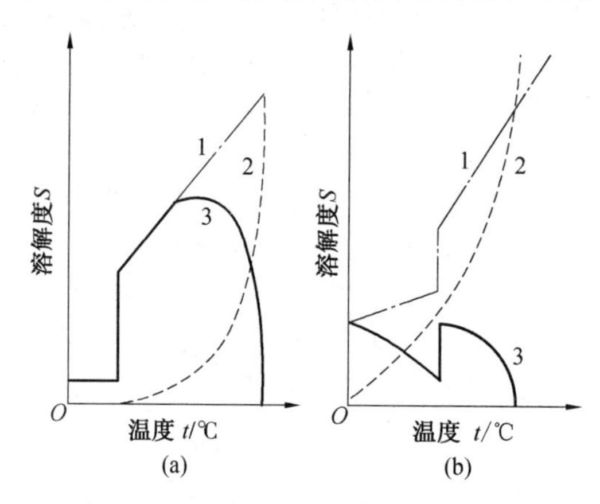

图 4.9 气体在金属中的溶解度

1—不考虑金属蒸气压时的溶解度；2—蒸气压影响溶解度的减少量；3—受蒸气压影响后的溶解度

③合金熔体的成分。

当合金成分中含有易挥发元素时，需要控制好熔体的温度，过高的熔体温度会导致易挥发元素挥发，从而造成成分的偏差。

(2)铸件的尺寸。

铸件的尺寸对合金熔体的温度也有一定的要求。铸件的尺寸包含两方面含义：一方面指铸件的壁厚，另一方面是指铸件的外形尺寸。由于合金熔体的温度越高，合金的流动性越好，因此，在一般情况下，铸件壁厚越薄，需要的浇铸温度越高，同样，铸件的外形尺寸越大，需要的提高浇注温度越高，以确保铸件精确成形。表 4.8 给出了铸件尺寸与浇注温度的关系。

表 4.8　铸件尺寸与浇注温度的关系

序号	铸钢件的种类	铸钢件壁厚/mm	铸钢件毛重/kg	浇注温度/℃	
				ZG230—450 ZG20MnSi ZG20CrMo	ZG310—570 ZG35MnSi ZG35CrMo
1	复杂薄壁铸钢件	≤20	≤500	1 580～1 600	1 570～1 590
2	复杂薄壁铸钢件	21～40	≤3 000	1 570～1 590	1 560～1 580
3	中小型铸钢件	41～80	≤10 000	1 560～1 580	1 550～1 570
4	中型铸钢件	81～150	≤25 000	1 550～1 580	1 540～1 570
5	大型铸钢件	151～500	≤50 000	1 550～1 580	1 540～1 570
6	外形简单大铸钢件	>500	>50 000	1 540～1 570	1 530～1 560
7	高锰钢铸钢件	≤120	≤10 000	1 420～1 460	

(3)铸型的种类。

砂型、金属型的吸热能力不同，合金熔体在不同的铸型内流动时表现的温度变化也会不同。一般来说，合金熔体充填金属型或其他的激冷铸型时，合金熔体的温度要较充填砂型铸型高出 50～100 ℃，这样才能确保获得完整的铸件。

表 4.9　铸件材料金属液在不同铸型的凝固时间

铸件材料	铸型种类	凝固时间/min
灰铸铁	砂型	2.04
	金属型	0.21
可锻铸铁	砂型	0.82
	金属型	0.25
铝合金	金属型	0.10
黄铜	砂型	0.31
	金属型(铸铁)	0.07
	紫铜型(水冷)	0.06
铸钢	砂型	0.592
	金属型	0.148

综合上述对影响因素的分析，为了获得优质铸钢件，需要根据合金的性质、铸型的种类及铸件尺寸等因素来确定适合的浇注温度。

浇注温度对铸件质量有较大的影响。当浇注温度过高时，铸件的收缩值增大，气体的体积分数增大，合金熔体对铸型热作用增强，使铸件容易产生缩孔、气孔、变形、裂纹和黏砂等缺陷。当浇注温度过低时，合金熔体的流动性差，易使铸钢件产生冷隔、浇不足、夹渣等缺陷。

碳钢铸件的浇注温度主要由钢中碳质量分数及铸件的质量、壁厚和结构复杂程度等因素决定。一般按其材质的熔点加 40～80 ℃。一般的碳钢铸件的适宜浇注温度见表 4.10。

表 4.10　碳钢铸件的浇注温度

钢中碳的质量分数/%	浇注温度/℃
0.10～0.20	1 540～1 560
0.20～0.30	1 530～1 550
0.30～0.40	1 520～1 540
0.40～0.50	1 510～1 530
0.50～0.60	1 500～1 520

铸钢件质量小，壁薄，结构复杂，浇注温度（过热度）应高些；反之，则应低些。几种常见铸钢件的浇注温度见表 4.11。

表 4.11　常用碳钢铸件的浇注温度

铸件类型	壁厚/mm	质量/kg	浇注温度/℃			
			ZG230－450	ZG270－500	ZG310－570	ZG340－640
小铸件 薄壁铸件 结构复杂铸件	6～20	<100	1 460～1 480	1 450～1 470	1 440～1 460	1 430～1 450
	12～25	<500	1 450～1 470	1 440～1 460	1 430～1 450	1 420～1 440
	20～30	<3 000	1 440～1 460	1 430～1 450	1 420～1 440	1 410～1 430
中等铸件	30～75	<5 000	1 435～1 460	1 430～1 445	1 425～1 450	1 415～1 440
厚大铸件	70～150	2 500～5 000	1 440～1 460	1 430～1 450	1 420～1 440	1 410～1 430
重型铸件	150～500	>5 000	1 430～1 450	1 420～1 440	1 410～1 430	1 400～1 420
形状简单铸件	<500	>3 000	1 425～1 450	1 420～1 445	1 405～1 430	1 400～1 425

4.2　工业用合金熔体的处理温度

4.2.1　铁合金熔体的处理温度

1. 铸铁的孕育处理温度

孕育处理就是在铁液进入铸型腔前，把孕育剂添加到铁液中以改变铁液的冶金状态，从而改变铸铁的显微组织和性能。随着孕育剂、孕育方法的改进，孕育处理已是现代铸造生产中提高铸铁性能的重要手段。不同的孕育剂，其孕育处理的温度不同，对于灰铸铁，常用的孕育剂处理温度如下：

(1)施加锶硅铁(SrFeSi)处理温度。

出铁槽或包内孕育,加入量质量分数0.2%～0.3%,孕育温度为1 360～1 460 ℃,出铁温度为1 440～1 460 ℃。

(2)施加稀土钙钡硅铁(ReCaBa)处理温度。

出铁槽孕育,加入量是熔体质量分数的0.2%～0,3%,孕育温度为1 400～1 460 ℃。

(3)碳硅钙处理温度。

出铁槽孕育加入量为熔体质量分数的0.3%左右,孕育温度大于1 450 ℃ 。

2. 球墨铸铁的球化处理温度

球墨铸铁的球化处理温度因球化方法不同,球化处理的温度也不尽相同。常见的球铁处理工艺如下:

(1)球化处理工艺。

①冲入法。

冲入法是球铁处理的一种常用方法。采用冲入法处理0.5～3 t铁水时,原铁水温度处理应控制在1 450 ℃以上,一般采用稀土硅铁镁球化剂,其镁质量分数与处理铁液温度见表4.12。一般经过球化处理,在0.5～3 t铁水包内,铁水温降50～100 ℃。

表4.12 铁液温度与稀土硅铁镁合金镁质量分数的关系

铁液温度/℃	1 400～11 450	1 450～1 500	1 500～ 1 550
稀土硅铁镁合金中的镁质量分数/%	8～10	6～8	5～6

②压力加镁包内处理工艺。

压力加镁包内处理铁液量是实际浇注铁液量的1/3～1/2。处理前铁液温度最好在1 350～1 400 ℃,密封和紧固包盖后,尽快将钟罩压入铁液中,处理时间为4～6 min。由于铁液沸腾引起的钟罩压杆振动停止后,提起压杆,开启包盖,扒渣。处理后降温80～150 ℃,此时应补加高温铁液,同时添加孕育剂。补加的铁液量一般是处理铁液量的1倍左右。搅拌、扒渣后覆盖保温集渣剂即可浇铸。压力加镁包内处理工艺对铁液处理温度十分敏感,这是因为镁蒸气压力与温度呈超越函数关系,见表4.13。这种自建压力包内处理工艺还要求十分规范的操作规程和严密的安全措施,否则将是灾难性的。虽然压力加镁法的镁吸收率高达80%以上,但生产应用的厂家在逐渐减少。

表4.13 镁蒸气压与温度的关系

温度/℃	1 107	1 150	1 200	1 250	1 300	1 350	1 400	1 450	1 500
压力/MPa	101.3	146.4	220.3	312.4	440.3	606.3	819.8	1 086.2	1 421.6

③转包法。

在世界各国许多工厂都采用转包法，特别是生产硅质量分数偏低的铸件时，显示出其优越性。转包法处理球化温度一般大于 1 500 ℃ 。

(2) 球铁的孕育处理工艺。

①一次孕育。在采用冲入法球化处理时，可将孕育剂全部覆盖在处理包球化剂上面，待冲入法进行球化时，同时进行孕育。

②二次孕育。为了克服因孕育衰退导致的孕育效果随时间减弱，采用孕育丝喂线工艺进行孕育处理，加入量是铁液质量分数的 0.2%～0.5%，处理温度为 1 300～1 350 ℃。

3. 铸钢

在铸钢生产中，炉外精炼技术是提高铸钢熔体质量的关键技术。所谓炉外精炼，是指在专用的处理设备或在钢包内进行的处理，因此，在进行炉外精炼前，应合理地控制熔体的温度，使合金熔体可以顺利地进行炉外精炼。

炉外精炼有以下几点重要性：

①提高钢的纯净度，铸钢件的内在质量与钢液的纯净度有着很大的关系，国内外在生产高强度和超高强钢方面，特别强调对钢液中气体和非金属夹杂物的含量的控制，提出了“清洁钢”要求。传统的清除钢液中气体和夹杂物的方法很容易形成二次污染。采用炉外精炼，利用吹氩气沸腾除气、除杂，然后利用真空再除去氩气，实现了真正洁净钢液的目的，使得钢液的洁净度有了大幅度的提高。

②降低合金元素的熔炼耗损，采用炉外精炼技术，重要的合金元素都是在惰性气体、真空保护下在炉外精炼过程中加入，因此，合金元素的损耗极小，吸收率极高，同时合金成分可以控制得非常精确。

③为冶炼超低碳钢开辟途径。在一般的炼钢条件下，由于存在 C－O 平衡关系，因此，钢中碳的质量分数很难降下来。利用炉外精炼技术，依靠真空和惰性气体的作用，可以做到既降碳又不增氧，因此从根本上解决了低碳(C 的质量分数小于 0.06%)和超低碳(C 的质量分数小于 0.03%)钢的生产。

目前，常用的炉外精炼技术有以下几种：

(1) 氩氧脱碳精炼法。

氩氧脱碳法一般称为 AOD(Argon Oxygen Decarbuization)，是美国于 1968 年开发成功的，钢液的精炼是在 AOD 装置中进行的，如图 4.2 所示。精炼时，经熔炼炉处理的低磷钢水，钢水温度应大于 1 560 ℃，注入 AOD 装置中。首先吹入的是氧气，随着吹炼过程的进行，氧气逐渐减少，氩气逐渐增多。后期全部用氩气吹炼，可使钢液进一步脱碳。

(2)多孔塞脱硫法。

采用多孔塞脱硫技术，铁液温度控制是关键。当加入质量分数为 1.2%的脱硫剂，吹气时间为 5 min，铁液出炉温度为 1 450 ℃时，脱硫不高于 70%，当铁液温度为 1 470～1 480 ℃时，脱硫率为 80%，当铁液温度大于 1 480 ℃时，脱硫率大于 90%，吹气时间不宜过长，控制在 3～4 min 较为理想，此时铁液降温约为 60 ℃。

(3)RH 法。

RH 法精炼除气，是精炼中常采用的一种高效除气技术。RH 法处理时的温度损失如

图 4.10 所示。容量过小时，钢液在除气处理过程中降温较大；容量较大时，热稳定性较好，精炼操作容易。

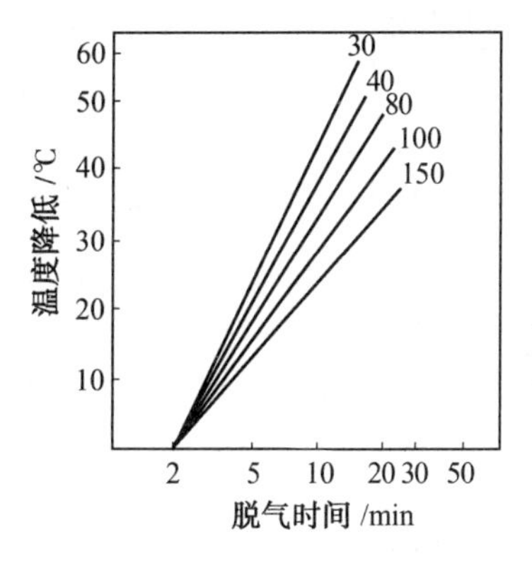

图 4.10　RH 法处理时的温度损失

4.2.2　非铁合金熔体的处理温度

对于铝合金、镁合金、铜合金等非铁合金，熔体的处理温度极为重要。

1. 铝合金熔体处理温度

铝合金熔体处理是提高铝合金熔体质量的重要环节。熔体处理包括变质处理和精炼处理。变质处理是通过向铝合金熔体中加入变质剂，通过变质剂的作用细化铝合金凝固组织。由于变质剂是固态颗粒，因此，对铝合金熔体变质进行处理时，合金熔体的处理温度需要控制在一定的范围内。

不同的变质处理(变质剂)，合金熔体的处理温度也不同。表 4.14 给出了常用的盐变质剂的处理温度及相关参数。

表 4.14　常用的盐变质的处理温度及相关参数

变质剂名称	变质剂用量（占金属液的质量分数）/%	变质处理温度/℃	二次变质的变质剂用量（占金属液的质量分数）/%
二元	1～2	800～810	0.5～1.0
三元	2～3	725～740	0.5～1.0
通用一号	1～2	800～810	0.5～1.0
通用二号	2～3	750～780	0.5～1.0
通用三号	2～3	710～750	0.5～1.0

铝合金熔体在高温阶段具有很强的吸气性，因此，铝合金熔体在浇注前需要进行精炼处理。精炼处理的目的主要是去除铝合金熔体里的氢气。精炼的处理方法有很多，不同的处理方法其处理温度也有所区别。不同的精炼工艺对合金熔体的温度要求也不同，因此，熔体处理的温度必须根据熔体的精炼工艺来确定。常见的精炼工艺参数见表 4.15。

表 4.15　常见的精炼工艺参数

精炼剂	适用合金	精炼剂用量或精炼用气体	精炼温度/℃	精炼时间/min	静置时间/min	备注
六氯乙烷＋二氧化钛	Al－Cu，Al－Si	0.5%～0.7%	700～730	10～12	10～15	—
六氯乙烷＋氟硅酸钠	ZL101，ZL104，ZL105	0.5%～0.8%	710～750	10～12	10～15	—
氯化锌	ZL104，ZL101 一般合金	0.25% 0.15%～0.20%	710～720 690～710	5～8 5～8	8～10 8～10	—
氯化锰	ZL201	0.2%～0.3%	710～730	5～8	5～10	—
氯气	ZL105	15%～20 Pa	680～700	10～15	5～10	—
氯气＋氮气（或氩气）	通用	15%～20 Pa	710～740	10～15	5～10	—
氮气或（氩气）	通用	15%～20 Pa	700～730	15～20	5～10	—
光卤石（或氟化钙）	Al－Mg 合金	2%～4%	660～680	搅拌至合金液面呈镜面，熔渣与合金液分离	—	含 Be，Ti 合金
光卤石（或钡溶剂）	Al－Mg 合金	1%～2%	680～700		—	不含 Be，Ti 合金
四氯化碳	Al－Si 合金 Al－Cu 合金	0.2%～0.3%	690～710 700～720	7～10	10～15	
真空精炼	Al－Si 合金 Al－Cu 合金	真空度：剩余压力小于1 330 Pa	750～800	10～15	—	为了增加精炼效果，可以在合金液表面撒二元或三元溶剂

同样，铝合金熔体的浇注温度也因合金成分不同、浇注参数的不同而不同，需要根据铝合金牌号及浇注参数来确定其浇注温度。铝合金浇注工艺参数见表 4.16。

表 4.16　铝合金浇注工艺参数

合金代号	坩埚底部金属剩余量	保温浇注时间/h	总熔化时间/h	浇注温度/℃	备注
ZL101，ZL102 ZL104，ZL105	150～200 mm	2～3	4～5	680～760	—
ZL201	金属总质量的 15%～20%	1～2	4～6	700～750	—
ZL203	150～200 mm	2～3	4～6	700～760	—
ZL205A	150～200 mm	1～2	4～6	700～750	—
ZL301 ZL303	金属总质量的 15%～20%	2～3	4～6	680～740	采用有挡板的浇包浇注
ZL401	150～200 mm	2～3	4～6	700～780	—

2. 镁合金熔体处理温度

镁合金熔体处理(变质处理)的目的是为了细化镁合金的晶粒,从而提高其力学性能。目前,加入的变质剂是含硫物质,如硫酸镁、硫酸钙和六氯乙烷。以硫酸镁为例,其与合金熔体反应生成难熔的三硫化四铝,质点呈悬浮态,在凝固中可以起到晶核的核心作用。

(1)镁一铝系合金变质处理温度。

镁一铝系合金的变质剂及其用量和处理温度见表 4.17。从表 4.17 可以看出,变质剂不同,所需处理的熔体温度也不同。熔体变质需要的温度低于铝合金熔体。

表 4.17　镁一铝系合金的变质剂及其用量和处理温度

变质剂	用量(占炉料)/%	处理温度/℃
碳酸镁或菱镁矿	0.25～0.5	710～740
碳酸钙(白垩)	0.5～0.6	760～780
六氯乙烷	0.5～0.8	740～760

(2)镁合金精炼处理温度。

镁合金精炼处理的目的在于清除混入合金中的非金属夹杂物。镁合金熔体精炼处理温度见表 4.18。

表 4.18　镁合金熔体精炼处理温度

镁合金	精炼处理温度/℃
ZM5 和 ZM10	710～740
ZM1,ZM2,ZM3,ZM4	750～760

镁合金的变质也可以采用“过热变质”。对于 ZM5 合金可采用“过热变质”,将精炼后的熔体升温到 850～900 ℃,保温 10～15 min,然后迅速冷却到浇注温度,经处理后的镁合金晶粒细化。

3. 锌合金熔体处理温度

由于熔体温度低,锌本身蒸气压大,含气量低,精炼要求比铝合金低,有时可不进行精炼。当需要精炼时,可采用氯盐处理、惰性气体及过滤处理等方法。利用氯盐处理的温度在 450～470 ℃,用钟罩压入氯化铵或六氯乙烷到锌合金熔体中。

4. 铜合金熔体处理温度

(1)锡青铜和铅青铜熔体的处理温度。

锡青铜具有较强的吸气性,在熔炼温度下,气体(氢气)在熔体中有相当大的饱和溶解分压,见表 4.19。

表 4.19　气体在锡青铜中的溶解分压

合金	温度/℃	熔化条件	气体溶解分压/Pa
ZCuSn3Zn8Pb6Ni1	1 200	大气压	7.6×10^{3}
ZCuSn3ZnHPb4	1 200	大气压	8.0×10^{3}
ZCuSn5Pb5Zn5	1 200	大气压	7.0×10^{3}
ZCuSn8Zn4	1 200	大气压	6.1×10^{3}
ZCuSn10Zn2	1 232	大气压	5.8×10^{3}
ZCuSn10Pb10	1 150	大气压	6.5×10^{3}

锡青铜采用氧化熔炼法，通过添加氧化性溶剂增加合金液氧的浓度，以达到除气的目的。

脱氧处理后，为进一步除去合金液中的气体，宜采用除气处理，常用的方法有溶剂精炼和吹干燥氮气除气。

表 4.20　锡青铜的熔炼工艺

<table>
<tr><th>铜合金</th><th>熔炼工艺</th><th>脱氧温度/℃</th></tr>
<tr><td rowspan="3">ZCuSn5Pb5Zn5
ZCuSn10Zn2
ZCuSn10Pb5</td><td>先熔化铜，然后加回炉料工艺（Cu—P 脱氧）</td><td>1 200～1 260</td></tr>
<tr><td>先熔化回炉料，然后加锌、铅、锡工艺（Cu—P 脱氧）</td><td>1 120～1 160</td></tr>
<tr><td>先熔化锌，然后加回炉料工艺（Cu—P 脱氧）</td><td>1 180～1 200</td></tr>
</table>

(2)铝青铜熔体处理温度。

Cu—Al 合金的蒸气压比黄铜和锡青铜小，因此吸气倾向大，在熔炼温度下氢在铝青铜中的溶解饱和分压很高，如图 4.11 所示。

选择合适的溶剂对铝青铜合金液进行保护和精炼是有效的。铝青铜的除气是在熔炼后进行的。除气有效的方法是包底吹氮除气法。

包底吹氮除气工艺参数，依据要处理的合金熔体的牌号、容量和熔炼条件等通过实验确定。反射炉熔炼铝青铜包底吹氮除气工艺参数及其技术要求见表 4.21。

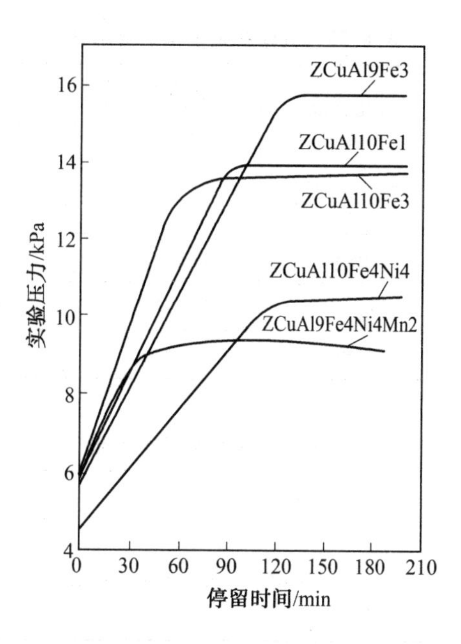

图 4.11　氢在铝青铜熔体中的溶解分压与停留时间的关系

表 4.21　反射炉熔炼铝青铜包底吹氮除气工艺参数及其技术要求

参数	技术要求
出炉温度	比浇注温度高 50～70 ℃
吹氮压力	略高于金属液的静压，使合金液翻腾，但不产生飞溅
吹氮时间	至氢含量低于技术标准规定，为 30～40 min
吹氮量	1.5～2 m^3/t 合金液

(3)黄铜合金熔体处理温度。

锌的沸点只有 907 ℃，黄铜可采用沸腾法除氢，黄铜的蒸气压随锌质量分数增大、温度升高而增大。黄铜中锌质量分数与沸点的关系见表 4.22。

表 4.22　黄铜中锌质量分数与沸点的关系

锌质量分数/%	10	20	30	35	40	100
沸点/℃	1 600	1 300	1 185	1 130	1 080	907

在表 4.22 中，锌质量分数高于 35% 的黄铜，其沸点低于 1 130 ℃，黄铜的熔炼温度为 1 150～1 200 ℃，铜液已经沸腾，大量锌蒸气逸出，气体、夹杂也随之带出。

黄铜的吸气性较纯铜低，加之含有大量易挥发的锌，熔炼过程中能自然地进行除气和脱磷，通常不需要进行特殊的脱氧和除气处理。气体在黄铜中的溶解分压见表 4.23。黄铜的熔炼工艺见表 4.24。

表 4.23　气体在黄铜中的溶解分压

合金	熔化温度/℃	气体在黄铜中的溶解分压/Pa	除气方法	除气后的气体溶解分压/Pa
ZCuZn38	1 000	1.0×10^4	沸腾	小于 4.0×10^3
ZCuZn35Al12Mo2Fe1	993	1.3×10^4	沸腾	小于 7.0×10^3
ZCuZn25A16Mn3Fe3	1 038	1.1×10^4	沸腾	小于 5.0×10^3
ZCuZn16Si4	1 093	5.3×10^4	沸腾	小于 3.0×10^3

表 4.24　黄铜的熔炼工艺

合金	熔炼及脱氧方法	脱氧温度/℃
ZCuZn33Pb2 ZCuZn38 ZCuZn40Pb2	一次熔炼(Cu—P 脱氧)	1 150～1 180

为了保证铸件的质量,铸件的壁厚尺寸不同,合金熔体的处理温度也不同。表 4.25 给出了铸造铜合金熔体的浇注温度与熔化温度和铸件壁厚的关系。

表 4.25　铸造铜合金熔体的浇注温度与熔化温度和铸件壁厚的关系

合金牌号	熔化温度/℃	浇注温度/℃	
		壁厚≤30mm	壁厚>30mm
紫铜	1 230～1 280	1 200～1 300	1 150～1 200
ZCuSn3Zn8Pb6Ni1	1 200～1 250	1 150～1 200	1 100～1 150
ZCuSn3Zn11Pb4	1 200～1 250	1 150～1 200	1 100～1 150
ZCuSn5Pb5Zn5	1 200～1 250	1 150～1 200	1 100～1 150
ZCuSn6Zn6Pb3	1 200～1 250	1 150～1 200	1 100～1 150
ZCuSn8Zn4	1 200～1 250	1 150～1 200	1 100～1 150
ZCuSn10P1	1 150～1 200	1 040～1 090	980～1 040
ZCuSn10Zn2	1 200～1 250	1 150～1 200	1 100～1 150
ZCuSn10Pb5	1 150～1 200	1 140～1 200	1 120～1 150
ZCuAl7Mn13Zn4Fe3Sn1	1 180～1 220	1 060～1 100	1 020～1 060
ZCuAl8Mn13Fe3	1 180～1 220	1 100～1 150	1 040～1 080
ZCuAl8Mn13Fe3Ni2	1 200～1 250	1 060～1 100	1 020～1 060

5. 高温合金熔体处理温度

高温合金的熔炼过程可分为熔化期、精炼期、合金化期和浇注期四个阶段。每一阶段工艺参数必须严格控制。表 4.26 列出典型合金的熔炼参数。图 4.12 为 K406 合金的 ZG—

0.200 真空炉熔炼工艺曲线。熔体处理温度见表 4.27。

表 4.26　典型合金的熔炼参数

合金	熔化后真空度 /Pa	精炼温度 /℃	精炼时间 /min	合金化温度 /℃	烧注温度 /℃
K403	不大于 0.65	1 560～1 590	10～12	小于 1 500	1 390～1 410
K406	不大于 1.95	1 560～1 590	约 20	小于 1 480	1 390～1 410
K417	不大于 0.65	1 500～1 530	约 15	小于 1 450	1 390～1 410
K418	不大于 0.65	1 540～1 600	约 15	小于 1 450	1 380～1 400
K214	不大于 1.95	1 550～1 600	12～15	小于 1 520	1 440～1 460

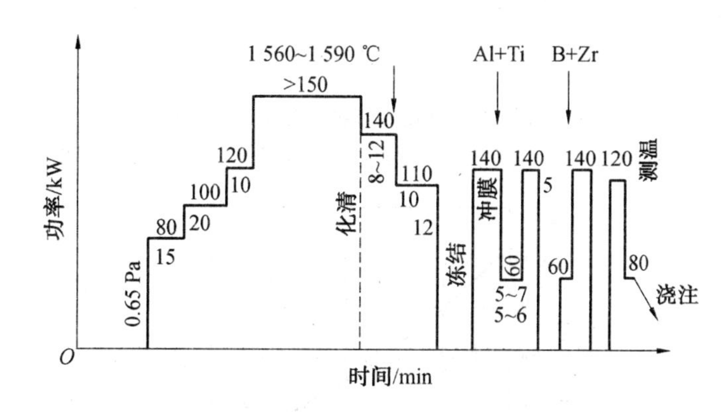

图 4.12　K403 合金的 ZG—0.200 真空炉熔炼工艺曲线

表 4.27　熔体处理温度

处理过程	处理温度/℃
熔化	约 1 400
精炼	约 1 580

6. 钛合金熔体的处理温度

钛合金是高活性材料，其熔炼多采用真空凝壳熔炼。由于熔炼方式的特殊性，熔体的温度控制与其他材料的熔炼温度控制不同。钛合金真空凝壳熔炼的温度控制是根据电流功率与温度之间的关系，通过控制电流的功率实现对钛合金熔体温度的控制。

表 4.28 给出了钛合金采用真空凝壳熔炼的主要工艺参数，通常钛合金熔体的过热温度由于水冷坩埚的熔炼特点影响而不容易控制，一般为 60～80 ℃。这一点从图 4.13 可以得到充分体现，从图 4.13 可以看出，提高电流强度在一定范围内效果明显，但是，随着电流强度的增加，对熔体温度的影响变得很弱。

正是由于冷坩埚的激冷特性，合金熔体在坩埚内降温很快，不易长久停留。图 4.14 显示了 BT51Л 合金液在坩埚中停留时间对流动性的影响。从图 4.14 可知，熔体处理后需尽快浇注为好。

表 4.28　真空凝壳熔炼的主要工艺参数

电流强度/A	过热度/℃	浇注时间/s	熔化率/%
熔炼电流 5 000～6 000	60～80	3～6	70～80

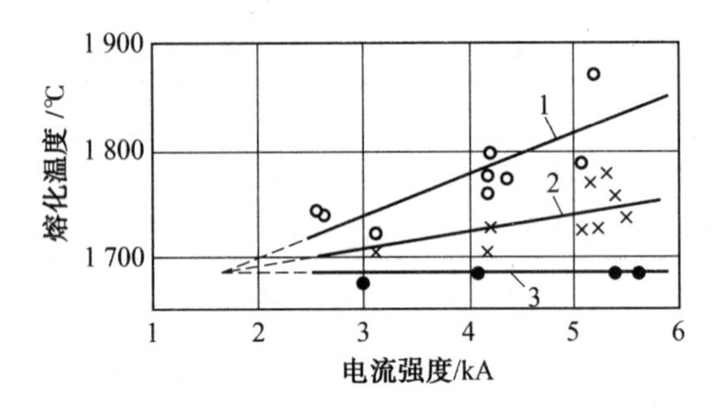

图 4.13　电流强度对钛的熔化温度的影响

1—熔池表面温度；2—浇注时金属液的温度；3—凝壳表面温度

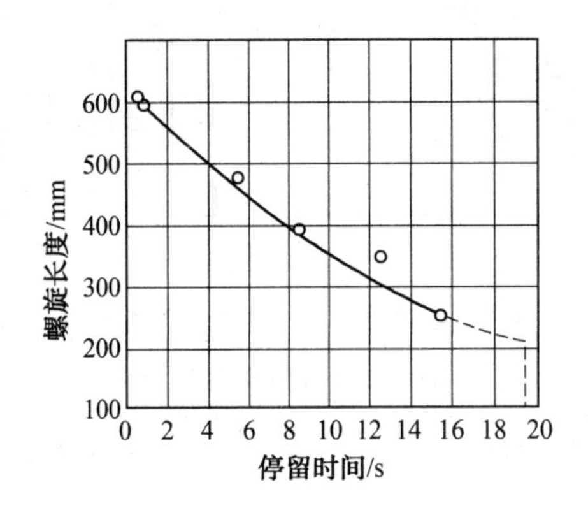

图 4.14　BT51JI 合金液在坩埚中停留时间对流动性的影响

4.3　合金熔体的热处理

随着合金熔体处理技术的不断提高，对熔体的温度有了新的理解。图 4.15 是由于熔体热处理所引起的一些新的工艺方法。正是由于有了合金熔体热处理的新方法，于是诞生了一些新的材料(半固态、非晶合金及准晶合金)。所以，目前合金熔体的热处理已经不是传统意义上的处理了，而是上升为“熔体热处理”的概念上，通过熔体热处理，将合金熔体处理成高过热熔体、半固态熔体及深过冷熔体。

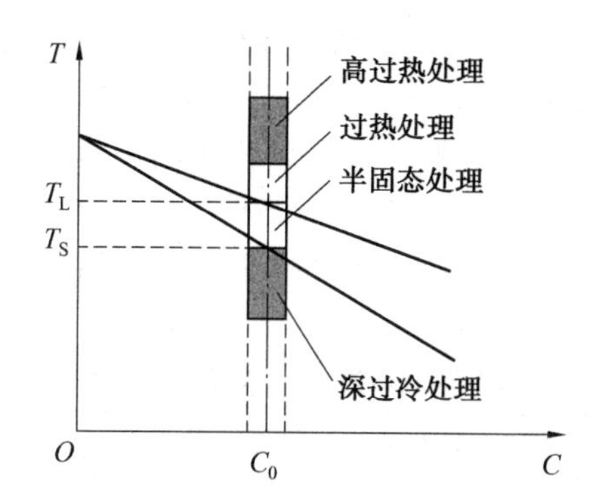

图 4.15　合金熔体热处理温度处理区间示意图

4.3.1　熔体热处理的基本思想

早在 20 世纪 20 年代，法国学者 Levi 就发现了在化学成分及铸造条件完全相同的情况下，铸铁的性能有很大差异，并首次提出了金属遗传性的概念。随着人们对熔体结构认识的深入以及熔体处理技术的提高，目前，已将熔体处理上升为熔体热处理。所谓的熔体热处理是指借助于一定的物理热作用来人为地改变熔体结构以及变化进程，从而改善材料和制品的铸态组织、结构及性能。

主要的熔体热处理方法如下：

(1)恒温过热法。控制的主要参数是熔体的过热温度和过热时间。

(2)循环过热法。控制的主要参数是 $T_1 \overset{n}{\Leftrightarrow} T_2$，其中 T_1，T_2 是温度；n 是循环过热次数。

(3)熔体混合法。将高温熔体与低温熔体快速混合成混熔体。控制的主要参数是低温熔体温度、高温熔体温度和混合后静置时间。

4.3.2　合金熔体的高过热处理

合金熔体传统处理温度一般过热几十摄氏度到 100 ℃。高过热处理温度可以将熔体的过热度提高到几百摄氏度，这样处理可以消除遗传性，能够使晶胚尺寸更小，因此在接下来的凝固过程中获得更小的晶粒。

对于经由液态到固态相变过程而获得的材料，其液态结构和品质对固态组织、性能及质量有着直接和重要的影响。金属和合金的液态结构不仅与金属的种类与合金的成分有关，而且与熔体的温度以及熔体的热历史有关。

从利用温度对熔体结构的影响出发，借助于一定的热作用来人为地改变熔体结构状态和冷却速率，可以显著改善金属材料的组织、性能和质量，为挖掘材料的性能潜力开辟了一条有效的新途径，具有广阔的应用前景。

1. 熔体热处理对铝硅合金组织及性能的影响

哈尔滨工业大学研究了 Al－16%Si 合金熔体在冷却和加热过程中初生硅平均尺寸与熔体过热温度的关系，指出将熔体过热到高温区时，熔体的微观不均匀结构逐渐分离变小，当过热至 1 050 ℃以上时，熔体的微观不均匀尺寸达到 1～10 nm，即熔体结构几乎达到均匀状态，此时可以基本消除原始固态组织对重熔凝固组织的影响。

山东工业大学对共晶成分的 Al－12.6%Si 合金液进行了热速处理，将合金液过热至 1 000 ℃，将其中的 1/3 转注入预热至 200 ℃的坩埚内冷却至 680 ℃，再将留在炉内于 1 000 ℃保温的合金注入坩埚，冷却至 760 ℃浇铸。所得铸态试样的力学性能见表 4.29。由表可知，热速处理合金的力学性能优于变质处理合金，其抗拉强度和延伸率平均值相对于不进行处理的合金分别提高 18%和 106%。

表 4.29　经不同处理的 Al－12.6%Si 合金的力学性能

处理方法	抗拉强度/MPa		伸长率/%	
	范围	均值	范围	均值
未处理	167～203	185	1.4～2.3	1.91
变质处理	196～226	209	3.6～4.7	3.76
热速处理	200～242	218	3.1～4.8	3.94

2. 熔体高温处理对铝铜合金组织及性能的影响

熔体热处理对 Al－4.5%Cu 合金组织的影响主要表现在合金宏观晶粒尺寸上。在 730 ℃熔化并保温 30 min 的常规熔化工艺下，Al－4.5%Cu 合金的宏观组织具有铸锭宏观组织的三种典型特征，即表面的等轴晶、向里的柱状晶和中心的等轴晶。将 850 ℃的高温熔体与 650 ℃的低温熔体混合（混合后温度为 730±5 ℃），即对 Al－4.5%Cu 合金进行熔体热处理后，在合金的宏观凝固组织中，柱状晶区显著缩小，等轴晶区显著扩大，且晶粒显著细化（图 4.16）。

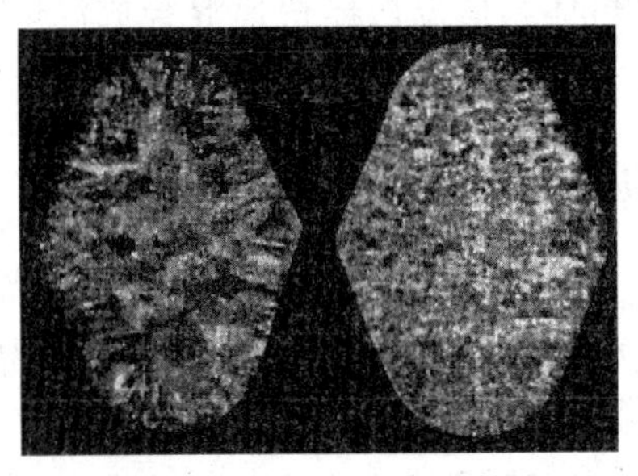

图 4.16　熔体热处理对 Al－4.5%Cu 合金宏观凝固组织的影响

采用上述常规熔化工艺和熔体热处理后，Al－4.5%Cu 合金的力学性能见表 4.30。由表可以看出，Al－4.5%Cu 合金经过高低温金属熔体相混的熔体热处理后，合金的 σ_b，特别是 σ_s 比常规熔化工艺有较大幅度的提高。

表 4.30　熔体处理对 Al－4.5%Cu 合金力学性能的影响

性能指标	σ_b	δ
常规工艺	145 MPa	6.67%
温度处理	181 MPa	10.50%
提高率	25%	58%

Al－4.65％Cu 合金形核过冷度 ΔT_- 随熔体过热度 ΔT_+ 的变化规律如图 4.17 所示。由图可以看出，随着熔体过热度 ΔT_+ 的提高，结晶过冷度 ΔT_- 呈增大趋势，但在 $\Delta T_+<$ 300 ℃时，ΔT_- 变化幅度不大，当 $\Delta T_+=300\sim500$ ℃时，ΔT_- 急剧增大，说明Al－4.65％Cu 合金熔体结构状态在 $\Delta T_+=300\sim500$ ℃，即熔体温度为 946～1 146 ℃发生变化。

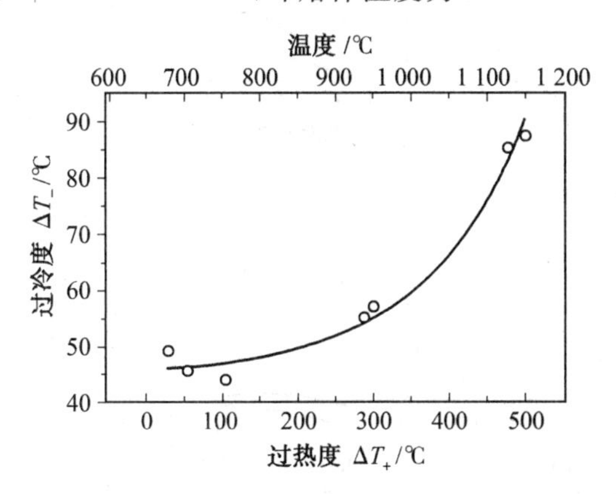

图 4.17　Al－4.65％Cu 合金熔体过热度与结晶过冷度的关系

3. 铁液过热处理

温度、化学成分及纯净度是铁液的三项主要冶金指标，而铁液温度的高低又直接影响到成分和纯净度。铁液温度的提高有利于提高流动性，获得健全的铸件，降低废品率，而且在一定范围内有利于力学性能的改善。

在一定范围内提高铁液温度能使石墨细化，基体组织细密，抗拉强度提高，如图 4.18 所示。硬度下降，成熟度、相对硬度和品质系数得到改善，弹性模量有少许提高，泊松比先下降，随后又提高，如图 4.19 所示。

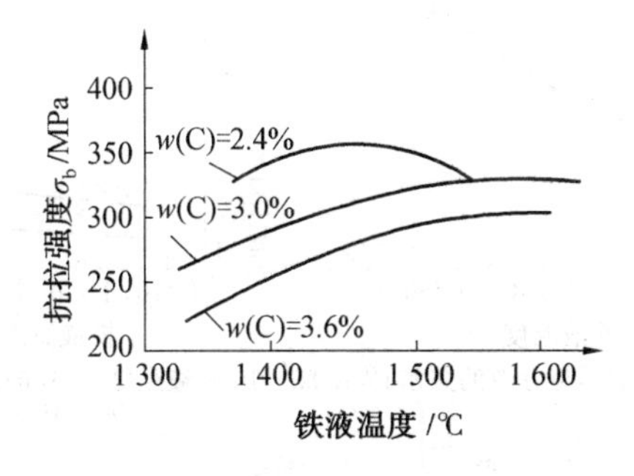

图 4.18　铁液温度对抗拉强度的影响

过度热不仅浪费能量，而且对力学性能也无好处，甚至有害。此临界温度与炉料组成、熔炼设备、化学成分等因素有关，不同研究者得出不同结论，但过热至 1 500 ℃以前的效果和结论是一致的。工业发达国家的熔炼出铁温度则保持在 1 520～1 550 ℃，铁液保护炉的温度为 1 480～1 500 ℃。

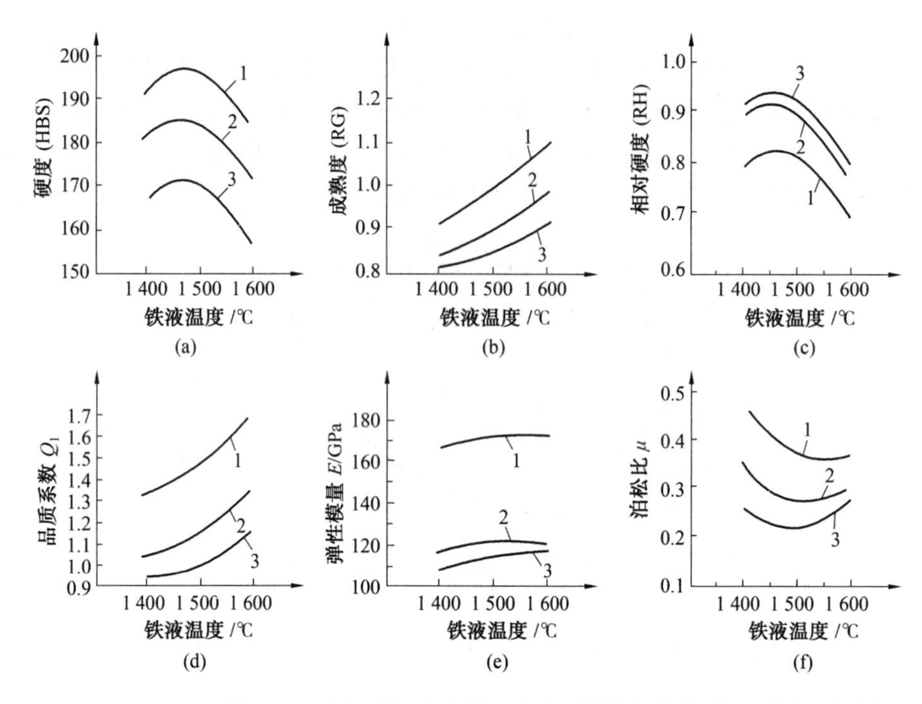

图 4.19　铁液温度与力学性能及质量指标的关系

1—w(C)=2.4%；2—w(C)=3.0%；3—w(C)=3.6%

随着过热温度的提高，铁液中含氮量、含氢量略有上升，但 1 450 ℃以后的氧含量大幅下降，铁液的纯净度提高(图 4.20)。较高的氮除了易引起针孔缺陷外，对铸铁的抗拉强度和硬度有所提高。

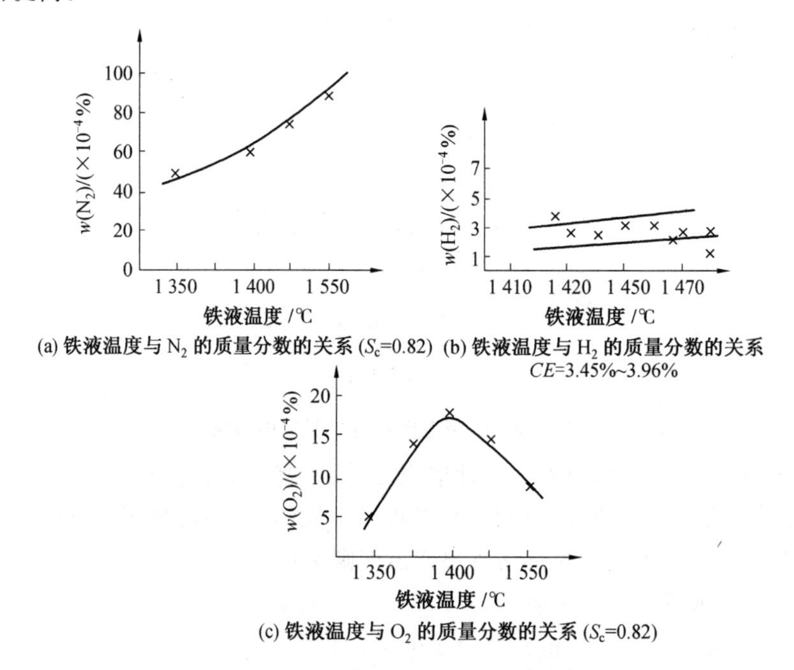

图 4.20　温度对 O_2、N_2、H_2 的影响

4.3.3　合金熔体的半固态处理

将合金熔体的温度控制在固液相线之间，这种处理的合金熔体称为半固态，这种合金熔体的处理方法称为半固态处理。这是熔体热处理的一个特例，也是一种新的熔体处理方法。

1. 合金半固态处理的提出

Fuleming 提出了合金半固态熔体处理技术，主要是为了解决黑色金属压铸模具寿命问题。将合金熔体温度处理到液固相区，最大限度地降低了合金熔体的温度，同时又可以保证合金熔体具有一定的流动性，然后进行压铸成形。可以使压铸用的金属型受到最小的热冲击。

2. 合金熔体半固态处理的成分与温度

合金熔体半固态处理需要选择一定的合金成分，铝、镁、铜、锌、镍、钢铁等具有较宽液一固共存区的合金体系均适合其熔体处理成半固态。

对于化学组成 C_0 的合金，在液相线温度 T_l 以下，固相线温度 T_s 以上（此处指共晶温度）的温度范围内，固态与液态共存，这种状态称为半固态。图 4.21 所示为简单的二元合金凝固相图与平衡态区。

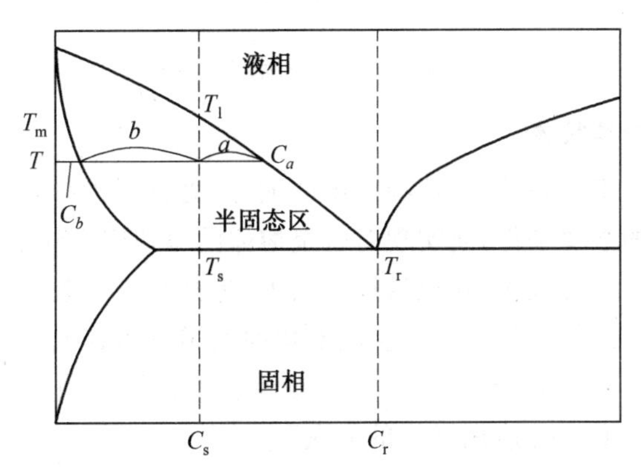

图 4.21　简单的二元合金凝固相图与平衡态区

但是需要指出的是，除了一些共晶点成分的合金与纯金属不能进行半固态成型之外，有些合金虽然有一定的液一固相温度区间范围，但是如果半固态温度区间太小，固相率难以控制，一般来说不适合进行半固态处理。另外，有些合金虽然从相图上看，其液一固温度区间范围大，但是其固相率对温度波动敏感性较强，温度稍有波动，其固相率急剧变化，因此在半固态浆料的制备与半固态成形过程中固相率也难以控制，这些合金也不适合处理成半固态。

一般是针对具有一定结晶区间的合金才适用半固态。将合金熔体采用一定的处理方法，将合金熔体的温度处理到固液相区，一般是使固相率达到 50%。半固态处理有很多种处理方法，同时半固态合金熔体具有流变性和触变性两种性质，可以利用流变性进行压铸成型，也可以利用触变性进行挤压成型。总之，合金熔体处理到半固态，合金的成型性能也发生了变化，同时，成型的质量等也发生了变化。

在熔体处理成半固态的过程中，晶粒长大对固相率的影响较小，但是固相中的扩散影响较大。固相中的扩散随凝固速度的降低而增大。对 Al－4.5%Cu 合金而言,固相中的扩散在冷却速率高于 2～5 K/s 时可以忽略。图 4.22 为 Al－4.5%Cu 合金温度与固相率的关系。计算时应用了 Kurz 等的固相率与温度的关系曲线模型。用 Giovanola 与 Kurz 等的方法来补偿枝晶尖端的溶解以修正 Scheil 方程。冷却速度与枝晶尖端迁移速度的关系可用热流动模型得出,此时假定晶体是以柱状晶生长的。在等轴晶凝固的情况下,因为不断形核而降低了某些枝晶尖端的迁移速度,所以偏离了 Scheil 方程。

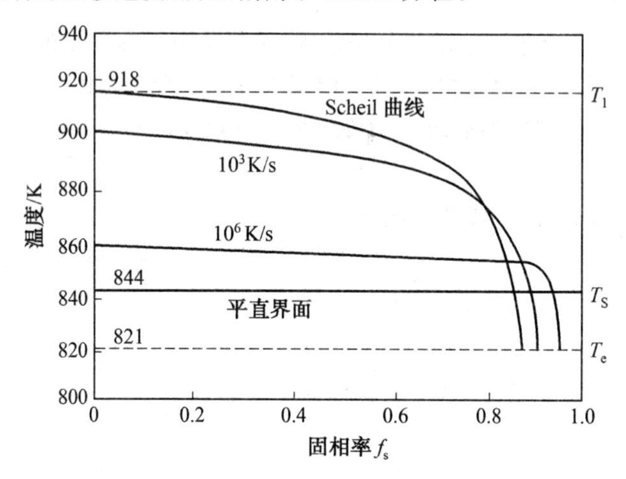

图 4.22　Al－4.5%Cu 合金温度与固相率的关系

3. 半固态合金的处理技术

将合金熔体处理成半固态,除了选择正确的成分、处理温度外,给予合金熔体一定的剪切应力是获得半固态的必要条件,而实现对合金熔体的剪切应力的工艺方法就是搅拌。

制备半固态合金的方法很多,除机械搅拌法外,近几年又开发了电磁搅拌法、电磁脉冲加载法、超声振动搅拌法、外力作用下合金液沿弯曲通道强迫流动法、应变诱发熔化激活法(SIMA)、喷射沉积法(Ospray)、控制合金浇注温度法等。其中,电磁搅拌法、控制合金浇注温度法和 SIMA 法是最具工业应用潜力的方法。

(1)机械搅拌法。

机械搅拌法是制备半固态合金最早使用的方法。Flemings 等用一套由同心带齿内外筒组成的搅拌装置(外筒旋转,内筒静止),成功地制备了锡－铅合金半固态浆液;H. Lehuy 等用搅拌法制备了铝－铜合金、锌－铝合金和铝－硅合金半固态浆液。后人又对搅拌器进行了改进,采用螺旋式搅拌器制备了 ZA－22 合金半固态浆液。通过改进,改善了浆液的搅拌效果,强化了型内金属液的整体流动强度,并使金属液产生向下压力,促进浇注,提高铸锭的力学性能。

(2)电磁搅拌法。

电磁搅拌法是利用旋转电磁场在金属液中产生感应电流,金属液在洛伦兹力的作用下产生运动,从而达到对金属液搅拌的目的。目前,主要有两种方法产生旋转磁场:一种是在感应线圈内通交变电流的传统方法;另一种是 1993 年由法国的 C. Vives 推出的旋转永磁体法。其优点是电磁感应器由高性能的永磁材料组成,其内部产生的磁场强度高,通过改变永磁体的排列方式，可使金属液产生明显的三维流动，提高搅拌效果，防止搅拌时卷入气体。

(3)SIMA。

SIMA 是将常规铸锭经过预变形，如进行挤压、滚压等热加工制成半成品棒料，这时的显微组织具有强烈的拉长形变结构，然后加热到固液两相区等温一定时间，被拉长的晶粒变成细小的颗粒，随后快速冷却获得非枝晶组织铸锭。

SIMA 主要取决于较低温度的热加工和重熔两个阶段，或者在两者之间再加一个冷加工阶段，工艺就更易控制。SIMA 适用于各种高、低熔点的合金系列，尤其对制备较高熔点的非枝晶合金具有独特的优越性。已成功应用于不锈钢、工具钢和铜合金、铝合金系列，获得了晶粒尺寸为 20 μm 左右的非枝晶组织合金，正成为一种有竞争力的制备半固态成形原材料的方法。但是它的最大缺点是制备的坯料尺寸较小。

(4)近几年开发的新方法。

近几年来，东南大学及日本的 Aresty 研究所发现，通过控制合金的浇注温度，初生枝晶组织可转变为球粒状组织。该方法的特点是不需要加入合金元素，也无须搅拌。V. Dobatkin 等提出了在液态金属中加细化剂，并进行超声处理后获得半固态铸锭的方法，称之为超声波处理法。超声波处理法示意图如图 4.23 所示。

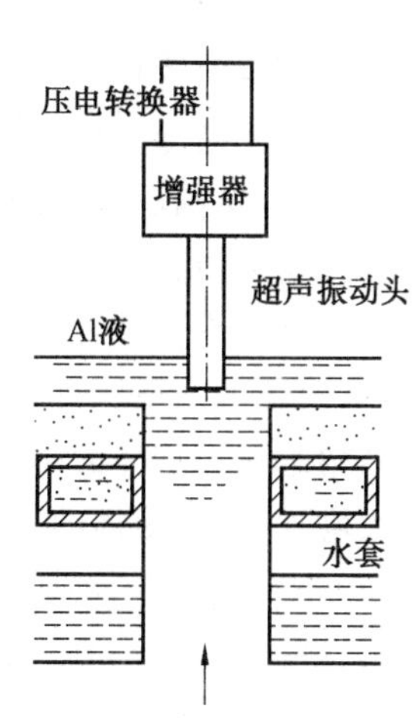

图 4.23　超声波处理法示意图

4.3.4　合金熔体的深过冷处理

1. 熔体过热度与形核过冷度的关系

根据经典形核理论，过冷液态金属的稳态均质形核(Steady State Homogenous Nucleation)率为

$$I_{s}^{hom}=K\exp\left(-\frac{\alpha\sigma_{LS}^{3}}{k_{B}T\,(\Delta G_{V})^{2}}\right) \tag{4.1}$$

式中　K——取决于金属的物理性能；

α——晶核的形状因子；

σ_{LS}——液固界面能；

ΔG_{V}——单位体积液固转变自由能；

k_{B}——玻耳兹曼常数。

而稳态非均质形核(Steady State Heterogeneous Nucleation)率为

$$I_{s}^{het}=K'\exp\left(-\frac{\alpha\sigma_{LS}^{3}f(\theta)}{k_{B}T\,(\Delta G_{V})^{2}}\right) \tag{4.2}$$

式中　K'—— 除与金属的物理性质有关外，还与金属液中的固相夹杂表面积成正比；

$f(\theta)=[(2+\cos\theta)(1-\cos\theta)^{2}/4]$，其中 θ 是晶核与衬底间的润湿角。

显然，液态金属的形核率受到液态金属状态的限制。消除有效形核衬底、降低衬底的触发形核能力(即增大润湿角 θ)以及减小团簇尺度等均可减小形核率。因此,从事深过冷研究的学者为追求大的过冷度而采取了诸如循环过热、玻璃净化等多种手段。

合金熔体的深过冷处理是获得非晶的处理途径。因此,单纯采用动力学急冷难以实现大体积液态金属或合金的深过冷,动力学急冷快速凝固制备的新材料目前还主要局限于零维粉末、一维纤维或二维薄带和箔片,而无法制备出大块、高性能的三维非平衡材料。

2. 深过冷与遗传性

所谓过冷是指纯金属或合金在平衡液相线以下某一温度范围而仍未发生结晶或凝固的现象。事实上,达到深过冷的最重要的因素是将液态金属或合金冷却到其液相线以下时,设法尽可能减少或消除熔体中存在的任何杂质(异质晶胚)。

经典形核理论奠基者 Turnbull 曾指出,如果能够消除液态金属或合金中的触发形核因素,如熔体内部的杂质、熔体与器壁之间的接触等,那么熔体的形核完全来自于本身的能量起伏和结构起伏。熔体的结晶行为将由非均质形核过渡到均质形核,使熔体可能获得的过冷度大大增加,此时熔体的极限过冷度为纯金属或合金熔点的 0.2 倍。

Laxmanan 等将金属或合金熔体的过冷度 ΔT 归纳为四个部分,包括熔体的热力学过冷度 ΔT_t、熔体的成分过冷度 ΔT_c、熔体中枝晶生长尖端曲率引起的曲率过冷度(Gibbs Thomson)ΔT_r 和熔体的动力学过冷度 ΔT_k,即

$$\Delta T = \Delta T_t + \Delta T_c + \Delta T_r + \Delta T_k \tag{4.3}$$

根据公式(4.3)可以看出,熔体急冷实现快速凝固,可以加大动力学过冷度 ΔT_k,从而达到增大熔体总过冷度的目的。但是在急冷法冷却过程中必然要受到传热条件的限制,凝固获得的组织宏观尺寸至少在一维方向上很小。因此,必须从热力学角度出发实现大体积液态金属或合金的深过冷,从而制备大块新型非平衡态合金。

所谓热力学深过冷是指通过各种有效的净化手段避免或消除金属或合金液中的异质晶核的形核作用,增大临界形核功、抑制均质形核作用,使得液态金属或合金获得在常规凝固条件下难以达到的过冷度。从过冷度的大小来看,与热力学深过冷相比,动力学急冷获得的过冷度比较小,一般只能称之为低过冷或中过冷。热力学深过冷方法是在普通的冷却条件下通过改变体系的热力学性质来获得大的过冷度,因此称之为热力学深过冷。

3. 过冷度的理论极限

20 世纪 50 年代初,Turnbull 做了著名的微小金属液滴深过冷实验,在将十余种液态金属分散成为大量直径在 2～200 μm 的液滴研究形核过程中,发现最大过冷度可以达到 $0.18T_m$～$0.2T_m$。但是,有些纯金属的均质形核临界过冷度已经远远超过 $0.2T_m$。因此,将金属或合金液体的过冷度极限简单看成约为 $0.2T_m$的观点缺乏缜密的理论依据。

西北工业大学魏炳波等采用循环高温过热和无机盐玻璃净化剂除去液态 Ni－32.5%Sn共晶合金中的异质晶核后获得了高达 397 K($0.283T_E$)的热力学深过冷。他们认为,液态金属或合金中可能达到的最大过冷度应该是(T_L-T_S)。对于大多数金属或合金而言,玻璃转变温度 $T_g=(1/5\sim2/3)T_L$,所以液态金属的最大过冷度一般为$(1/3\sim4/5)T_L$。在这种情况下,液态金属直接由液相转变为非晶相,而不会出现晶态相的成核与长大。因此,过去那种将过冷度定义为液态金属开始形核的实际温度与平衡液相线温度之差,似乎不

再适宜。

随着技术的更新与进步，人们已经能够从熔体中有效地消除绝大多数异质形核核心，并避免坩埚壁的非自发形核因素以及外界随机振动的干扰，在多种纯金属和合金中获得了大的过冷度（表4.31），并发展出多种相对成熟的深过冷技术（表4.32）。显而易见，那些成本较为低廉，能够获得高稳定性、不易衰减、具有良好遗传特性的深过冷熔体技术，将对于熔体凝固理论研究以及大块非平衡材料的实验室制备乃至大规模工业化生产提供理论基础和技术支持。

表4.31　部分液态金属获得的最大过冷度

金属（合金）	过冷度 ΔT/K	$\Delta T/T_m$ 或 $\Delta T/T_l$	金属（合金）	过冷度 ΔT/K	$\Delta T/T_m$ 或 $\Delta T/T_l$
Cu	174	0.580	Nb－20.66%Ge	523	0.250
Hg	88	0.380	Ni－32.5%Sn	397	0.283
Zn	110	0.260	Fe－25%Ni	460	0.261
Cu	266	0.196	Al－33.2%Cu	118	0.114
Pd	153	0.260	Al－5%Pe	290	0.260
Su	187	0.370	Sn－Bi	225	0.400
Ni	480	0.278	Cu7Ni30	265	0.190
Ni0.23%B6.15%Si	572	0.356	Sn－Pb	180	0.380

表4.32　热力学深过冷的实验方法

热力学深过冷
- 无容器熔炼与凝固法
  - 电磁悬浮熔炼法
  - 落管法
  - 微重力凝固法
- 乳化法
- 玻璃熔体净化法
- 循环过热法
- 凝固两相区法
- 化学净化法

4. 热力学深过冷方法

目前，在合金熔体的深过冷实验中已经采用过的方法主要如下：

（1）乳化法（Emulsification）。

乳化法的基本思想是在惰性环境（惰性基础或惰性悬浮溶液）中，随着液体分散程度的提高，有效形核衬底逐渐被孤立于少数液滴中，大部分液滴保持分离并且不包含异质核心，这部分液滴将会表现出深过冷行为。

乳化法的发展历史最为悠久，但是由于熔体液滴太小，无法制备出具有实际用途的新材料。由于该方法获得的液态金属或合金的过冷度最大，所以至今用乳化法提高熔体热力学过冷度仍然是凝聚态物理研究的重要领域之一。

(2)两相区法。

1950 年,Wang 和 Smith 提出两相区法。其基本原理是将合金熔体过热,然后冷却至固液两相区,使液相在先析出相的包裹下结晶而获得深过冷度。他们运用该方法使 Al－10%Sn合金获得 99 K 的过冷度。

(3)电磁悬浮熔炼法。

电磁悬浮熔炼法是通过选择合适的线圈形状及输入频率,使试样在电磁力作用下处于悬浮状态,再通入 He,Ar,H_2 等保护气氛,通过感应加热熔化、控制凝固,从而实现深过冷。电磁悬浮熔炼法避免了坩埚材料的污染,不涉及坩埚的耐火度问题,试样可以被过热到较高的温度,使金属中的杂质得以充分分解、钝化,实现高纯材料和高熔点金属的深过冷。

(4)落管法。

落管法是通过电磁悬浮熔炼、电子束或其他方法熔化金属,随后金属熔体在真空或通入保护性气体的管中自由下落冷却凝固。在自由下落过程中,金属或合金液避免与器壁接触,同时又具有微重力凝固的特征,因此可以获得深过冷。Robinson 及其合作者采用该方法使十余种金属或合金得到($0.18T_m \sim 0.2T_m$)的过冷度。落管法要求对试样有较高的检测技术,对于温度这样的参数有时要通过计算来确定。

(5)微重力凝固法。

微重力凝固法是利用太空中的微重力场和高真空条件,使液态金属自由悬浮于空中,以实现无坩埚凝固,从而获得深过冷。

(6)循环过热净化法。

在非晶态坩埚或形核触发作用较小的坩埚中对纯金属或合金进行“加热熔化－过热保温－冷却凝固”循环处理,金属中的异质形核核心通过熔化、分解和蒸发等途径消失或钝化,从而失去衬底作用,获得熔体的深过冷。

Golligan 采用氩气保护气体,在晶态陶瓷坩埚和石英坩埚内循环过热处理 200～300 g 电解质镍,分别获得 156 K 和 290 K 的过冷度。循环过热净化法的主要问题是在标准大气压下很难使液态金属获得深过冷。

(7)熔融玻璃净化法。

熔融玻璃净化法最早由 Bardenheuer 和 Bleckmann 应用于过冷实验。利用该净化法,Bardenheuer 在 150 g 铁中获得了 258 K 的过冷度。该方法是在熔融玻璃的包覆下进行熔炼,液态金属中的夹杂物在被玻璃熔体物理吸附的同时,还可以与玻璃中的某些组元相互作用形成低熔点化合物进入溶剂中,达到消除异质核心的目的应用。

熔融玻璃净化法的一个特点是在千克级的试样上仍然十分有效。因此,目前该方法在合金的深过冷实验中占据了十分重要的地位。

(8)化学净化法。

Willnecker Drehnicn 等在 Ni－Fe,Ni－Cu,Pd－Si 合金的深过冷研究中发现合金熔体与外界气体反应生成的氧化物往往是最强的异质形核衬底。因此,可以通过界面与气体间的化学反应使部分氧化物质点还原,抑制界面处氧化物质点的增加速率来获得深过冷。化学净化法因其独特的净化机制和净化效果一般不单独使用,往往和其他净化方法相复合,以提高高过热度条件下的净化稳定性。

(9)复合净化法。

①循环过热与悬浮熔炼相结合工艺。

实验中实现试样悬浮主要有两种方法:第一种是在试样的加热和冷却过程中通过向试样底部吹惰性气体使试样悬浮;第二种方法是广泛应用的电磁悬浮熔炼,采用双频感应加热装置,利用小功率实现试样悬浮,试样加热则在双频大功率下进行。循环过热过程能有效地将液态金属中的异质核心熔化、分解、蒸发或钝化;悬浮熔化能消除坩埚与液态金属之间的异质形核。因此,将循环过热与悬浮熔炼相结合的工艺,对于那些易与净化玻璃或坩埚发生化学反应的液态纯金属或合金获得深过冷特别有利。Shiraishi 等就曾经使用该方法使得 0.1 g 的纯金属 Ni 获得 480 K 的深过冷。

②熔融玻璃自分离净化法。

周根树对等提出的熔融玻璃自分离净化法是将循环过热、熔融玻璃以及电磁悬浮三种净化工艺有机地结合在一起,从而实现液态金属的深过冷。该方法首先采用熔融玻璃和循环过热的方法使得液态金属获得净化,然后迅速增大励磁电流使金属液滴连同熔融玻璃上浮至有效加热区以上,经过数次"上浮—下落"循环之后,使净化玻璃与液态合金试样完全分离,最终降低槽路电压,使得液态金属在洁净的坩埚底部进行循环过热获得深过冷。这种工艺可以有效提高最大过冷度并扩大所使用的净化剂范围。周根树等采用该方法在 2.7×10^{-3} Pa 的高真空下,使得 2.5 g$Ni_{75}B_{17}Si_8$ 和$(Ni_{53}Fe_{33}Co_{14})_{73}B_{17}Si_8Nb_2$ 合金液分别获得了 480 K($0.356T_1$)和 452 K($0.346T_1$)的过冷度。

③其他方法。

Graves 等采用的乳化法与落管技术相结合,获得金属锑的深过冷。但是就目前而言,应用最广泛的是金属循环过热与熔融玻璃净化相结合的方法。该方法的最大优点是可以在大气下实现大体积液态金属的深过冷,对于设备要求低,特别有利于向实际生产推广。

4.4　合金熔体温度的均匀化处理

合金熔体温度的均匀化处理是合金熔体温度控制的另一个关键技术。合格的熔体温度信息包含温度的高低与温度的均匀两个概念。因此,合金熔体的温度均匀性是关系到合金熔体温度质量的一大重要指标。

搅拌是在间歇操作条件下加速冶金反应、促进金属熔体成分和温度均匀化的重要手段。在一定条件下,搅拌还有利于排除金属熔体中气体和夹杂物,对提高钢或其他合金熔体的品质有重要作用。用于冶金过程的搅拌方法大体可分为:

①接触式。接触式包括人工搅拌、机械搅拌及气流搅拌。

②非接触式。非接触式主要包括电磁搅拌与电磁泵搅拌。

4.4.1　接触式搅拌温度均匀化处理

1. 人工搅拌温度均匀化处理

人工搅拌是生产中经常采用的均匀温度的方法,利用搅拌工具,在合金熔体中按照工艺要求对处理的熔体进行搅拌。按照经验,一般需要搅拌 5～10 min,以保证合金熔体温度均匀。

人工搅拌的优点：①使用方便、灵活；②容易实现局部温度均匀化；③投入少。

人工搅拌的缺点：①劳动强度大；②不容易实现大范围合金熔体的均匀化；③合金熔体温度控制的均匀性差。

2. 气体搅拌温度均匀化处理

采用气体搅拌获得均匀温度的方法是工业生产中经常采用的方法。这种搅拌方法产生的效果介于人工搅拌与电磁搅拌之间，一方面，这种方法简单、易行，但是由于气体接触高温的熔体容易发生微凉的反应，同时会导致合金熔体的降温；另一方面，作为一种机械的搅拌方法，效率高，搅拌充分，能够获得比较均匀的温度场。因此这种方法的特点如下：

气体搅拌的优点：①方法简单；②处理效率高；③可以获得均匀温度的熔体。

气体搅拌的缺点：①有微量的化学反应，造成一定的污染；②会导致熔体一定程度的降温。

4.4.2　非接触式搅拌温度均匀化处理

1. 电磁搅拌的类型及其工作原理

电磁搅拌装置可分为旋转磁场型、直线移动磁场型、螺旋磁场型、静磁场通电型等多种类型，如图 4.24 所示，但使用最多的是前两种。

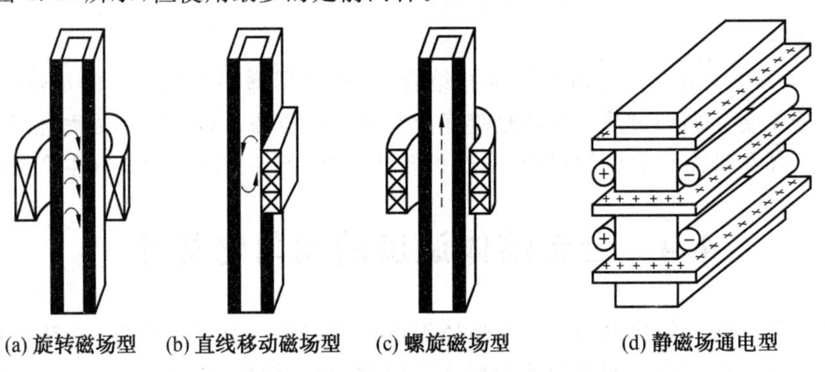

(a) 旋转磁场型　(b) 直线移动磁场型　(c) 螺旋磁场型　(d) 静磁场通电型

图 4.24　各种电磁搅拌装置示意图

螺旋磁场型及直线移动磁场型搅拌装置的工作原理与感应电动机类似，即当电动机的定子线圈通入三相交流电时，定子就产生了一个旋转磁场。该旋转磁场切割转子闭合导体，导体内便感生电流。

根据直流电动机、感应电动机和直线电动机运动原理以及在固定磁场下运动导体感应受力的原则，电磁搅拌可相应地分为四种类型：移动磁场产生的电磁感应搅拌；固定磁场产生的电磁搅拌；行波磁场电磁搅拌；加电后产生的电磁搅拌。

电磁搅拌可以引起熔渣和金属液运动。其动作原理如图 4.25 所示。随着电磁搅拌装置开始运转，金属液中产生强搅拌作用。开始运转几分钟后，金属液的温度和成分达到均匀化。

磁场产生的电磁搅拌力 F_L（洛伦兹力）可用下式计算：

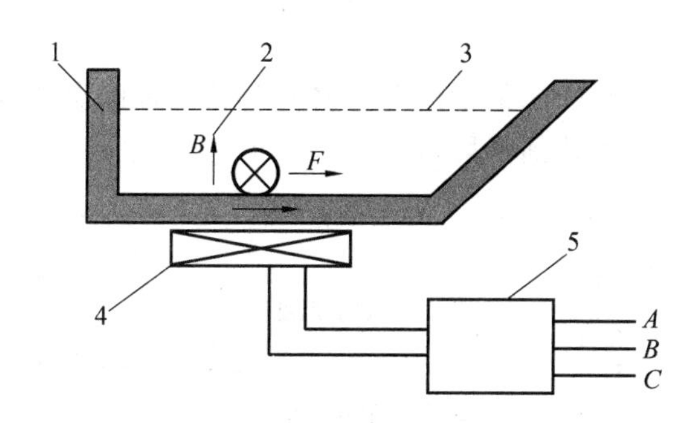

图 4.25　电磁搅拌器动作原理

1—炉壁；2—行波磁场；3—合金熔体；4—感应器；5—低频电源

$$F_{\mathrm{L}}=k\frac{P_z}{\sqrt{f}} \tag{4.4}$$

式中　P_z—— 钢液吸收功率，W；

f—— 电流频率，Hz；

K—— 常数。

$$K=6\times 10^{-4}\times S\frac{1}{\sqrt{\rho z}} \tag{4.5}$$

式中　S—— 钢液柱侧面积，cm^2；

ρ_Z—— 钢液的电阻率，$\Omega\cdot\mathrm{cm}$。

由式(4.4)可知，频率与搅拌力成反比。因此，以加热为主要功能时，采用较高的电流频率，一般小型中频感应电炉熔化废钢时，所采用的电流频率约为 1 000 Hz；而以搅拌为主要功能时，则采用小于 50 Hz 的电流频率。

2. 永磁搅拌机的工作原理

永磁搅拌是靠永磁体磁场对金属熔体进行非接触搅拌。永磁搅拌器相当于一个气隙很大的使用永磁体磁场的电机，感应器相当于电机的定子，铝熔体相当于电机的转子，磁场和熔体相互作用，产生感应电动势和感生电流，感生电流和磁场相互作用产生磁力，从而推动熔体做定向运动，起到搅拌的作用。永磁搅拌时铝熔体的流动方向如图 4.26 所示。研究表明，采用双感应器永磁搅拌，铝熔体均匀速度快，温差小，搅拌范围大。

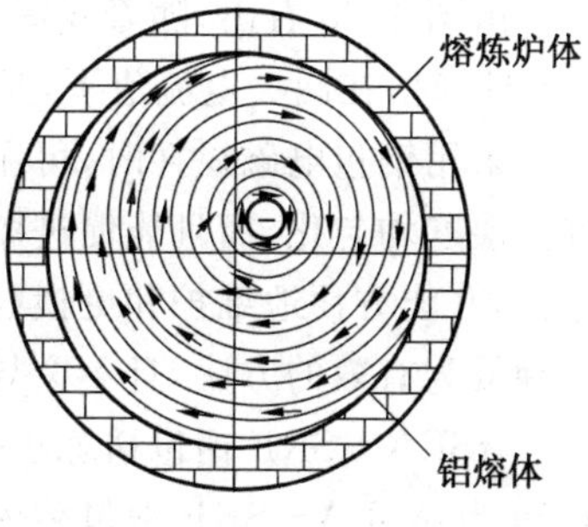

熔炼炉体

铝熔体

图 4.26　永磁搅拌示意图

3. 电磁泵搅拌温度均匀化处理

自 1950 年首台电磁泵在铝工业中应用以来，此项技术已得到了长足的进步。其在熔体处理上的最大优点是降低了熔体的温差，提高了元素的溶解速率，使熔体的合金成分变得更均匀。

正确控制熔体温度均匀化是控制熔体质量的主要任务之一。熔体强制循环可最大限度地使温度、成分均匀。通常，当熔池内熔体深度为 900 mm 时，上、下温差可达 50 ～ 80 ℃，通过电磁泵(EMP)，这种温差可以减小到 3 ～7 ℃，从而避免上层熔体过热，而下层熔体的温度不足的缺点。

图 4.27 为在 1 000 mm 深的熔池中，铝熔体均匀化处理的温差效果图，循环 5 min 后，上、下层温差达 3～5 ℃，从而达到了均匀一致。

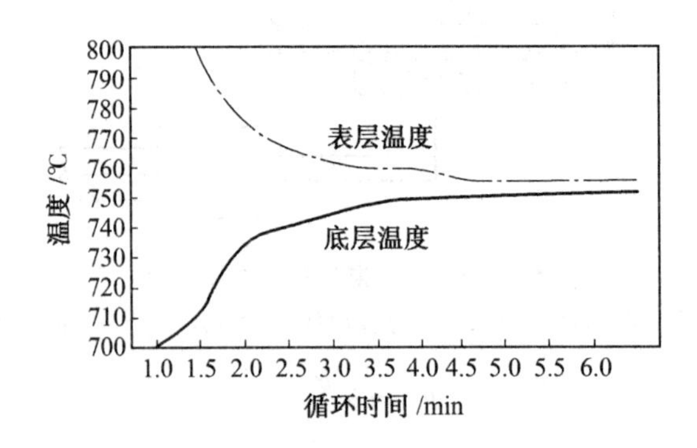

图 4.27　EMP 循环对铝熔体上、下层温度差的影响

4.4.3　电磁搅拌对熔体温度均匀的影响

1. 钢包的电磁搅拌

钢包中的熔池高宽比大，是典型的深熔池。在这种深熔池中进行精炼反应没有足够大的搅拌功率是不能成功的。钢包精炼常用的搅拌形式有电磁搅拌和气体搅拌两种，各有各的特点。

挪威国家工业电子联合公司开发的一种钢包电磁搅拌技术，能使钢包内钢液成分与温度迅速均匀化。钢包电磁感应搅拌装置由一个铁芯和若干个磁极栅组成，铁芯和磁极栅被一个非磁性屏蔽所覆盖。该搅拌装置安置在靠近钢包的侧壁，在侧壁处覆盖呈扇形，低频的两相电流供给线圈装置，附带一个移动的电磁场，经过钢液时形成推力以推动钢液流动。

由图 4.28 看出，随着线圈电流的提高，其推动力在增加。在实验中，频率范围为 1.0～2.5 Hz 时，在同一电流值下，频率高的推力极限值超过频率低的推力极限值。

采用钢包电磁搅拌时，可用电弧重新加热钢液。这种方法不仅能在短时间内使钢液成分及温度均匀化，而且能促进脱硫、排渣，降低钢液最终含氧量，由于它有很高的可靠性和安全性，并能方便地维护和更换线圈，也很容易调整搅拌力和搅拌方向并能连续运转，所以是一种较为有效的方法，且不会导致环境污染。

ASEA－SKF 钢包精炼法是 1965 年瑞典的 ASEA 公司和 SKF 公司共同创建的。图 4.29 为 ASEA－SKF 钢包精炼法设备示意图。

ASEA－SKF 钢包精炼法由真空处理、加热和电磁搅拌等多种单元构成，是一种提高产品质量、冶炼合金钢的多功能二次精炼法。其工艺过程是，炼钢出钢后，将钢液倒入经特殊设计的钢包，吊起搅拌器并固定在台车上，台车行进到加热工位，盖上加热盖进行电弧加热（与普通三相电弧炉一样）。此期间添加造渣材料和合金化剂，当钢液加热到所规定的温度后，台车移动到真空处理工位，盖上真空盖，进行脱气处理，最后调整合金成分。对于一般钢种全过程为 1.5～2.0 h，合金钢为 2.0～3.0 h。在加热和真空处理的同时，对钢液进行电磁搅拌，以加速精炼反应进行并使成分、温度均匀化。ASEA－SKF 钢包精炼法的特点是功

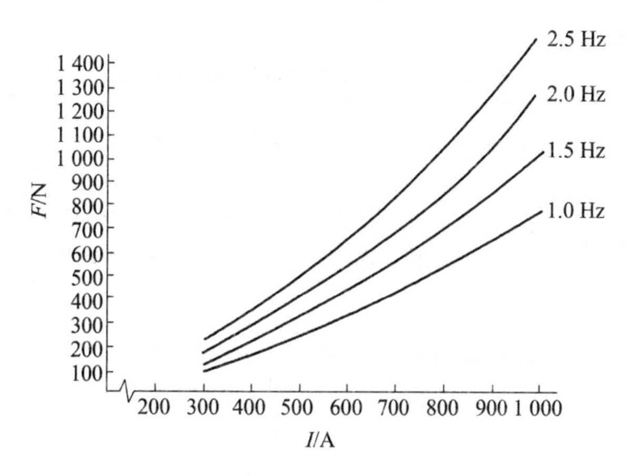

图 4.28　钢包电磁搅拌线圈电流与推力的关系
（线圈额定功率为 900 kV · A）

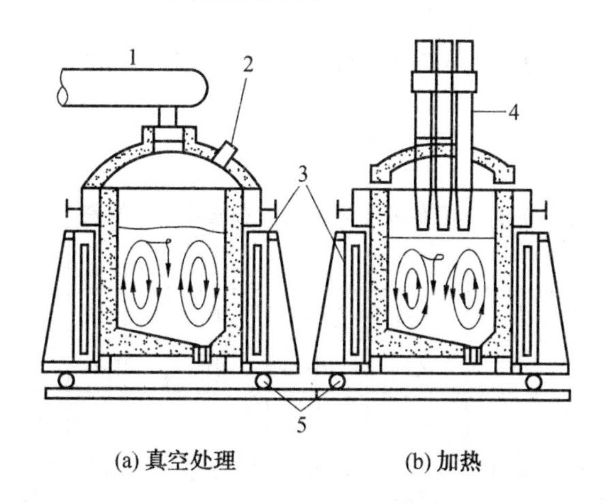

图 4.29　ASEA－SKF 钢包精炼法设备示意图
1—排气孔；2—合金添加孔；3—钢包；4—电极；5—台车

能全，对钢液精炼效果显著。

2. 铝合金熔体温度均匀化处理

在铝及铝合金熔炼铸造过程中，熔体的温度与化学成分不但要在设定的范围内，而且应当均匀，才能生产出性能稳定的优质产品。搅拌是达到此目的的唯一方法。

向熔体中加入合金元素后以及在熔体出炉前，都要对熔体进行充分的搅拌，一是提高合金化元素的熔化和溶解速率，均匀化学成分；二是均匀温度，避免熔体局部过热，在火焰炉熔炼的情况下，热量从表面向下传递，因此，极易造成表面和底部形成温差。这种温差最高可达 30～116 ℃，并随着熔池深度的增加而增加。因此，只有通过搅拌来加强热的传递和均匀化成分，才可以提高熔化效率，并有利于非金属夹杂物和气泡的上浮。

在铝合金铸造中，其熔体在 700 ℃左右，在熔炼和随后的处理中必须适当地调整，保持熔体的温度。有研究表明，1.3 t 包内降温速为 2.5 ℃/min，同时，铝熔体在大气中停留时间过长，合金熔体氧化严重，特别是在高温下更加剧氧化（可采用加废料、搅拌降温）。铝熔体各种搅拌方法的比较见表 4.33。

表 4.33　铝熔体各种搅拌方法的比较

项目		电磁搅拌	机械搅拌	金属泵	吹入气体搅拌	真空泵	喷射搅拌(FAPR)	电磁泵(EMP)
运转前准备		需要	运输装备开启炉门	泵体预热部件检查	器具组装预热	阀门预热泵体检查	打开炉门插入炉内	需要
运转定员		不需要		1 人		随时监视		不需要
整修作业		不需要	清理机械	清理泵	器具清理	阀门清理	器具清理	不需要
消耗品		—	搅拌叉	桨叶	插入件	泵件	均匀	—
搅拌效果	连续搅拌	可以		不宜长时间		可以		可以
	温度均匀性	均匀	有偏差	偏差大	有偏差	有偏差	均匀	均匀
	成分均匀性	均匀	有偏差	偏差大	有偏差	有偏差	偏差小	均匀
投资情况		大	中	小	中	大	中	较大
运行成本		小	小	小	小	中	小	小
制约条件	熔池深度/mm	不小于100	炉前有足够的移动搅拌机的空间	不小于200	不小于100	不小于200	炉前有足够的空间，兼除气除渣作用	≥100
	熔体温度	熔点以上30 ℃		温度足够高	—	温度足够高		熔点以上30 ℃
	其他	—		—	—	—	—	—

从表 4.33 中可以看出，人工搅拌的特点是平稳，不留死角，并保证有足够的时间。

采用永磁搅拌可以缩短熔炼和熔体处理时间，更好地均匀合金成分和温度，有效地搅拌可以降低表层和内部的温差。研究表明，搅拌 2～5 min，熔体各处的温差可达 2～5 ℃。

侧式永磁搅拌是电磁搅拌的一种方法，使用侧式永磁搅拌系统搅拌 3 min，炉内熔体各点温差小于 5 ℃，如图 4.30 所示。

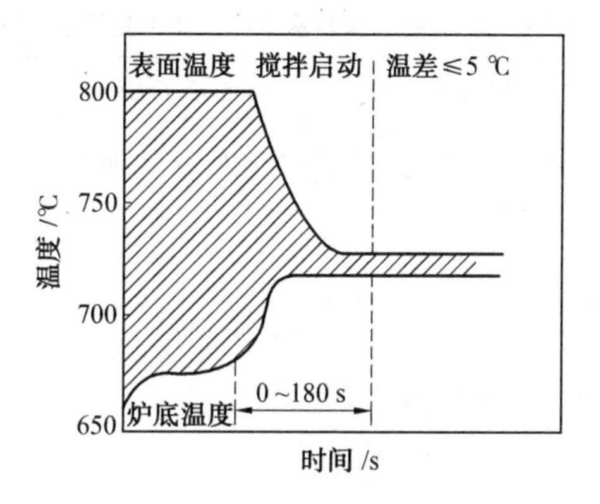

图 4.30　侧式永磁搅拌的炉底与液面温差变化图

4.5　合金熔体温度检测与控制

采用温度检测是评价合金熔体温度的最重要手段。合金熔体温度的测量方式根据需要可分为连续测温与瞬时测温。对于监测合金熔体的温度变化需要采用连续测温方法，长时间不间断地测量，而对于只想获得某个时间的温度，常采用间歇式测温方法。测温的目的不同，所用方法会不同，采用的测温仪器及电偶也会不同。

4.5.1　合金熔体温度的测量

1. 接触式测量方法

(1)测温装置。

在生产上通常使用的测温装置为热电偶和二次仪表（毫伏计、电子电位差计与温度巡检仪）。

①热电偶。

热电偶是使用最广泛的测温元件之一。它具有结构简单、使用方便、测量精度高、测量范围宽、便于远距离传送与集中检测等优点。

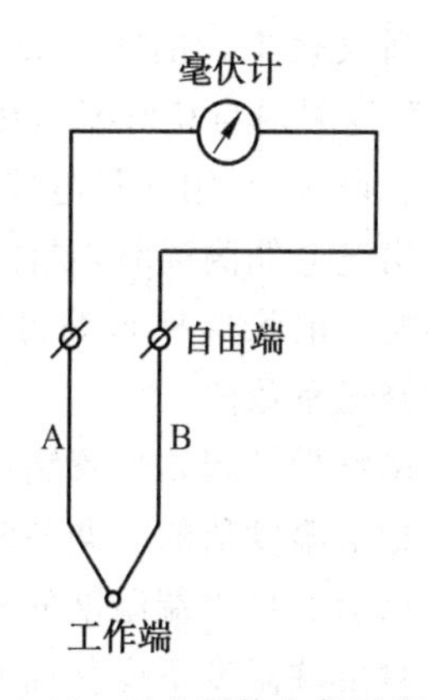

图 4.31　工业用热电偶示意图

图 4.31 为工业用热电偶示意图。它由两根不同材料的导线 A 和 B 所组成。其一端是互相焊接的，形成热电偶的工作端也称热端，将它插入待测介质中测量温度。其另一端称为自由端，也称冷端，用连接导线引出，并与测温仪表连接。如果热电偶工作端与自由端存在温度差，二次仪表将会指示出热电偶中所产生的热电势。常用热电偶的基本特性及测量温度范围见表 4.34。

表 4.34 常用热电偶的基本特性及测量温度范围

热电偶名称	型号	分度号	热电偶材料			测量温度范围/℃		误差	主要优缺点
			极性	识别	化学成分（质量分数）	长期使用	短期使用		
铂铑一铂	WRLB	LB-2	+	较硬	铂 90% 铑 10%	0～1 300	0～1 600 0～1 800	±0.5%	使用温度范围广，性能稳定，精度高，热电势较大，宜在还原性气氛中使用，价格贵
			−	柔软	铂 100%				
镍铬一镍硅（镍铬一镍铝）	WREU	EU	+	无磁	铬 10% 镍 90%	0～900	0～1 100	±1%	价格便宜，热电势大，灵敏度高，宜在还原性及中性气氛中使用，均匀性较差，线质硬
			−	有磁	硅 3% 镍 97%				
镍铬一考铜	WREA	EA	+	色较暗	镍 90% 铬 10%	0～600	0～800	±1%	价格便宜，热电势更大，灵敏度高，宜在还原性气氛中使用，均匀性差，线质硬，易氧化
			−	银白色	镍 44% 铜 56%				

热电偶的热电势与工作端温度和自由端温度的差别有关，从测量要求出发，希望自由端温度不变，一般自由端都距热源较近，因而温度波动较大。为克服这一影响，常用补偿导线把热电偶的冷端延长到温度稳定的地方，当显示仪表有自由端温度补偿时，则将补偿导线直接接到仪表上，如图 4.32 所示，补偿导线实际上是一对化学成分不同的金属丝，在 0～100 ℃范围内与其所配的热电偶具有相同温度的热电势关系，但其价格却比相对应的热电偶便宜得多，常用的热电偶补偿导线见表 4.35。

用热电偶测温时，要注意因自由端温度变化而受的影响。消除这种影响可以采用调整仪表指针起始法与修正系数法。

调整指针起始位置法：与热电偶配套的仪表多是直接指示温度值的。调整时，可以将仪表指针刻度调整到已知的自由端温度的刻度线上，这就等于补上了由于自由端温度不变化而被抵消的热电势。以后，仪表的指示值就是工作端的实际温度。

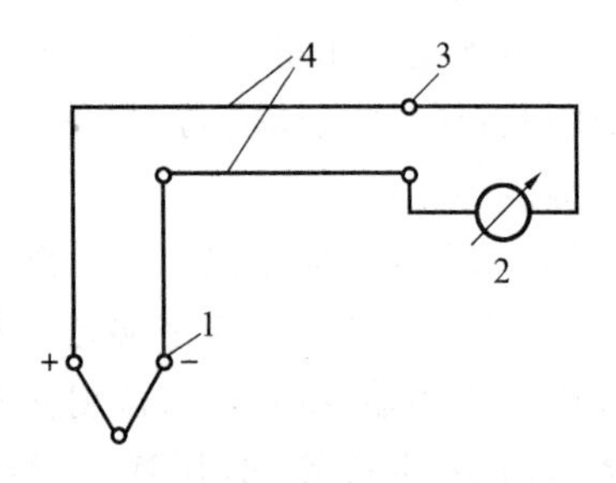

图 4.32 热电偶补偿导线的连接
1—原冷端；2—仪表；3—新冷端；4—补偿导线

表 4.35　常用热电偶补偿导线

热电偶名称	补偿导线					自由端为 0 ℃时的热电势/mV
	正极		负极		代号	
	材料	颜色	材料	颜色		
铂铑一铂	铜	红	镍铜	绿	S	0.64±0.03
镍铬一镍硅（镍铬一镍铝）	铜	红	康铜	蓝	K	4.10±0.15
镍铬一考铜	镍铬合金	褐色	考铜	黄	E	6.95±0.3

修正系数法：用修正系数 k 来计算工作端的实际温度。其计算公式为

$$t = t_1 + kt_0 \tag{4.6}$$

式中　t—— 工作端的真实温度；

t_1—— 仪表指示温度；

t_0—— 自由端温度；

k—— 修正系数，取决于热电偶的种类及所测温度范围（查表 4.36）。

表 4.36　热电偶自由端的修正系数 k

补偿导线的种类 / 指示温度/℃	S	K	E
0	1.0	1.0	1.0
20	1.0	1.0	1.0
100	0.82	1.0	0.9
200	0.72	1.0	0.83
300	0.69	0.98	0.81
400	0.66	0.98	0.83
500	0.63	1.0	0.79
600	0.62	0.96	0.78
700	0.60	1.0	0.80
800	0.59	1.0	—
900	0.56	1.0	—
1 000	0.55	1.07	—
1 100	0.53	1.11	—
1 200	0.53	—	—
1 300	0.52	—	—
1 400	0.52	—	—
1 500	0.53	—	—
1 600	0.53	—	—

②二次仪表。

传统的二次仪表有毫伏计(图 4.33)及电子电位差计。当前较为流行的是巡检仪。

毫伏计的结构简单,价格便宜,使用方便,适用于高、中、低温。但因精度不高,其应用受到一定限制。

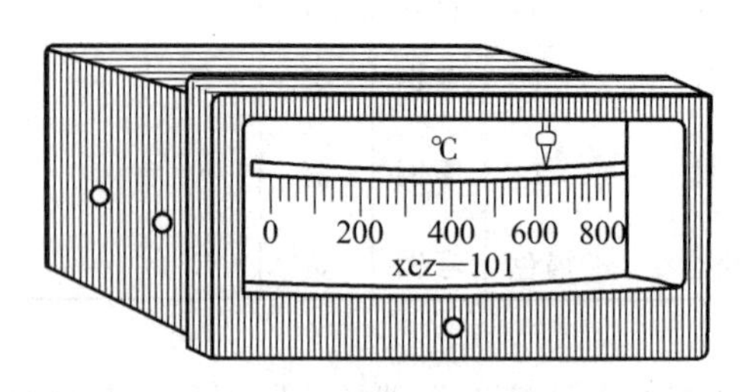

图 4.33 毫伏计的外形示意图

电子电位差计是一种精确可靠的仪表,它比毫伏计的结构复杂,成本较高,但测量精度高,并能够自动记录和控制加热炉温度的变化,因而在热处理生产中应用极为广泛。电子电位差计的结构原理如图 4.34 所示。

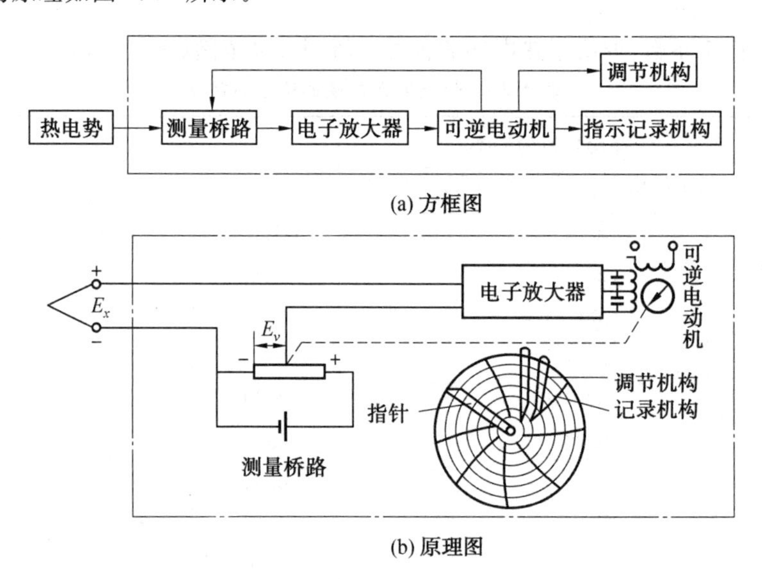

图 4.34 电子电位差计的结构原理图

多路温度巡检仪是一种适用于多点温度同时实时监控跟踪的仪表。它具有测量方便、精度高、热电偶测试点可重复利用的优点。配备软件可将整个温升变化过程全部以曲线方式记录下来,便于保存分析。图 4.35 为多通道巡检仪。

巡检仪具有以下性能:

a. 多路温度检测通道:一般可检测 8 路、12 路、16 路温度信号输入。

b. 多种热电偶接入:镍铬－镍硅(K 型)热电偶(可选配其他型号热电偶)。

c. 测量温度范围:－40～300 ℃或 0～1 200 ℃。

d. 测量精度:0.5 级。

e. 具备巡检能力:通过软件可以设定采样间隔时间和自动保存时间、定点及打印。

f. 具备远程传输温度数据：利用 RS－232 通信功能可以实现远程检测温度。

g. 各通道温度显示能力：两个 LED 数码管显示通道，四个 LED 显示温度。

图 4.35　多通道巡检仪

(2) 快速测温热电偶。

快速测温热电偶是用来测试合金熔体瞬时温度的电偶，即将微型快速热电偶(图 4.36)直接插入钢液熔池中，获取测试点钢液瞬时温度的一种方法。其主要优点是测量精度高、误差小。它反映钢液的真实温度，是目前炼钢测量温度的主要手段。

电炉中钢液熔池温度不均匀，在测温前应先搅动钢液(对小型电炉来说)，热电偶插入位置应在炉门与电极间，渣面下约 150 mm 处。微型快速热电偶的偶丝是 PtRh10－Pt 或 PtRh10－PtRh6，测温极限为 1 600～1 800 ℃。热电偶丝用石英管作保护套管。

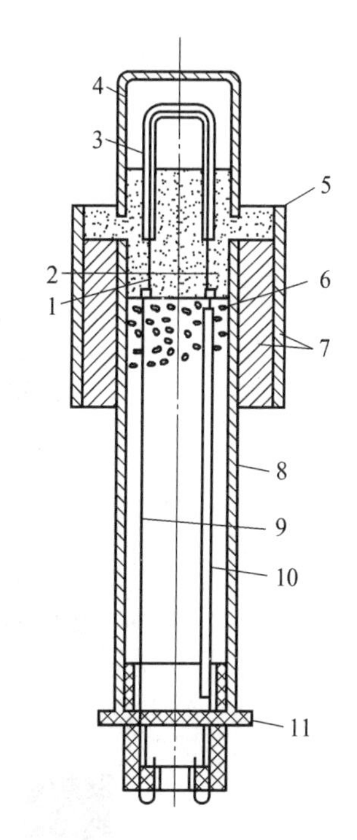

图 4.36　微型快速热电偶结构图

1—铂铑丝；2—铂丝；3—石英管；4—铝皮罩；5—耐火水泥；6—棉花；7、8—马粪纸外壳；9—连接导线；10—塑料绝缘管；11—塑料插座

2. 非接触式温度测量

(1) 光学高温计。

光学高温计是利用特制光度灯的灯丝亮度与被测物体亮度相比较的方法来进行温度测量的。根据灯丝亮度与温度之间的对应关系，即可得出被测物体在相同亮度下的温度，其结构原理图如图 4.37 所示。

(2) 红外热成像仪。

红外热成像技术是一种被动红外夜视技术，其原理是基于自然界中一切温度高于绝对零度(－273 ℃)的物体，每时每刻都辐射出红外线，同时这种红外线辐射都载有物体的特征信息，这就为利用红外技术判别各种被测目标的温度高低和热分布场提供了客观的基础。利用这一特性，通过光电红外探测器将物体发热部位辐射的功率信号转换成电信号后，成像装置就可以一一对应地模拟出物体表面温度的空间分布，最后经系统处理形成热图像视频信号，传至显示屏幕上，就得到与物体表面热分布相对应的热像图，即红外热图像。

红外热成像的工作原理是，由光学系统接收被测目标的红外辐射经光谱滤波将红外辐射能量分布图形反映到焦平面上的红外探测器阵列的各光敏元件上，探测器将红外辐射能转换成电信号，由探测器偏置与前置放大的输入电路输出所需的放大信号，并传送到读出电路，以便进行多路传输。高密度、多功能的 CMOS 多路传输器的读出电路，能够执行稠密的线阵和面阵红外焦平面阵列的信号积分、传输、处理和扫描输出，并进行 A/D 转换，以送入计算机做视频图像处理。由于被测目标物体各部分的红外辐射的热像分布信号非常弱，缺少可见光图像那种层次和立体感，因而需进行一些图像亮度与对比度的控制、实际校正与伪彩色描绘等处理。经过处理的信号送入到视频信号形成部分进行 D/A 转换并形成标准的视频信号，最后通过电视屏或监视器显示被测目标的红外热像图。图 4.38 为红外热成像原理图。

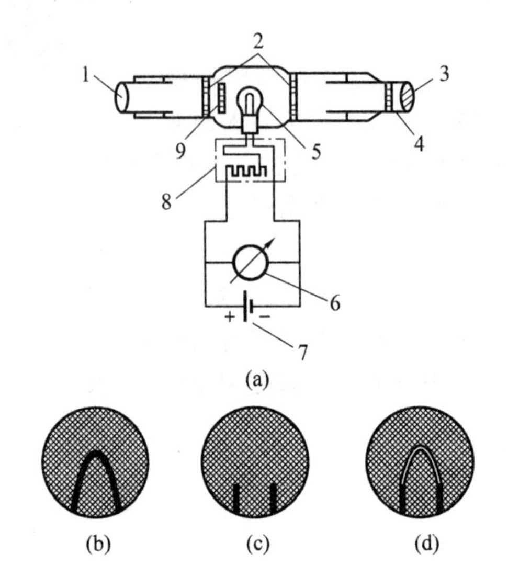

图 4.37 光学高温计的结构原理示意图

1—物镜；2—光圈；3—目镜；4—红色滤光镜；5—灯泡；
6—温度指示仪表；7—电池；8—调节变阻器；9—吸收玻璃

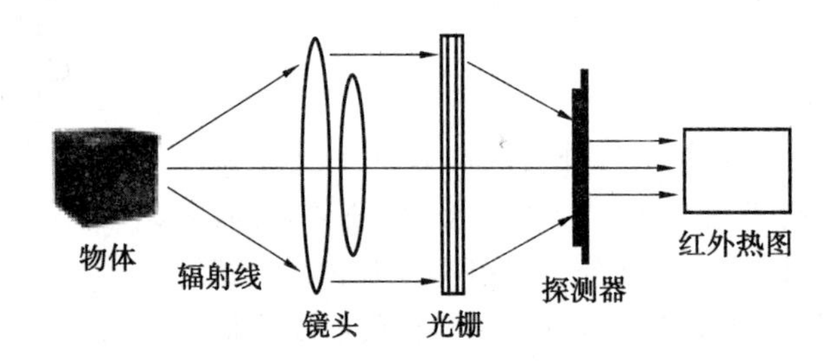

图 4.38 红外热成像原理图

红外热像仪是通过非接触探测红外能量（热量），并将其转换为电信号，进而在显示器上生成热图像和温度值，并可以对温度值进行计算的一种检测设备。红外热像仪能够将探测到的热量精确量化，从而获得被测合金熔体的温度及温度分布，还能够对发热的合金熔体图像进行准确识别和严格分析。图 4.40 为红外热成像仪。

图 4.39　红外热成像仪

4.5.2　铁合金熔体的温度检测

1. 铁液温度的检测

温度是合金熔体质量的一个重要指标。在实际生产中，检测合金熔体的温度是控制铸件质量的重要手段。同样，在铁液生产中，温度检测是一个重要的环节。

(1)铁液的温度检测方法和特点。

铁液的温度检测方法有接触式和非接触式。生产中根据使用需要选择相应的测温方法。铁液的温度检测方法和特点见表 4.37。

表 4.37　铁液温度检测方法和特点

测温方法	原理	高温计	特点
接触式测量	使感温元件直接与被测铁液接触，测量工作端和自由端的热电势	由热电偶和二次仪表(毫伏计、电子电位差计或数显装置)组成	1. 准确可靠； 2. 由于热电偶的保护问题没有完全解决，连续测量的时间受到很大的限制； 3. 测头是消耗性的，检测费用高
非接触式测量	利用多种物理原理，如物质的热辐射、电涡流、气体的对流或传导等特性与温度之间的关系，测量时元件不与铁液接触	由探测元件和二次仪表组成	1. 与铁液非接触测量，无消耗，成本较低； 2. 使用方便，易实现自动快速、连续测量； 3. 由于是间接测量，影响因素较多，测量误差较大

(2)采用热电偶高温计检测铁液的温度。

热电偶温度计由热电偶和二次仪表组成。常见热电偶的类型和技术性能见表 4.38。二次仪表的种类很多，如果自行选配，则必须注意二次仪表与热电偶的匹配以及测温时自由端(冷端)温度补偿和热电偶测量误差等问题。如果仪表显示为毫伏值，则应查毫伏与温度的对照表。

表 4.38　测量铁液温度常用热电偶的类型和技术性能

热电偶		测量温度范围/℃	推荐使用环境	保护材料		技术性能
类型	分度号			保护管	热电极的绝缘	
铂铑30—铂铑6热电偶(双铂铑热电偶)	B	300～1 800	中性气氛,氧化性气氛	1. 内保护管为Al_2O_3、具有TiO_2杂质的Al_2O_3、石英、刚玉Zr_2B; 2. 外保护管为石墨、$MgO+Mo$、Al_2O_3	Al_2O_3	白金类中最稳定的热电偶,在通常情况下,自由端温度不用补偿,铂合金热电偶在还原性气氛中比纯铂热电偶更稳定
铂铑10—铂热电偶(单铂铑热电偶)	S	0～1 600	氧化性气氛	1. 内保护管为Al_2O_3陶瓷; 2. 外保护管为石墨、Al_2O_3	Al_2O_3	能良好地承受氧化性气氛,但对于还原性气氛,P、S、Si和CO_2的蒸汽很敏感
钨镍5—钨铼20热电偶	WRe_5—WRe_{20}	100～2 700	真空、惰性和还原性气氛	1. 内保护管为Al_2O_3、BeO 2. 外保护管为石墨、$MgO+Mo$、Al_2O_3	Al_2O_3	在1 800 ℃以下能稳定工作,在氢气中改变读数。为了热电性能稳定,应将热电极在氢气中进行预退火处理(在氧化气氛中很不稳定)
钨铼3—钨铼25热电偶	WRe_3—WRe_{25}	100～2 300				
镍铬—镍硅热电偶	K	0～1 300	氧化性气氛、惰性气体	只用石英玻璃管保护	—	制造简单,价格便宜,测量数据可靠,热电势率高,热电热和温度的关系近似线性,镍硅极有明显的磁性

采用热电偶检测铁液温度的方式一般有间断测温和连续测温两种。间断测温通常用于出铁槽和铁液包的测温。铁液的出炉温度一般是通过测量出铁槽、工频感应炉或铁液包中的铁液温度来进行。热电偶一般有两种:一种是插入式热电偶,另一种是快速测微型热电偶。一般插入式热电偶由于安装不便,响应较慢,造成的动态误差较大,因此近年来已不多见,绝大多数已被快速测微型热电偶所取代。连续测温通常用于冲天炉过桥、虹吸式出铁槽和前炉铁液等的测量。在铸铁的熔炼设备上采用连续测温法,不但可以起到监测铁液温度的作用,而且可以达到反馈控制熔化过程、实现过程优化、提高铁液温度、节约能源、提高铸铁质量、降低成本的目的。

(3)采用非接触测温仪检测铁液温度。

测量铁液温度常用的非接触高温仪的类型和特点见表 4.39。采用非接触测温仪具有方便、快速的特点，但是由于受环境影响较大，需要有一定经验，因此，测量温度的精确度不高。

表 4.39　测量铁液温度常用的非接触测温仪的类型和特点

高温仪名称	测温范围/℃	允许温差/℃	主要特点
光学高温仪	300～3 200	±(13～37)	结构简单，轻巧携便，精度比较高，容易引起人为的误差，不能自动记录和控制温度
辐射高温仪	100～2 000	精度±1.5%	结构简单，性能稳定，指示值受光路介质吸收及对象表面发射率的影响较大，可自动记录、报警和控温，刚度不均匀，下限灵敏度较低
比色高温仪	50～2 000	精度±1.5%	测非黑体时，发射率影响很小，测得的温度接近真实温度，结构较复杂，在光路上介质对波长有明显的吸收峰时，反射光对示值影响较大
红外测温仪	200～1 800	精度±1%	能连续测量和记录温度，精度较高，由激光或望远镜瞄准系统，可远距离操作，应用有扩大趋势

4.5.3　合金熔体测温技术

合金熔体的测温技术有直接测温技术和间接测温技术两种。

1. 直接测温技术

采用热电偶直接插入钢液内部，测量钢液温度是直接测温技术通常的做法。它具有测量精度高、误差小的优点。测温点通常选在熔池的中间层，这样较有代表性。为使热电偶免受钢液的侵蚀和黏结，热电偶均有非金属的保护管和防渣管保护管。保护管通常有两种形式，即更换保护管式和微型快速式。微型快速式热电偶采用更换测温插头的方式，测温插头插入测温枪座上，3～5 s 即显示读数，8～10 s 烧损，仅供一次使用。

测温的热电偶丝用于高温的主要有铂铑和钨钼两种，后者的测温极限为 2 000 ℃。由于热电偶丝在高温下易被氧化或被还原气氛所玷污，在经过十余次的使用后，应将焊接热节点剪去，重新焊接。

2. 间接测温技术(经验测温法)

(1)钢液结膜测温法。

钢液结膜测温法是根据不同牌号的钢液其表面结膜时间的不同来间接判断钢液温度的高低。该方法简单易行，在生产中广泛应用，但往往受生产条件影响较大。某些钢种温度可规定的结膜时间见表 4.40。

表 4.40 满足出钢要求的钢液结膜时间

钢号	结膜时间/s
ZG200－400	35～50
ZG230－450	35～50
ZG270－500	30～40
ZG310－570	30～40
ZG340－640	30～40
18CrMnTi	35～45
20Cr	32～42
20Cr2Mn2Mo	32～42
ZG35Mn	30～40
ZG35Mn2	30～40
ZG35CrMo	30～40
35CrSiMnMo	30～40
ZG40Cr	30～40
50Mn	28～38
65Mn	28～38

(2)钢液黏勺测温法。

对于含铬和含铝高的合金钢,因表面迅速形成氧化膜而不能用结膜法测温,可采用黏勺法。测定时可用几个取样勺同时取钢液,然后静置不同时间后将钢液倒出,观察钢液开始黏勺时所对应的静置时间,以该时间作为钢液温度的指示范围。即黏勺时间与钢液的温度,表4.41为某些高合金钢出钢温度所规定的钢液黏勺时间。

表 4.41 某些高合金钢出钢要求的黏勺时间

钢号	黏勺时间/s	对应的钢液温度/℃
ZG10Cu13Si3	28～35	1 540～1 560
ZG20Cr19Mo2Re	30～35	1 580～1 600
ZG10Cr18Ni9Ti	32～40	1 620～1 640
ZG10Cr18Ni12Mo3Ti	30～38	1 610～1 630
ZG10Cr18Mn13Mo2CuN	45	1 550～1 570
ZG10Cr17Mn9Ni13Mo3Cu2N	45	1 550～1 570

4.6 合金熔体温度的数值模拟预测

在合金熔体的处理过程中,由于合金的特点以及其熔体熔炼或处理过程的特殊性,使得温度的检测十分困难,这时采用数值模拟的方法预测或预报熔体的温度是一种科学的方法。

钛合金的熔炼采用ISM(真空水冷铜坩埚)熔炼技术,在钛合金的ISM熔炼过程中,水冷铜坩埚的凝壳尺寸、熔炼过程炉料的质量、加热功率等均对熔体的温度造成影响,成为影响水冷铜坩埚中熔体温度的影响因素。

4.6.1　合金熔体熔炼过程温度场数值模拟

对于轴对称的圆柱状水冷铜坩埚，描述坩埚中炉料温度场的能量方程为

$$\frac{\partial}{\partial r}\left(\lambda_{\mathrm{eff}}\frac{\partial T}{\partial r}\right)+\frac{\partial}{\partial z}\left(\lambda_{\mathrm{eff}}\frac{\partial T}{\partial z}\right)+\frac{\lambda_{\mathrm{eff}}}{r}\frac{\partial T}{\partial r}+\dot{q}=c\rho\frac{\partial T}{\partial t} \tag{4.7}$$

式中　T—— 炉料（或熔体）的温度，K；

r—— 坩埚径向坐标，m；

z—— 坩埚轴向坐标，m；

λ_{eff}—— 炉料的等效热导系数，W/(m · K)；

$\dot{q}$—— 炉料中单位体积生热率，W/m^3；

c—— 炉料等压比热容，J/(kg · K)；

ρ—— 炉料的密度，kg/m^3；

t—— 熔炼时间，s。

4.6.2　熔炼过程中的热源项产生热量的计算

在 ISM 过程中，炉料中的内生热源由两部分组成，其一为反应产生的热量，其二为感应线圈输入的热量。

(1)炉料反应产生的热流率 $\dot{q}_{\mathrm{re}}$。

在熔炼过程中，特别是熔炼 TiAl 基合金，在混合炉料的海绵 Ti 与 Al 块之间，当有一种金属熔化并且与另外一种金属接触后会有大量的反应热放出时，炉料反应热密度 $\dot{q}_{\mathrm{re}}$ 可以表示为

$$\dot{q}_{\mathrm{re}}=\frac{\Delta Q_e}{V_{i,j}}=\frac{\Delta H_{\mathrm{Tr}}}{V_{\mathrm{m(Al)}}}\cdot\Delta f_{\mathrm{l}}^{t}\cdot\phi \tag{4.8}$$

式中　ΔH_{Tr}—— 反应温度下的反应热，J/mol；

$V_{\mathrm{m(Al)}}$ —— Al 的摩尔体积，mol/m^3；

$\Delta f_{\mathrm{l}}^{t}$ ——$\mathrm{d}t(t\rightarrow t+\mathrm{d}t)$ 时间内，Al 单元中新增的液相率。

(2)感应线圈施加功率产生热流率 $\dot{q}_{\mathrm{in}}$。

这里仅列出沿坩埚径向的外加功率密度$\dot{q}_{\mathrm{in}}$在某点的表达式，即

$$\dot{q}_{\mathrm{in}}(r)=\frac{\rho_{\mathrm{e}}}{2}\cdot\frac{P\cdot\eta}{\pi\cdot\rho_{\mathrm{e}}\cdot H\cdot(\delta/2)\cdot[(R-\delta/2)+(\delta/2]\cdot \mathrm{e}^{(-2R/\delta)})}\cdot \mathrm{e}^{2(r-R)/\delta} \tag{4.9}$$

式中　ρ_{e} —— 炉料的电阻率，Ω · m；

P—— 外加功率，W；

η —— 炉子的加热效率，一般为 0.5 ～ 0.75；

H—— 炉料（熔体）高度，m；

R—— 坩埚半径，m；

δ—— 电流透入深度，m。

对感应加热而言，电流透入深度 δ 的表达式为

$$\delta=\sqrt{\frac{\rho_e}{\pi\mu f}} \tag{4.10}$$

式中　μ—— 炉料的磁导率；

　　f—— 频率。

采用数值模拟技术，结合适当的初始条件和边界条件，通过计算也可以获得合金熔体的温度及其分布。

4.6.3　合金熔体的温度分布

1. TiAl 合金熔体径向的温度分布

图 4.40 给出了 TiAl 合金在 ISM 过程中，坩埚内沿径向的熔体温度随半径与时间的变化规律。

由图 4.40 可以看出，在熔化之前的初始阶段，合金中存在着由坩埚中轴向坩埚壁方向的温度梯度，并且都是从加热的最初阶段随着加热时间的延长，温度梯度增大，加热至一定时间后，温度梯度值达到最大，并在以后的加热过程中，梯度值随时间的延长逐渐减小，直至最终消失，即合金熔体温度均匀。

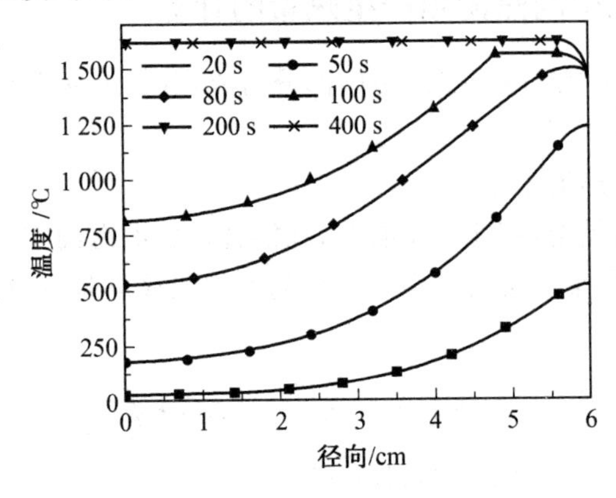

图 4.40　径向温度随熔炼时间的变化

2. 合金熔体轴向温度变分布

图 4.41 给出了 TiAl 合金在 ISM 过程中，合金沿轴向温度随轴向距离与时间的变化关系。由图 4.41 可以看出，在整个加热过程中，轴线上都是均匀受热，几乎不存在温度梯度。但由于 TiAl 合金较容易熔化，故在加热过程中升温较快，容易达到合金的最终温度。在相同条件下，加热时间为 100 s 时，TiAl 的温度已经高达 800 ℃左右；当加热时间为 200 s 时，TiAl 已经完全熔化，并且合金熔体的温度已经达到最终温度，高达1 630 ℃左右。

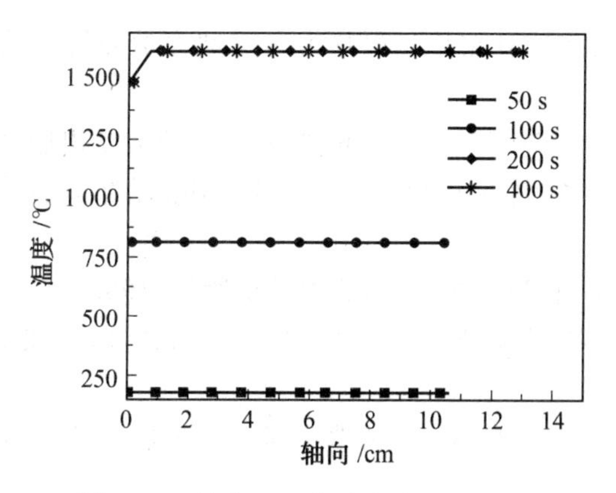

图 4.41　轴线上温度随熔炼时间的变化

思考题

1. 合金熔体的热处理和铸件的热处理有哪些不同点?
2. 熔体的处理温度与哪些因素有关?
3. 前处理温度与后处理温度的区别是什么?
4. 前处理温度与哪些影响因素有关?
5. 后处理温度的确定受哪些因素的影响?
6. 熔体的热处理的基本思想是什么?
7. 合金熔体的热处理对合金的组织和性能有哪些影响?
8. 熔体的高过热处理对合金的组织和性能有哪些影响?
9. 对合金熔体进行低温处理的意义是什么? 其中包含哪些技术?
10. 什么是熔体的深过冷?
11. 为什么要利用热力学过冷原理处理熔体?
12. 深过冷处理技术有哪些?
13. 温度检测有哪几种方式?
14. 测温方法有哪几种? 热电偶测温的原理是什么?
15. 非接触式测温方法有哪几种? 各有什么特点?

参考文献

[1] 郭景杰,傅恒志. 合金熔体及其处理[M]. 北京:机械工业出版社, 2005.
[2] 陈光,傅恒志. 非平衡凝固新型金属材料[M]. 北京:科学出版社 2004.
[3] 柯东杰. 当代铝熔体处理技术[M]. 北京:冶金工业出版社, 2010.
[4] 章四琪. 有色金属熔炼与铸锭[M]. 北京:化学工业出版社,2006.
[5] 陆文华,李隆盛,黄良余. 铸造合金及其熔炼[M]. 北京:机械工业出版社, 2004.
[6] 陈存中. 有色金属熔炼与铸锭[M]. 北京: 冶金工业出版社,1999.

[7] 郭景杰,苏彦庆.钛合金 ISM 熔炼过程热力学与动力学分析[M]. 哈尔滨:哈尔滨工业大学出版社,1998.
[8] 李庆春.铸件成形理论基础[M]. 哈尔滨:哈尔滨工业大学出版社,1982.
[9] 苏彦庆. 有色合金真空熔炼过程熔体质量控制[M].哈尔滨:哈尔滨工业大学出版社,2005.
[10] 施廷藻. 铸造实用手册[M].沈阳:东北大学出版社,1988.
[11] 中国机械工程学会铸造专业学会. 铸造手册——铸铁[M]. 北京:机械为工业出版社,1993.
[12] 中国机械工程学会铸造专业学会. 铸造手册——铸造非铁合金[M]. 3 卷.北京:机械工业出版社,1993.
[13] 张鉴. 冶金熔体的计算热力学[M].北京:冶金工业出版社,1998.
[14] 张承埔. 液态金属的净化与变质[M].北京:上海科学技术出版社,1989.
[15] 管仁国. 金属半固态成形理论与技术[M].北京:冶金工业出版社,2005.
[16] 韩至成. 电磁冶金学[M].北京:冶金工业出版社,2001.
[17] 中国机械工程学会铸造分会. 铸造手册——铸钢[M].2 版.北京:机械工业出版社,2007.
[18] 张武城. 铸造熔炼技术[M].北京:机械工业出版社,2005.
[19] 韩至成. 电磁冶金技术及装备[M].北京:冶金工业出版社,2008.

第5章　合金熔体的成分变化及细化处理

在高温下处理合金熔体，合金熔体中的化学元素将会与熔渣、周围气氛发生反应，使熔体的化学成分发生变化，同时，高温下元素的挥发、蒸发、氧化及溶解等反应也会导致熔体化学成分发生变化。合金熔体成分均匀化处理也是合金熔体处理的一个重要过程，直接关系到合金熔体的质量。工业用合金的细化技术对于提高合金性能具有重要的作用。

5.1　合金熔体与周围介质的相互作用

5.1.1　合金熔体与熔渣的作用

1. 熔渣的定义

熔渣是指铁矿石经冶炼后包覆在熔融金属表面的玻璃质非金属物（如熔渣、熔盐、熔锍等）。熔渣主要由冶金原料中的氧化物或冶金过程中生成的氧化物所组成的熔体。熔渣主要由氧化物构成，如 CaO，FeO，MnO，MgO，Al_2O_3，SiO_2，P_2O_5，Fe_2O_3等，除此之外，熔渣还可能含有少量其他类型的化合物甚至金属，如氟化物（CaF_2）、氯化物（NaCl）、硫化物（CaS，MnS）、硫酸盐等。

2. 熔渣的来源

①矿石或精矿石中的脉石，如高炉冶炼 Al_2O_3，CaO，SiO_2。为满足冶炼过程需要而加入的熔剂，如 CaO，SiO_2，CaF_2。

②冶炼过程中金属或化合物（如硫化物）的氧化产物，如 FeO，Fe_2O_3，MnO，TiO_2，P_2O_5等。造锍熔炼：FeO，Fe_3O_4。

③被熔融金属或熔渣侵蚀和冲刷下来的炉衬材料，如在碱性炉渣炼钢时，MgO 主要来自镁砂炉衬。

3. 熔渣的分类及其作用

（1）熔渣的分类。

不同的熔渣所起的作用是不同的，根据熔渣在冶炼过程中的作用，可将其分为以下四类：

① 冶炼渣（熔炼渣）。

冶炼渣是在以矿石或精矿为原料，以粗金属或熔锍为冶炼产物的熔炼过程中生成的。其主要作用是为了汇集炉料（矿石或精矿、燃料、熔剂等）中的全部脉石成分、灰分以及大部分杂质，从而使其与熔融的主要冶炼产物（金属、熔锍等）分离。例如，在高炉炼铁中，铁矿石中的大量脉石成分与燃料（焦炭）中的灰分以及添加的熔剂（石灰石、白云石、硅石等）反应，形成炉渣，从而与金属铁分离。在造锍熔炼中，铜、镍的硫化物与炉料中铁的硫化物熔融在一起，形成熔锍；铁的氧化物则与造渣熔剂 SiO_2 及其他脉石成分形成熔渣。

②精炼渣(氧化渣)。

精炼渣是粗金属精炼过程的产物。其主要作用是为了捕集粗金属中杂质元素的氧化产物，使之与主金属分离。例如，在冶炼生铁或废钢时，原料中杂质元素的氧化产物与加入的造渣熔剂融合成 CaO，FeO 含量较高的炉渣，从而除去钢液中的 S，P 等有害杂质，同时吸收钢液中的非金属夹杂物。

③富集渣。

富集渣是某些熔炼过程的产物。其主要作用是为了使原料中的某些有用成分富集于炉渣中，以便在后续工序中将它们回收利用。例如，钛铁矿常在电炉中经还原熔炼得到所谓的高钛铁，再从高钛铁进一步提取金属钛。对于铜、铅、砷等杂质含量很高的锡矿，一般先进行造渣熔炼，使绝大部分锡(90%)进入渣中，而只产生少量集中了大部分杂质的金属锡，然后再冶炼含锡渣来提取金属锡。

④合成渣。

合成渣是指为了达到一定的冶炼目的，按一定成分预先配制的渣料熔合而成的炉渣，如电渣重熔用渣、铸钢用保护渣、钢液炉外精炼用渣等。这些炉渣所起的冶金作用差别很大。例如，电渣重熔渣一方面作为发热体，为精炼提供所需要的热量；另一方面还能脱出金属液中的杂质，吸收非金属夹杂物。保护渣的主要作用是减少熔融金属液面与大气的接触，防止其二次氧化，减少金属液面的热损失。

(2)熔渣的作用。

熔渣在金属的熔炼以及熔体处理过程中具有以下作用：

①机械保护作用。由于熔渣的熔点比液态金属低，因此熔渣覆盖在液态金属的表面(包括熔滴的表面)将液态金属与空气隔离，可防止液态金属的氧化或氮化。熔渣凝固后形成的渣壳覆盖在金属表面，可以防止处于高温的金属在空气中被氧化。

②冶金处理作用。熔渣和液态金属能发生一系列的物化反应，如脱氧、脱硫、脱磷、去氢等，可去除金属中的有害杂质，还可以使金属合金化等。通过控制熔液的成分和性能，可在很大程度上调整合金的成分，改善金属的性能。

③隔离作用。在金属和合金精炼时，熔渣覆盖在金属熔体表面，可以防止金属熔体被氧化性气体氧化，减小有害气体(如氢气、氮气)在金属熔体中的溶解。

此外，熔渣具有一定的副作用。熔渣对炉衬的化学侵蚀和机械冲刷，大大缩短了炉子的使用寿命。炉渣带走了大量热量，大大地增加了燃料消耗。渣中含有各种有价金属，降低了金属的直接回收率。

4. 熔渣与金属液间的氧化还原反应

(1)活性熔渣对金属液的氧化。

除了氧化性气体对金属液有氧化作用外，活性熔渣对金属液也有氧化作用。活性溶渣对金属液的氧化有以下两种形式：

①扩散氧化。

FeO 既溶于渣，又溶于钢液。因此能在熔渣与钢液之间进行扩散分配，当在一定温度

下平衡时,它在两相中的浓度符合分配定律

$$L=\frac{[FeO]}{(FeO)} \tag{5.1}$$

式中　[FeO]——钢液中 FeO 的浓度;

(FeO)——熔渣中 FeO 的浓度。

在温度不变的情况下,当增加熔渣中 FeO 的浓度时,它将向液态金属中扩散,使金属中的含氧量增加。

②置换氧化。

置换氧化是一种金属与氧化物之间的反应,如铁液中的 Si 和 Mn 可能与 FeO 发生置换反应,反应式为

$$[Si]+2[FeO]=(SiO_2)+2[Fe] \tag{5.2}$$

$$\lg K_{Si}=\frac{13\ 460}{T}-6.04 \tag{5.3}$$

$$[Mn]+[FeO]=(MnO)+[Fe] \tag{5.4}$$

$$\lg K_{Mn}=\frac{6\ 600}{T}-3.16 \tag{5.5}$$

由于 Si 和 Mn 的氧化反应都是放热反应,在熔化期炉温较低,因此有利于 Si 和 Mn 氧化反应的进行,在炉料熔化后,一般情况下钢液中的 Si 和 Mn 已剩下不多了。

(2)脱氧处理。

脱氧的目的是尽量减少金属液中的氧含量,一方面要求减少液态金属中溶解的氧,另一方面要求脱氧后的产物容易被排除。

①先期脱氧。

对于药皮焊条电弧焊过程,在药皮加热阶段,固态的造渣、造气剂中进行的脱氧反应称为先期脱氧。其特点是脱氧过程和脱氧产物与高温的液态金属不发生直接关系。含有脱氧元素的造渣剂和造气剂被加热时,其中高价氧化物或碳酸盐分解出的氧和二氧化碳便和脱氧元素发生反应,即

$$Ti+2CO_2=TiO_2+2CO \tag{5.6}$$

$$2Al+3CO_2=Al_2O_3+3CO \tag{5.7}$$

$$Si+2CO_2=SiO_2+2CO \tag{5.8}$$

$$Mn+CO_2=MnO+CO \tag{5.9}$$

反应的结果使气相的氧化性减弱,起到先期脱氧的作用。

②扩散脱氧。

扩散脱氧是在液态金属与熔渣的界面上进行的,以分配定律为理论基础,即

$$L=\frac{[O]}{(O)} \tag{5.10}$$

扩散脱氧的效果与熔渣的性质有关。在酸性渣中,由于 SiO_2 和 TiO_2 能与 FeO 生成复合物 $FeO\cdot SiO_2$ 和 $FeO\cdot TiO_2$,使 FeO 的活度减小,有利于液态金属中的 FeO 向熔渣进行扩散,因此脱氧能力较强。而在碱性渣中,FeO 的活度大,扩散脱氧的能力比酸性渣差。炼钢时的脱氧方式主要是沉淀脱氧和扩散脱氧。

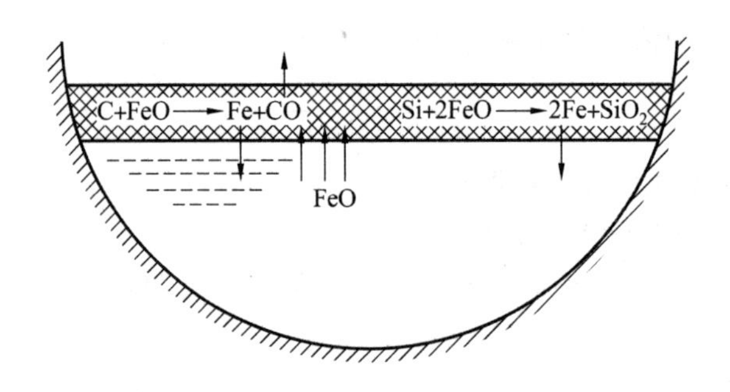

图 5.1　白渣下脱氧过程示意图

(3)熔渣氧化的热力学与动力学原理。

①氧化的热力学原理。

金属的氧化趋势可以用氧化物的生成自由能变化 ΔG 来表示，ΔG 是一个与生成氧化物的分解压 P_{02}、氧化物的生成热 ΔH^0 以及反应的平衡常数 K_p 有关的函数，用 ΔG 可以判断氧化反应进行的方向、趋势和限度。

a. 直接氧化。金属氧化反应的通式为

$$\frac{2x}{y}\mathrm{Me(S,L)}+\mathrm{O_{2(g)}}=\frac{2}{y}\mathrm{Me_xO_y(S,L)} \tag{5.11}$$

反应的标准自由能变化 ΔG^0 为

$$\Delta G^0=-RT\ln K_p=RT\ln P_{O_2} \tag{5.12}$$

标准状态是指“气相分压为一个大气压，凝聚相彼此独立，不形成熔液”，ΔG^0 可以作为金属氧化趋势的判据，一般 ΔG^0 越负，则被氧化元素与氧的亲和力越大，氧化的倾向性也越大，所生成的氧化物也越稳定。

几乎所有的氧化物在熔炼温度范围内的 ΔG^0 值都为负值，ΔG^0 值越小，金属的氧化趋势越大，氧化程度越高。根据这种位置关系还可以知道各元素氧化的先后顺序大致为

$$\mathrm{Ga>Mg>Al>Ti>Si>V>Mn>Cr>Fe>Co>Ni>Pb>Cu}$$

b. 间接氧化。液态金属不但会被炉气中的氧气直接氧化，而且可被所谓的氧化剂(MO)间接氧化，即被另一种氧化物所氧化，反应式为

$$\mathrm{Me+MO=\!=\!=MeO+M} \tag{5.13}$$

该反应进行的条件是

$$\Delta G^0_{\mathrm{MeO}}<\Delta G^0_{\mathrm{MO}} \tag{5.14}$$

也就是 Me 对 O 的亲和力大于 M 对 O 的亲和力，位于下方的金属可被位于上方的金属氧化物所氧化，其相距的距离越远，间接氧化的趋势越大。如

$$\mathrm{Al_{(l)}}+\frac{3}{2}\mathrm{H_2O_{(g)}}=\frac{1}{2}\mathrm{Al_2O_3}+3[\mathrm{H}] \tag{5.15}$$

$$\mathrm{Ti_{(l)}}+\mathrm{SiO_2}=\mathrm{TiO_2}+[\mathrm{Si}] \tag{5.16}$$

这说明在熔炼温度范围内，Al，Mg 能被 $H_2O_{(g)}$，CO 氧化，熔炼 Al，Mg，Ti 时，若用 SiO_2 做炉衬，则熔体将与其反应，金属受到污染。

更直观的是使用氧化物的分解压 P_{O_2} 来衡量金属与氧的亲和力，P_{O_2} 下降，则金属与氧的亲和力上升，氧化趋势上升，分解压 P_{O_2} 与温度之间的关系可由 ΔG^0-T 的关系导出，

由于

$$\Delta G^0 \approx A + BT \tag{5.17}$$

$$RT\ln P_{O_2} = A + BT \tag{5.18}$$

即

$$\ln P_{O_2} = \frac{A + BT}{RT} = \frac{A}{T} + B \tag{5.19}$$

以上是在所谓标准状态下发生的，实际的液态金属熔化过程是在非标准状态下进行的。即凝聚相可能相互溶解，气相分压也不是一个大气压。反应的实际自由能变化 ΔG，由物理化学中相关公式给出：

$$\Delta G = \Delta G^0 + RT\ln Q_p = RT\ln P_{O_2} - RT\ln P_{O_{2实}} = RT\ln \frac{P_{O_2}}{P_{O_{2实}}} \tag{5.20}$$

当满足 $P_{O_{2实}} > P_{O_2}$ 时，氧化反应就会自动进行。也就是实际的氧分压大于氧化物分解压，在实际熔炼过程中，氧化反应也发生在合金熔体中，如以 Me 为基，并添加了 Me_1，Me_2，…，Me_i 的合金熔体中，Me_i 的氧化反应为

$$[Me_i] + \frac{1}{2}O_2 = Me_iO \tag{5.21}$$

该反应的自由能变化为

$$\Delta G = \Delta G^0 + RT\ln \frac{1}{\alpha_{Mei} \cdot P_{O_{2实}}^{1/2}} \tag{5.22}$$

式中　α_{Me_i}——溶质 Me_i 在基体 Me 中的活度，即有效浓度，可表示为

$$\alpha_{Me_i} = f_{Me_i}[\%Me_i] \tag{5.23}$$

$$\Delta G = \Delta G^0 + RT\ln \frac{1}{f_{Me_i}[\%Me_i] \cdot P_{O_{2实}}^{1/2}} \tag{5.24}$$

可见，$P_{O_2实}$（实际氧分压）越高，f_{Me_i} 活度系数越高，[%Me_i]（合金溶质浓度）越高，则合金被氧化的趋势也越大。

② 氧化的动力学。

a. 氧化机理。如图5.2所示，大量研究表明，液态金属的氧化是一个气/液相间的多相反应，遵循以下三个环节：

i. 氧气由气相通过边界层向氧气/氧化膜界面扩散（外扩散过程）。此时，氧在边界层中扩散速度为

$$v_D = \frac{DA}{\delta}(C_{O_2}^0 - C_{O_2}) \tag{5.25}$$

ii. 氧通过固相的氧化膜向氧化膜/金属界面扩散（内扩散过程），此时，氧在氧化膜中的扩散速度为

$$v'_D = \frac{D'A}{\delta'}(C_{O_2} - C'_{O_2}) \tag{5.26}$$

iii. 在金属/氧化膜界面上，氧和金属发生界面化学反应，其速度为

$$v'_k = K \cdot A \cdot C'_{O_2} \tag{5.27}$$

上述氧化过程的三个环节是连续进行的，然而各自的速度是不同的，其限制性环节也就

是速度最慢的环节。

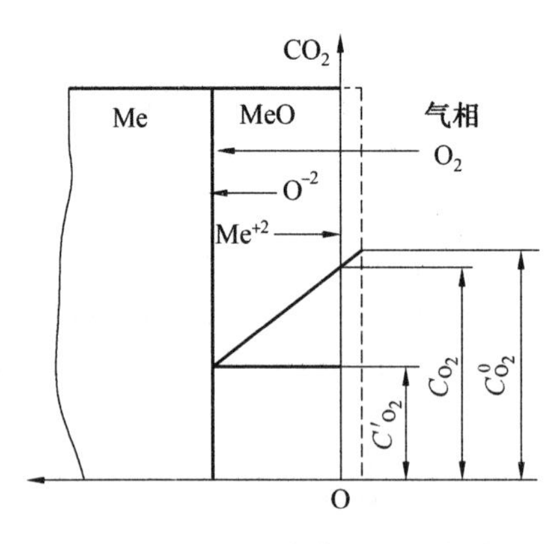

图 5.2　金属氧化机理示意图

b. 氧化膜的结构。一般氧化膜的性质，也就是其致密度，可定义为氧化物的分子体积和形成该氧化物的金属原子体积之比，即

$$\alpha=\frac{M_V}{A_V} \tag{5.28}$$

不同金属氧化膜的致密度有很大的差别，对于

$$\frac{K}{K_2O}\rightarrow\frac{Ca}{CaO}\rightarrow\frac{Mg}{MgO}\rightarrow\frac{Al}{Al_2O_3}\rightarrow\frac{Zn}{ZnO}\rightarrow\frac{Cu}{CuO}\rightarrow\frac{Fe}{Fe_2O_3}$$

其 α 从小到大的顺序为

$$0.45<0.64<0.78<1.28<1.57<1.74<2.16$$

i. 当 $\alpha>1$ 时，生成氧化膜是致密的，连续的有保护性，如 Al，Be，Si 的氧化膜。

ii. 当 $\alpha<1$ 时，这种氧化膜是疏松的，对内扩散的阻力小，因此氧化的限制性环节只能是化学反应，如 Li，Mg，Ca 的氧化膜。

iii. 当 $\alpha\gg1$ 时，如 Fe 此时的氧化膜十分致密，但由于内应力大，氧化膜会周期性破裂，故氧化膜也是非保护性的。

氧化速度反映了氧化的动力学特征，一般受氧化膜的性质所控制，并且与反应的温度、反应面积以及氧的浓度有关。

5.1.2　合金熔体与炉衬的作用

熔融金属在高温下，不但要和炉气相接触产生吸气及氧化等问题，而且不可避免地要和炉衬材料相接触并发生作用。作用的结果不但影响炉子的寿命，同时还容易使熔体遭受杂质的污染。

1. 金属液在高温下与炉衬的作用

金属液在高温下与炉衬的作用包括物理作用和化学作用两种。物理作用表现为，熔炉的炉衬首先要承受熔体的压力和炉内高温的作用；同时熔体搅动时对炉衬产生的冲刷作用，装炉时承受大块炉料的碰撞作用，都会导致炉衬机械破损。

化学作用大致有两种情况：一是纯金属及合金元素与炉衬的作用；二是金属氧化物及熔

渣与炉衬的作用。

通常，各种炉衬耐火材料皆含有大量的氧化物，如 CaO，MgO，Al_2O_3，SiO_2，FeO，Cr_2O_3，ZrO_2 等。熔融金属与耐火材料作用，就是与其氧化物发生还原反应，即熔体夺取氧化物中的氧形成新的氧化物。这一反应能否进行取决于各种氧化物的化学稳定性，就要根据各种氧化物的生成自由能变化或生成热的大小来判断。凡是生成自由能小于熔炼金属氧化物的或生成热大于熔炼金属氧化物者稳定，在熔炼过程中不会与熔体发生反应，如铝合金熔炼时可与耐火材料中下列氧化物发生反应：

$$3SiO_2 + 4Al \longrightarrow 2Al_2O + 3Si \tag{5.29}$$

$$3FeO + 2Al \longrightarrow Al_2O + 3Fe \tag{5.30}$$

$$Cr_2O_3 + 2Al \longrightarrow Al_2O + 2Cr \tag{5.31}$$

镁的化学活性更强，也会发生上述反应，如：

$$SiO_2 + 2Mg \longrightarrow 2MgO + Si \tag{5.32}$$

而熔融镁有时与 Al_2O_3 作用，形成有害夹杂尖晶石（$MgO \cdot Al_2O_3$）。用这些氧化物构成的炉衬，熔炼铝合金和镁合金时，不但炉衬易于损坏，而且反应生成的 Fe，Si 等元素进入使合金增 Fe、增 Si，熔体受到污染。尽管每次从炉衬材料吸收杂质量很少，但由于旧料的反复使用，常使杂质积累越来越多，甚至会超出化学成分标准。为防止耐火材料与熔体的作用，熔炉耐火材料的选择十分重要。熔铝炉多采用高铝质耐火材料，而镁合金倾向采用镁砂炉衬，在真空下熔炼化学活性很强的钛、锆等金属时，它们几乎能与所有的耐火材料发生化学反应，所以只能使用水冷铜坩埚才能解决耐火材料的污染问题。

2. 超高温合金熔体与陶瓷坩埚的作用

在 ZrO_2 坩埚内重熔铌基超高温合金，ZrO_2 的熔点为 2 988 K，常温下的热膨胀系数为 $(5\sim6)\times10^{-6}K^{-1}$。图 5.3 是在 ZrO_2 坩埚内于 2 053 K 保温 30 min，重熔铌基超高温合金后反应层的组织形貌。从图 5.3(a) 可见（图中下部黑色部分为坩埚壁，上部淡色部分是反应层），坩埚与熔体接触处出现一些微小裂纹或熔蚀坑，该区域有 50～60 μm 厚，但是坩埚层与合金层的界线很明显。

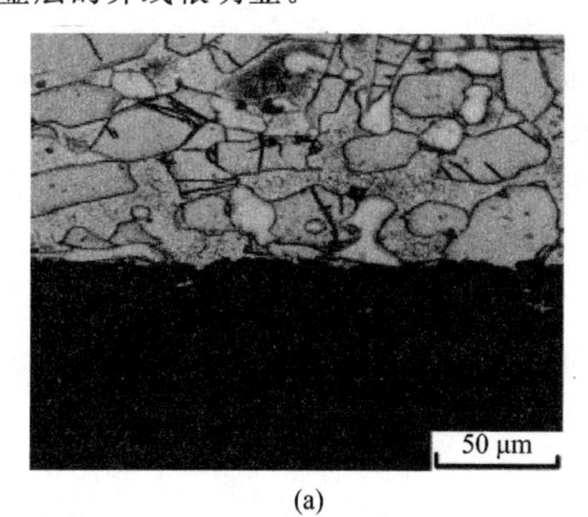

(a)

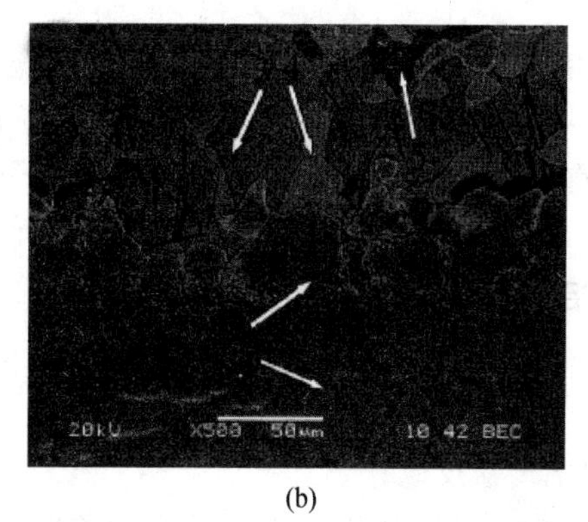

(b)

图 5.3　ZrO_2 坩埚内于 2 053 K，保温 30 min，重熔铌基超高温合金后反应层的组织形貌

发现在 ZrO_2 坩埚壁中含有钛和铪，原因可能是：

①发生了置换反应 $ZrO_2 + Hf = Zr + HfO_2$ 以及 $ZrO_2 + 2Ti = Zr + 2TiO$。

②合金液浸入 ZrO_2坩埚壁中，随后发生氧化所造成。

虽然合金是在加热状态，真空度高达 2×10^{-2} Pa 的环境中重熔，但由于钛和铪在高温下极活泼，仍然可与气氛中稀薄的 O_2或 CO_2等反应并通过长时间高温作用经由界面向坩埚层扩散。但因扩散到坩埚壁中的钛和铪含量极少且在合金中未发现锆元素的存在，因此可认为在 2 053 K 时 ZrO_2坩埚对熔体基本上没有污染。

Y_2O_3的熔点为 2 683 K，热膨胀系数为 $9.7\times10^{-6}K^{-1}$，其耐腐蚀性和高温稳定性好，故被广泛用作反应容器的制备材料或者耐火材料。图 5.4 是在 Y_2O_3坩埚内于 2 053 K 保温 10 min，重熔铌基超高温合金后反应层的扫描电镜背散射形貌。在合金熔体与陶瓷接触的界面处以及合金熔体内部都能找到大量钇的氧化物相，且大多和铪及钛的氧化物在一起。究其原因，可能有两个：

①发生了反应 $2Y_2O_3+3Ti=4Y+3TiO_2$和 $2Y_2O_3+3Hf=4Y+3HfO_2$，而钇被环境中的氧进一步氧化为 Y_2O_3。

②由于 Y_2O_3陶瓷烧结温度偏低，本身并不致密，容易在高温下被液态合金冲刷而渗入在坩埚附近，同样发现有很多大块的多边形硅化物，其形成原因与采用 ZrO_2坩埚时的情况相似。

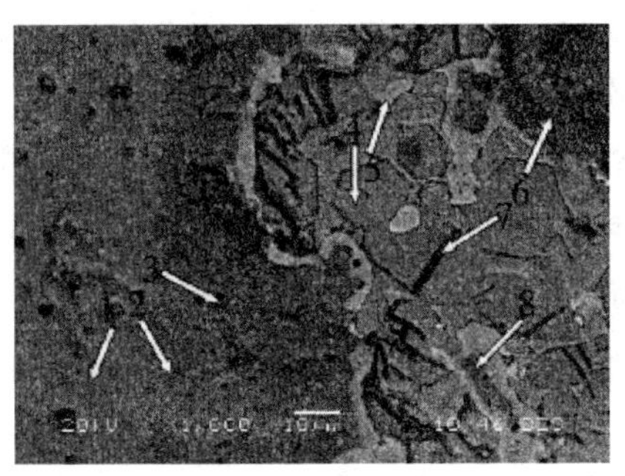

图 5.4　Y_2O_3坩埚内于 2 053 K 保温 10 min，重熔铌基超高温合金后反应层扫描电镜背散射形貌

5.1.3　合金熔体与气体的作用

在熔体处理过程中，金属以熔融或半熔融状态暴露于炉气内并与之相互作用的时间最长，在此期间会产生一系列物理化学反应，造成金属吸气、氧化和挥发，对金属熔体和熔炼过程产生重要影响。炉气的成分根据炉型、炉子结构、所用燃料或发热方式不同，含有不同比例的 H_2，O_2，H_2O，CO_2，CO，N_2，C_mH_n等。

1. 铝与炉气的作用

铝是化学活性很强的金属，在熔炼温度下可与多种气体发生强烈反应。反应主要生成 Al_2O 和 H_2。

(1)铝一氧反应。

铝和氧的亲和力很大，根据热力学条件，与氧接触后必然产生强烈的氧化反应。其反应式为

$$4Al+3O_2=2Al_2O_3 \tag{5.33}$$

生成的氧化铝是十分稳定的固态物质，其中 $\alpha=1.28(\alpha>1)$，形成致密的氧化膜，连续

覆盖在铝的表面上。由于这层氧化膜的阻碍作用，防止铝进一步氧化，减少氧化损失。其氧化动力学关系为抛物线规律。在较低温度下，纯铝表面生成的是 $\gamma-Al_2O_3$，此种氧化物的密度是 3.47 g/cm^3，致密度很高。一般氧化膜厚度约为 10 000 nm，800 ℃熔炼 8 h，如果不破坏原来的氧化膜，熔体可以得到充分的保护。如果熔炼温度达到 900 ℃以上，或者超过上述时间，$\gamma-Al_2O_3$ 开始转变为稳定的六面体晶体 $\alpha-Al_2O_3$，密度变成 3.95～4.10 g/cm^3，该转变使体积缩小约 13%，使氧化膜产生收缩裂纹，其连续性遭到破坏，氧化又会加剧进行。所以铝合金熔体的处理温度不应超过 900 ℃。一般应控制在 750 ℃以下，熔体处理时间也不应过长。$\gamma-Al_2O_3$ 膜的外表面是疏松的，存在着直径为 5～10 nm 的小孔，易吸附水汽。实验表明，熔炼温度下 $\gamma-Al_2O_3$ 膜表面含有 1%～2%(质量分数)H_2O，温度升高吸附量减少，但在 900 ℃时仍吸附有 0.34%(质量分数)H_2O。只有在温度高于 900 ℃，$\gamma-Al_2O_3$ 完全变为 $\alpha-Al_2O_3$ 时才能完全脱水。所以，如在熔体处理过程中把含有水分的氧化膜搅入铝液中，膜上吸附的水分与铝液反应造成熔体吸氢。因此常常发现铝液中氧化夹杂增加时，氢含量也会随之增加。所以在熔体处理过程中不要轻易破坏铝液表面的氧化膜。根据氧化的热力学条件，对基体金属氧化产生影响的都是氧化亲和力比基体金属大的活性元素，合金中与氧的亲和力比基体金属小的元素，对合金的氧化一般没有显著影响。在铝中加入 Si，Cu，Zn，Mn，Ni 等元素，对铝的氧化膜影响极小，合金氧化膜仍是致密的，能阻碍铝液的继续氧化。铝中加入碱土及碱金属时，这类元素均为表面活性元素，而且与氧的亲和力很强，易富集于表面优先氧化，从而改变了氧化膜的性质。

(2)铝－水汽反应。

低于 250 ℃时，铝和空气中的水蒸气接触发生下列反应：

$$2Al+6H_2O \longrightarrow 2Al(OH)_3+3H_2 \tag{5.34}$$

$Al(OH)_3$ 是一种白色粉末，没有防氧化作用且易吸潮，称为“铝锈”。铝锭在露天长期存放就容易产生这种“铝锈”。在高于 400 ℃的熔炼温度下，铝与水汽发生下列反应：

$$2Al+3H_2O \longrightarrow Al_2O_3+6[H] \tag{5.35}$$

生成的游离态原子[H]极易溶解于铝液中，此反应为铝液吸氢的主要途径。在高温下将经长期存放带着“铝锈”的铝锭入炉时，“铝锈”会发生如下分解：

$$2Al(OH)_3 \longrightarrow Al_2O_3+3H_2O \tag{5.36}$$

反应产生的水汽又可与铝反应，生成[H]进入铝液造成吸氢。反应生成的 Al_2O_3 是疏松的能吸附水汽和氢，熔炼时混入铝液中，也会增加铝液中的气体含量和氧化夹杂含量，所以铝锭和废铝料都不应长期露天堆放。铝和水蒸气反应生成[H]，所以极易溶于铝，这是因为此反应中产生氢原子的分压力远比氢分子分解时的分压力大得多。由此可见，即使大气中水蒸气的浓度很小，若操作不当也可导致铝的强烈吸氢。铝液表面有致密的氧化膜存在，能显著地阻碍铝－水汽反应，但是氧化膜破坏或变得疏松，反应仍会剧烈进行。

铝合金和水汽的作用，取决于合金成分的性质和含量。含 Mg，Na 等元素较多的铝合金中，镁在界面上也可发生反应：

$$Mg+H_2O \longrightarrow MgO+2[H] \tag{5.37}$$

由于产生的氧化膜是疏松的，不能起阻碍反应的作用，同时这些元素比铝更活泼，因此常使铝－水汽反应激烈进行。Al－Si，Al－Cu，Al－Zn 等合金在潮湿的大气中熔炼也有较强的吸气倾向。

(3)铝一氮反应。

对铝来说,氮是一种惰性气体,它在铝中的溶解度很小,几乎不溶于铝,但在较高的温度时,铝可能与氮结合成氮化铝:

$$2Al+N_2 \longrightarrow 2AlN \tag{5.38}$$

这种氮化物是固体物质,以夹杂状态存在铝中,铸锭凝固后也可能以一种膜皮状态附着于表面。AlN 作为一种夹杂,影响金属的纯净度,也可能影响金属的耐蚀性;但这一反应只能在较高的熔炼温度时才有可能,因此可以认为铝是不吸收氮的,即使有些吸收也是微量的,它不会产生气孔、气眼的危害。相反,正是由于氮对铝的惰性,所以在铝合金熔炼过程中,常用氮气作为精炼气体,从铝液中除气、除渣。但是,对于含镁的铝合金,用氮气精炼时应特别注意,因为镁可与氮反应生成 Mg_3N_2,它是一种有害的非金属夹杂,所以镁质量分数超过 2%的 Al-Mg 合金,不用氮气精炼。

(4)铝一碳氢化合物(CH_4)反应。

在熔炉中,大部分的碳氢化合物作为燃料燃烧后生成水蒸气和二氧化碳。部分剩余的碳氢化合物与熔融的铝液接触后,可发生下列反应:

$$4Al+3CH_4 \longrightarrow Al_4C_3+12[H] \tag{5.39}$$

所得原子氢[H]即被吸收而溶于铝液内,也是铝液吸气的途径之一。当然,就数量而言,碳氢化合物所提供的原子氢远少于水汽所提供的原子氢。在火焰炉中,燃烧不完全的还原性气氛的炉气,不利于生产出无气眼、气孔缺陷的铸锭。

(5)铝与二氧化碳、二氧化硫反应。

炉气中也含有一些二氧化碳和二氧化硫,特别是使用含硫较高的煤和煤气作燃料的熔炉,炉气中会含有较多的二氧化硫。它们与铝液接触可能发生如下反应:

$$8Al+3CO_2 \longrightarrow 2Al_2O_3+Al_4C_3 \tag{5.40}$$

$$2Al+3CO_2 \longrightarrow Al_2O_3+3CO \tag{5.41}$$

$$6Al+3SO_2 \longrightarrow 2Al_2O_3+Al_2S_3 \tag{5.42}$$

根据反应的热力学条件,以上反应在铝的熔炼过程中是很微弱的。虽然 Al_2S_3,Al_4C_3 都是固态非金属夹杂,会影响金属的纯洁度,但由于生成量有限,危害性较小。

2. 镁与炉气的作用

(1)镁一氧反应。

镁是极活泼的金属元素,根据热力学条件,它的化学活性比铝还强。除惰性气体外,几乎所有的气体都可能与镁发生反应。

在常温下,镁与空气中的氧接触即可发生化学反应:

$$2Mg+O_2 \longrightarrow 2MgO \tag{5.43}$$

生成的氧化镁,$\alpha=0.78$;$\alpha<1$ 的氧化膜是疏松、多孔、易破裂的,氧原子和镁离子可毫无阻碍地通过氧化膜,使氧化无抑制地进行。其氧化动力学规律呈直线关系。在氧化反应无抑制进行的同时,氧化膜也在不断增厚。由于镁的氧化膜导热性很差,反应产生的热量不易传出,导致金属局部过热而产生燃烧,所以金属镁作为一种危险品,在保管和运输过程中要非常小心。

在高温熔炼的条件下，镁的氧化会更加剧烈，所以要特别注意炉内气氛和熔体的保护。严格遵守操作规程，否则会造成熔体爆炸或燃烧的意外发生，产生严重后果。

(2)镁一水汽反应。

镁和铝一样，在室温遇水以后会产生氧化反应：

$$Mg+H_2O \longrightarrow MgO+2[H] \tag{5.44}$$

$$Mg+2H_2O \longrightarrow Mg(OH)+H_2\uparrow \tag{5.45}$$

分解出来的氢原子[H]很易溶解于熔融金属中，造成吸气和夹杂，是金属熔体吸气的主要途径。氢在固态和液态镁中溶解度都很高。在熔点温度(651 ℃)下，液态镁的溶解度是 26 cm^3/100 g，而在相同温度下，固态中氢的溶解度为 20 cm^3/100 g。由于固、液态的气体溶解度变化不大，所以铸锭凝固时产生气眼、气孔的概率也小。镁和水的反应，比镁与氧的反应还要激烈。当熔融的镁与水接触时，不仅发生上述反应而释放出大量的热，反应物中的氢还与周围大气中的氧迅速反应，且液态水受热而迅速气化，会导致剧烈爆炸，引起镁液的剧烈飞溅，这是非常危险的。

(3)镁与其他气体的反应。

根据热力学条件，镁可与氮发生反应，生成氮化镁。其反应式为

$$3Mg+N_2 \longrightarrow Mg_3N_2 \tag{5.46}$$

氮不但与镁反应，同时还能与镁合金中的其他元素发生反应，生成氮化物，氮化膜是多孔的，没有保护作用。往往形成非金属夹杂，影响金属的性能。有些氮化物不稳定，它们遇水后会产生分解。其反应式为

$$Mg_3N_2+6H_2O \longrightarrow 3Mg(OH)_2+2NH_3\uparrow \tag{5.47}$$

该反应有可能直接影响合金的耐蚀性和组织上的稳定性。所以，镁合金在熔炼过程中不能用氮做精炼和保护气体。

硫和二氧化硫都可与镁起反应，生成硫化镁。其反应式为

$$3Mg+SO_2 \longrightarrow 2MgO+MgS \tag{5.48}$$

生成的 MgS 在熔体表面上形成一层致密的薄膜，它能保护熔体不再继续氧化，因而二氧化硫是变形镁合金生产中常用的保护气体。在无二氧化硫气体时，也可采用硫黄粉直接撒在镁熔体表面。因为硫的沸点是 444.6 ℃，在镁的熔炼温度下，气态硫可直接与镁起反应，生成的 MgS 保护膜也能起到保护作用。

3. 铜与炉气的作用

(1)铜一氧反应。

按照热力学条件，在熔炼温度下，铜很容易被炉气中的氧所氧化，生成氧化亚铜。其反应式为

$$4Cu+O_2 \longrightarrow 2Cu_2O \tag{5.49}$$

反应生成的氧化亚铜有以下两个特性：氧化亚铜能溶解于铜中，无论是固态或是熔融状态，氧化亚铜在铜中都有一定的溶解度。一方面导致凝固时铸锭组织疏松，产生大量气孔；另一方面还可导致晶间产生大量显微裂纹，晶粒间结合力大大降低，从而使纯铜变脆。这种由于 Cu_2O 存在并与氢作用而引起铜严重脆化的现象称为“氢脆”。

Cu_2O 化学稳定性差，除生成自由能变化外，用化合物的分解压的大小也可以判定。一般分解压小的化合物较稳定，而分解压大的化合物稳定性差、易分解。氧化亚铜具有较高的分解压。铜在熔炼过程中可能被氧化，在铜液中溶解有大量的 Cu_2O，如果在除去 Cu_2O(还原精炼)之前加入合金元素，铜液中的 Cu_2O 很可能被添加元素所还原：

$$3Cu_2O+2Al \longrightarrow Al_2O_3+6Cu \tag{5.50}$$

$$2Cu_2O+Si \longrightarrow SiO_2+4Cu \tag{5.51}$$

生成的氧化物弥散悬浮地分布在铜液中，形成夹杂缺陷。因此，铜及铜合金熔炼时，必须首先彻底除去 Cu_2O，然后再加入其他合金元素。

(2)铜一水反应。

水蒸气不能直接溶解于铜液中，但在熔炼的温度条件下，可发生下列反应：

$$2Cu+H_2O \rightleftharpoons Cu_2O+H_2 \tag{5.52}$$

$$H_2 \rightleftharpoons 2H \tag{5.53}$$

$$H_2O(\text{汽}) \rightleftharpoons O+2H \tag{5.54}$$

反应的结果，相当于 H_2O(汽)发生分解，并以分解产物——原子态的氧和原子态的氢溶解于铜液中，其中原子氧存在于 Cu_2O 中，以氧化铜的形式溶解于熔体中。在铜液冷却凝固过程，随着温度降低，K 值逐渐减小。这时，铜液中的原子态氢和氧因过饱和而析出，结合成 H_2O(汽)，并在铜液中以非常分散而均匀的气泡形式存在，即形成水蒸气气泡。如果该气泡在凝固过程中来不及逸出，即成为气孔。

(3)铜一二氧化碳、一氧化碳反应。

熔融的铜与二氧化碳接触后可能发生下列反应：

$$2Cu+CO_2 \rightleftharpoons Cu_2O+CO \tag{5.55}$$

但 Cu_2O 与 CO_2 之间的分压差很小，甚至比 Cu_2O 与 H_2O 之间的压力差还要小得多。在实际生产条件下，上述反应并不明显。因此可以认为，CO_2 对熔融铜是不活泼的。一氧化碳能少量溶解于铜，但其溶解度很少随温度变化。所以在一氧化碳气氛中，处理过的铜铸锭中一般不产生气孔。

(4)铜一碳氢化合物反应。

一般的碳氢化合物并不直接溶于铜中，但它与熔融铜接触后即被分解：

$$CH_4 \rightleftharpoons C+4[H] \tag{5.56}$$

如此，生成的氢即可溶于铜中，如果氧化亚铜存在，就会发生如下还原反应：

$$4Cu_2O+CH_4 \longrightarrow CO_2+2H_2O+8Cu \tag{5.57}$$

此反应是紫铜还原精炼的主要化学反应。

(5)铜一二氧化硫反应。

根据热力学条件，SO_2 和 Cu_2O 的化学稳定性差不多，它们生成自由能数值很接近，所以铜与二氧化硫的作用是可逆反应：

$$6Cu+SO_2 \rightleftharpoons Cu_2S+2Cu_2O \tag{5.58}$$

反应的方向取决于参加反应物的浓度，但是由于该反应是放热反应，所以反应容易从左向右进行。生成 Cu_2S 和 Cu_2O 留在熔体中会产生不利的影响。

5.2　元素的氧化烧损

5.2.1　影响金属氧化烧损的因素

在熔体处理过程中，金属的实际氧化烧损程度取决于金属氧化的热力学和动力学条件，即与金属和氧化物的性质、熔体处理温度、炉气状态、熔炉结构以及操作方法等因素有关。金属及氧化物的性质如前所述，纯金属氧化烧损的大小主要取决于金属与氧的亲和力和金属表面氧化膜的性质。金属与氧亲和力大，且氧化膜呈疏松多孔状，则其氧化烧损大，如镁、锂等金属即属于此。铝、钛等金属与氧亲和力大，但氧化膜的 $\alpha>1$，故氧化烧损较小。金、银及铂等与氧亲和力小，且 $\alpha>1$，故很少氧化。

有些金属氧化物虽然 $\alpha>1$，但其强度较小，且线膨胀系数与金属不相适应，在加热或冷却时会产生分层、断裂而脱落，CuO 就属于此类。在熔炼温度下，有些氧化物呈液态或是可溶性的，如 Cu_2O，NiO 及 FeO；有些氧化物易于挥发，如 Sb_2O_3，Mo_2O_3 等。显然这些氧化物无保护作用，往往会促进氧化烧损。

合金的氧化烧损程度因加入合金元素而异。凡与氧亲和力较大的表面活性元素多优先氧化，或与基体金属同时氧化。这时合金元素氧化物和基体金属氧化物的性质共同控制着整个合金的氧化过程。氧化物 $\alpha>1$ 的合金元素，能使基体金属的氧化膜更致密，可减少合金的氧化烧损，如向镁合金或高镁铝合金中加入铍，就可提高合金的抗氧化能力，降低氧化烧损。黄铜中加铝，镍合金中加铝和铈，均有一定的抗氧化作用。氧化物 $\alpha<1$ 的活性元素，使基体金属氧化膜变得疏松，一般会加大氧化烧损，如铝合金中加镁和锂都更易氧化生渣。研究发现，含镁的铝合金表面氧化膜的结构和性质，随镁质量分数的增加而变化。镁质量分数在 0.6%以下时，MgO 溶解于 Al_2O_3 中，且 Al_2O_3 膜的性质基本不变；当镁质量分数为 1.0%～1.5%时，合金氧化膜由 MgO 和 Al_2O_3 的混合物组成。镁含量越高，氧化膜的致密性越差，氧化烧损越大。合金元素与氧的亲和力和基体金属与氧的亲和力相当，但不明显改变合金表面氧化膜结构的合金元素，如铝合金中的 Fe，Ni，Si，Mn 及铜合金中的 Fe，Ni，Pb 等，一般不会促进氧化，本身也不会明显氧化。合金中与氧亲和力较小且含量少的元素将受到保护，甚至还会因基体金属与其他元素的烧损而相对含量有所增加。

对于处理温度，在温度不太高时，金属氧化速度多按抛物线规律氧化；高温时多按直线规律氧化。因为温度高时扩散传质系数增大，氧化膜强度降低，加之氧化膜与金属的线膨胀系数有差异，因而氧化膜易破裂。有时因为氧化膜本身的溶解、液化或挥发而使其失去保护作用。例如，铝的氧化膜强度较高，其线膨胀系数与铝接近，熔点高且不溶于铝，在 400 ℃以下氧化服从抛物线规律，保护作用好。但在 500 ℃以上则按直线规律氧化，在 750 ℃以上时易于断裂。镁氧化时放出大量热量，氧化镁疏松多孔，强度低，导热性差，使反应区域局部过热，因而会加速镁的氧化，甚至还会引起镁的燃烧。如此循环将使反应界面温度越来越高，最高可达 2 850 ℃，此时镁会大量气化，并加剧燃烧而发生爆炸。钛的氧化膜在低温时也很稳定，但升温到 600～800 ℃时，氧化膜溶解而失去保护作用。可见，熔体温度越高，氧化烧损就越大。但高温快速处理时也可减少氧化烧损。

根据所用炉型、结构、热源及燃料燃烧完全程度的不同，炉气中往往含有各种不同比例的 O_2，H_2O，CO_2，H_2，C_mH_n，SO_2，N_2等气体。从本质上讲，炉气的性质取决于该炉气平衡体系中氧的分压与金属氧化物在该条件下的分解压的相对大小，即炉气的性质要由炉气与金属之间的相互作用性质来确定。因此，同一组成的炉气，就其性质来确言，对一些金属是还原性的，而对另一些金属则可能是氧化性的。在实际条件下，即炉气的性质要由炉气与金属之间的相互作用性质而定。因此，同一组成的炉气，就其性质而言，对一些金属是还原性的，而对另一些金属则可能是氧化性的。在实际条件下，若金属与氧的亲和力大于碳、氢与氧的亲和力，则含有 CO_2，CO 或 H_2O 的炉气就会使金属氧化，这种炉气是氧化性的，否则便是还原性的或中性的。如 CO_2和 H_2O 对铜基本上是中性气体，但对含铝、锰的铜合金则是氧化性的。铝、镁是很活泼的金属，它们与氧的亲和力大，既可被空气中的氧气氧化，也可被 CO_2，H_2O 氧化，因此，含有这些成分的炉气对它们来说是氧化性的。而对于氧化物分解压很小的金属，即使在一般的真空炉内也很难避免氧化损失。真空电弧炉熔炼钛、锆合金时，仍有微量氧化物呈溶解状态存在。在氧化性炉气中，氧化烧损是难以避免的。炉气的氧化性强，一般氧化烧损程度也大。

生产实践表明，使用不同类型的熔炉时，金属的氧化烧损程度有很大差异。这是因为不同的炉型，其熔池形状、面积和加热方式也不同。例如，处理铝合金，用低频感应炉时，其氧化烧损为 0.4％～0.6％；用电阻反射炉时烧损为 1.0％～1.5％；用火焰炉时烧损为 1.5％～3.0％。当其他条件一定时，熔体处理时间越长，氧化烧损就越大。反射炉加大供热强度或采用富氧鼓风，电炉采用大功率送电，或在熔池底部用电磁感应器加以搅拌，均可缩短熔体处理时间，降低氧化烧损。搅拌和扒渣等操作方法不合理时，易把熔体表面的保护性氧化膜搅破而增加氧化烧损。装炉时炉料表面撒上一薄层熔剂覆盖，也可减少氧化烧损。

5.2.2 降低氧化烧损的方法

在处理熔体时，氧化烧损在所难免，只是在不同情况下其损失程度不同而已。应采取一切必要措施来降低氧化损失，以提高金属的收得率和质量。从分析影响氧化烧损的诸因素可以看出，当所处理的合金熔体一定时，主要应从熔体处理设备和熔体处理工艺两方面来考虑。

①合理选择炉型，尽量选用熔池面积较小、加热速度快的熔炉。目前广泛用工频或中频感应电炉处理铜、镍及其合金熔体。推广用 ASARCO 竖炉熔炼和处理紫铜、铝液，采用单向流动溶沟低频感应电炉和快速更换感应器等新技术处理铜合金熔体，采用圆形火焰炉和炉顶快速加料技术熔炼和处理铝合金熔体，可缩短熔体处理时间，降低能耗和氧化烧损。

②采用覆盖剂。易氧化的金属和合金应在覆盖下进行精炼。

③正确控制炉温。在保证金属熔体流动性及精炼工艺要求的条件下，应适当控制熔体温度。通常，熔体处理前宜用高温快速加热；熔体处理过程应调控加温，勿使熔体强烈过热。

④正确控制炉气性质。对于氧化精炼的紫铜及易于吸氢的合金，宜采用氧化性炉气。在紫铜熔炼的还原阶段及无氧铜熔炼时，宜用还原性炉气，并且用还原剂还原基体氧化物。所有活性难熔金属只能在保护性气氛或真空条件下进行精炼。

⑤合理的操作方法。铝和硅的氧化膜熔点高，强度大，黏着性好，在熔炼温度下有一定

的保护作用。在处理铝合金及含铝、硅的青铜熔体时，应注意操作方法，避免频繁搅拌，以保持氧化膜完整。这样做即使不用覆盖剂保护，也可有效地降低氧化烧损。

⑥加入少量 $\alpha>1$ 的表面活性元素。其目的是改善熔体表面氧化膜的性质，能有效地降低烧损。

5.3　元素的蒸发与挥发损失

金属由液态转变为气态的现象统称为挥发。挥发是自然界中普遍存在的一种现象，在冶金和铸造等领域也有重要作用。利用元素挥发规律可以有效地抑制合熔体处理金过程中元素的挥发损失。

5.3.1　纯金属的饱和蒸气压和蒸汽结构

纯金属的饱和蒸气压随温度的变化规律，可以用 Clausius－Clapeyron 方程式表示为

$$dP/dT = L/T(V_{气} - V_{液}) \tag{5.59}$$

式中　P—— 蒸气压，Pa；

T—— 熔体温度，K；

L—— 挥发潜热，J/mol；

$V_{液}$——1 mol 的液体体积，m^3/mol；

$V_{气}$——1 mol 液体蒸发后的体积，m^3/mol。

由于 $V_{气}$ 比 $V_{液}$ 大得多，故 $V_{液}$ 可以忽略，即

$$V_{气} - V_{液} \approx V_{气} \tag{5.60}$$

在低压下，气体遵守理想气体定律，即有

$$V_{气} = RT/P \tag{5.61}$$

将式(5.16)、式(5.17) 代入式(5.18) 中，可得

$$dP/dT = L/TV_{气} = LP/RT^2 \tag{5.62}$$

变换式(5.19) 可得

$$dP/p = LdT/RT^2 \tag{5.63}$$

通常用两种方法积分此式：

① 金属的挥发潜热 L 在温度变动不大时随温度的变化小，而把它看作常数，可得

$$\lg p = AT^{-1} + D \tag{5.64}$$

该式就是常用的蒸气压与温度的关系式，而精度可满足工程上的要求。

② 金属的挥发潜热 L 随温度变化而变化，即

$$L = L_0 + aT + bT^2 + \cdots \tag{5.65}$$

可得

$$\lg p = AT^{-1} + B\lg T + CT + D \tag{5.66}$$

式(5.66) 较第一种积分式(5.64) 准确。各种金属的蒸气压和温度关系的各系数 A,B，C 和 D 可在相应手册中查到。

气体中许多分子存在的数量受温度和压强的影响，通常压强降低或温度升高，多原子分

子趋向于分解成较少原子数结合成的分子。

5.3.2 合金元素的饱和蒸气压

合金中组元 i 的饱和蒸气压 p_i，由于组元 i 与其他组元的分子之间的相互作用而与组元 i 在纯物质时的蒸气压 p_{i0} 不同。因此可表示为

$$p_i = a_i p_{i0} = \gamma_i x_i p_{i0} \tag{5.67}$$

式中 a_i—— 组元 i 的活度；

p_{i0}—— 组元 i 在纯物质时饱和蒸气压，Pa；

γ_i—— 组元 i 的活度系数；

x_i—— 摩尔分数。

根据各种物质对 i 作用的情况可以分为三种讨论：

①$\gamma_i = 1$ 即所谓的理想溶液，其中相同物质的质点与不同物质的质点之间作用力相同，各种质点在溶液中分布均匀，故有

$$p_i = x_i p_{i0} \tag{5.68}$$

实际上真正符合理想溶液的情况并不多见，只遇见接近理想溶液的例子。

②$\gamma_i > 1$ 称为正偏差。它表明同元素分子之间的吸引力大于不同元素分子之间的吸引力，即

$$p_i > x_i p_{i0} \tag{5.69}$$

Pb－Zn 系和 Pb－Cd 系都是正偏差系。

③$\gamma_i > 1$ 称为负偏差。它表明同元素分子之间的吸引力小于不同元素分子之间的吸引力。作用力增大的顺序为：成分范围较宽的固熔体 → 成分范围较窄的固熔体 → 异分熔点化合物 → 同分熔点化合物(达到熔点才分解的化合物)。

在负偏差的情况下，有

$$p_i < x_i p_{i0} \tag{5.70}$$

组元 i 的实际蒸气压 p_i 小于 $x_i p_{i0}$，即阻碍了组元 i 的挥发。

5.3.3 元素挥发动力学

合金元素的整个挥发过程包括以下几个阶段：

① 元素从金属熔体内通过液相边界层迁移到金属熔体表面。

② 在金属熔体表面发生从液相转变为气相的气化反应过程。

③ 挥发元素通过气相边界层扩散到气相中去。

图 5.5 中，β_m 为液相中扩散阶段的传质系数；β_g 为气相中扩散阶段的传质系数；K_m 为界面挥发反应阶段的传质系数；K_g 是界面回凝阶段的传质系数；C_m 是溶解物质或挥发物质在凝结相中的平均浓度；C_{ms} 是该物质在挥发表面的平均浓度；P_e 是对应于该浓度的平衡压力(饱和蒸气压)；P_s 是挥发过程中挥发表面上挥发元素的表面压力；P_g 则是气体空间的平均压力。

在这三个阶段中，必须满足连接一个阶段到下一个阶段的条件，也就是说，在各个阶段中至少应该达到准稳定态。这些阶段中起决定作用的是最慢物质迁移速率阶段。根据

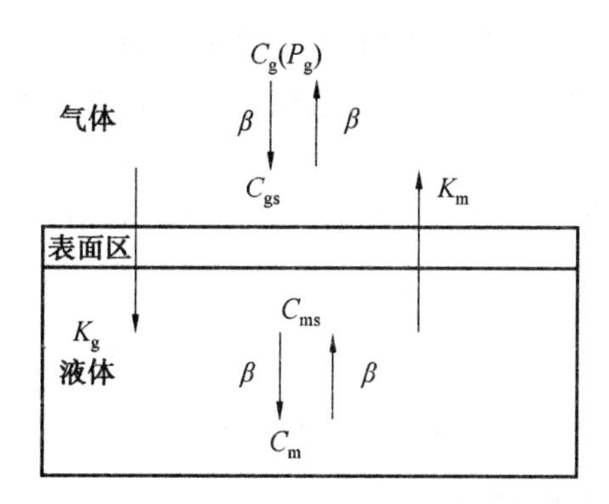

图 5.5　合金元素挥发过程示意图

Kraus 的理论，每个阶段挥发元素的传质速率就为相应阶段的箭头上下两项之和。如液相内扩散阶段的传质速率为 $-\beta_m(C_m - C_{ms})$。在合金熔炼过程中，具体是哪个环节起控制作用或者是哪几个环节同时起作用取决于具体的熔炼方法以及所熔炼的合金组元的蒸气压和熔炼室的真空度。Ward 认为在真空感应熔炼过程中，由于存在剧烈的电磁搅拌作用及真空室内存在着大的冷凝面和真空中分子运动快，对于蒸气压较高的元素，当气相压力较低时，合金元素的挥发过程受控于液相边界层中的扩散；当气相压力较高时，其挥发过程受控于合金元素在气液界面的挥发反应，但对于不同的合金元素所需要的临界真空度是不一样的。所谓临界真空度是指这样一个真空度，当真空室内的真空度大于此值时，可以认为外压或外界气氛对合金元素的挥发没有影响，即合金元素处于自由挥发状态。

(1) 液相控制。

传质系数，根据 Fick 第一定律，通过某一单元界面的传质与熔体内部和表面的浓度差成正比。因此单位时间每单位面积上扩散走的某组元的通量为

$$\frac{\mathrm{d}n_m}{\mathrm{d}t} = -D\frac{C_m - C_{ms}}{\delta_m} = -\beta_m(C_m - C_{ms}) \tag{5.71}$$

由这个方程定义的 β_m 是传质系数(或迁移系数)。图 5.6 为合金元素挥发时熔体界面层中的浓度梯度。

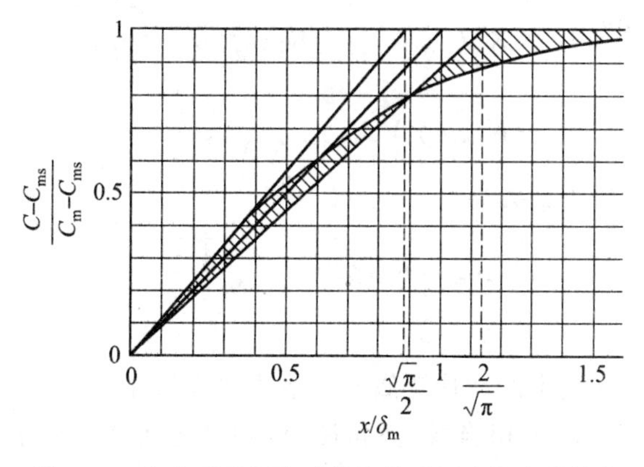

图 5.6　合金元素挥发时熔体界面层中的浓度梯度

(2) 马奇林(Machlin) 模型。

在还没有计算边界层的理论之前，其计算是根据某一假想的界面稳定层，即所谓伦斯脱

(Nernst) 界面层进行的。这个界面层的厚度是用回归法确定的，然后用于其他的迁移问题。当然，这种计算是相当任意的。为了对精炼过程和熔体与坩埚之间反应过程的传质进行计算，有一个较为可靠的基础，Machlin 首先从系统的有关参数推导出该界面层的厚度，并提出了所谓的“硬流”模型。如图 5.7 所示，流线网络示意地表示了扩散界面层的厚度，且假定其厚度显著地小于流动的深度。在这个模型的基础上，合金元素的挥发速率为

$$\frac{\mathrm{d}n_{\mathrm{m}}}{\mathrm{d}t}=-2(C_{\mathrm{m}}-C_{\mathrm{ms}})(2DV/\pi r)^{\frac{1}{2}} \tag{5.72}$$

$$\beta_{\mathrm{m}}=2\,(2DV/\pi r)^{\frac{1}{2}} \tag{5.73}$$

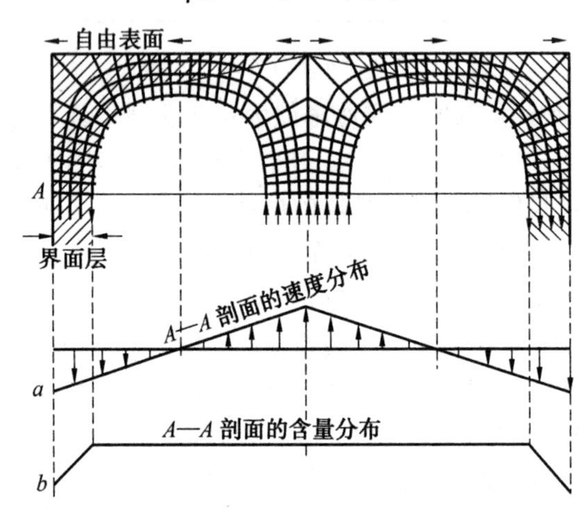

图 5.7　感应搅拌的熔体的自由表面上流线网络和扩散界面层(无标刻度)

(3) 界面控制。

根据 Langmuir 理论，纯金属的挥发速率($\mathrm{mol\cdot cm^{-2}\cdot s^{-1}}$)为

$$\frac{\mathrm{d}n_{\mathrm{g}}}{\mathrm{d}t}=-K_{\mathrm{L}}\varepsilon p_{\mathrm{e}}\sqrt{\frac{1}{M_i T_{\mathrm{ms}}}} \tag{5.74}$$

可得组元的挥发速率为

$$\frac{\mathrm{d}n_{\mathrm{g}}}{\mathrm{d}t}=-K_{\mathrm{m}}C_{\mathrm{ms}(i)}=-K_{\mathrm{L}}\varepsilon p_i^0\gamma_i x_i\sqrt{\frac{1}{M_i T_{\mathrm{ms}}}}=$$

$$-K_{\mathrm{L}}\varepsilon p_i^0\gamma_i V C_{\mathrm{ms}(i)}\sqrt{\frac{1}{M_i T_{\mathrm{ms}}}} \tag{5.75}$$

这时合金元素挥发传质系数为

$$K_{\mathrm{m}}=K_{\mathrm{L}}\varepsilon p_i^0\gamma_i V\sqrt{\frac{1}{M_i T_{\mathrm{ms}}}} \tag{5.76}$$

(4) 气相控制。

金属原子在气相边界层中的迁移类似于在熔体边界层中的扩散，是离开和趋向表面的两个挥发气流之差。倘若压力相当低，换句话说，如果金属蒸气原子的平均自由程相当大时，这两个蒸气流可以认为是毫不相关的。每一蒸气流分别正比于表面的或气体空间的粒子密度，并且正比于蒸气原子的传质系数，该速度在等温等压条件下可以假设在两个方向是相等的。因此，对于本阶段可以得到

$$\frac{\mathrm{d}n_{\mathrm{g}}}{\mathrm{d}t}=-D\,\frac{(C_{\mathrm{gs}}-C_{\mathrm{g}})}{\delta_{\mathrm{g}}}=-\beta_{\mathrm{g}}(C_{\mathrm{gs}}-C_{\mathrm{gs}})=-\frac{\beta_{\mathrm{g}}}{RT}(P_{\mathrm{s}}-P_{\mathrm{g}}) \tag{5.77}$$

由于 K_{m} 与 β_{g} 之间的关系为

$$\beta_{\mathrm{g}}=\sqrt{\frac{RT_{\mathrm{ms}}}{2\pi M_i}}=\frac{LK_{\mathrm{m}}}{\varepsilon} \tag{5.78}$$

因此，当挥发反应和气相中的扩散成为挥发的控制环节时，挥发速率可表示为

$$\frac{\mathrm{d}n_{\mathrm{m}}}{\mathrm{d}t}=-\frac{C_{\mathrm{m}}-LC_{\mathrm{g}}}{1/K_{\mathrm{m}}+L/\beta_{\mathrm{g}}}=\frac{C_{\mathrm{gse}}-C_{\mathrm{g}}}{1/K_{\mathrm{m}}L+1/\beta_{\mathrm{g}}}=-\frac{\varepsilon\beta_{\mathrm{g}}}{RT_{\mathrm{ms}}}\times\frac{p_{\mathrm{e}}-p_{\mathrm{g}}}{1+\varepsilon} \tag{5.79}$$

5.3.4　熔体中多组元的挥发

如果熔体中组元以分子的形态挥发，必须考虑组元分子质量的大小对挥发速率的影响。因此不能简单地用熔体中各个组元的饱和蒸气压的大小来判断组元间的挥发趋势。因此引入一个参数来判断熔体中组元的挥发趋势，即

$$\beta=(\rho_i/\rho_j)/(m_i/m_j) \tag{5.80}$$

比例系数为 β，将其定义为相对挥发系数。这样，当熔体中组元挥发达到平衡时，β 就可以被用来当作合金熔体两个组元在气液相中成分差异的判断标准，也可以被当作熔体中各个组元之间挥发趋势的判断标准。因此，将有如下三种情况：

(1) 当 $\beta=1$ 时，式(5.80) 变成。

$$\rho_i/\rho_j=m_i/m_j \tag{5.81}$$

这时，气液两相中两组元的质量比相等，也就是说，两组元按照熔体初始成分同步挥发，这样合金的成分在熔炼前后将不会发生变化，合金挥发的结果只是使得在熔炼后合金的总质量减少。

(2) 当 $\beta>1$ 时，(5.80) 变成。

$$\rho_i/\rho_j>m_i/m_j \tag{5.82}$$

在这种情况下，组元 i 在蒸汽中的含量比其在熔体中所占的含量要大，也就是说，组元 i 比组元 j 挥发更严重一些，合金的成分在熔炼前后将发生变化，组元挥发的结果将导致熔体中 i 组元的含量比其初始成分要小一些。如果 $\beta\gg1$，则相对组元 i 来说，组元 j 的挥发可以忽略不计。

(3) 当 $\beta<1$ 时，式(5.80) 变成。

$$\rho_i/\rho_j<m_i/m_j \tag{5.83}$$

这与第二种情况相反，这时熔体中组元 j 将比组元 i 挥发严重。同样，当 $\beta\ll1$ 时，熔体在熔炼过程中，由挥发所导致的合金成分的变化主要是由于组元 j 的挥发所致。

针对后面两种情况，为了减少合金在熔炼过程中成分的变化，在合金熔炼过程中应该采取一些必要的措施，如往真空室中反充氩气来增加真空室中的压力，控制加热功率，不要让熔体温度过高等。

5.3.5 熔体组元挥发的两种机制

在较高的残余气体压强下，残余气体粒子（包括惰性气体分子、金属蒸气粒子以及空气分子）与挥发金属粒子之间经常互相碰撞。在此过程中部分金属粒子会被熔体表面散射，也就是说，提高残余气体压强，会再次为提高反方向的传质创造条件。在这种场合中，合金组元 i 的挥发速率可表示为

$$dn_g/dt = K_m C_{ms} - K_g C_{gs} = K_L \varepsilon (P_{e(i)} - P_{g(i)})(1/M_i T_{ms})^{1/2} \tag{5.84}$$

式中 $P_{e(i)}$—— 熔体上方组元 i 的饱和蒸气压，Pa；

$P_{g(i)}$—— 在挥发表面附近气体空间组元 i 的蒸气分压，Pa。

第一种情况，如果熔体温度为某一个值，而该温度值使得熔体中挥发组元的饱和蒸气压之和大于真空室中气体的总压力，那么熔体中组元挥发的驱动力永远大于零（两个压力的差值），所以组元的挥发损失速率也永远大于零。随着时间的延长，组元在真空室中的量逐渐增加，由于假定在熔体处理过程中，真空室中的气体总压力 P 值保持恒定，显而易见，挥发组元在真空室中气体的实际分压 $P_{g(i)}$ 值也不可能超过真空室中气体总压力 P 值，这样，组元挥发的结果为挥发组元在真空室中的气体实际分压的总和趋向于饱和蒸气压和真空室中气体的总压力中小者，对当前这种情况即饱和蒸气压趋近于真空室气体的总压力，但组元挥发的驱动力依然不为零且依然较大，组元依然以较大的速度挥发，挥发的气体不断地被系统的抽真空装置源源不断地抽走，以保持真空室中气体总压力值的大小不变，这种总压力值对减小组元的挥发不是很有效。

第二种情况与第一种情况正好相反，挥发组元的饱和蒸气压之和小于真空室气体总压力，这时，对每个组元而言，其挥发的驱动力依然是压力差。随着组元挥发量的增加，挥发组元的实际分压 $P_{g(i)}$ 值越来越大，结果使得组元挥发的驱动力也越来越小，最终挥发组元的实际分压 $P_{g(i)}$ 值趋向于组元的饱和蒸气压。当组元的实际分压趋向于零时，挥发驱动力也趋向于零，各个组元挥发损失速率也趋向于零，这是与第一种情况的根本差别。在这种情况下，真空室中气体的总压力 P 对抑制组元的挥发是很有效的。

5.3.6 高能束熔化时的组元挥发

电子束冷床炉自身具有与传统自耗电弧炉无法比拟的优点，得到人们的认可。然而该工艺在熔炼过程中真空度较高，蒸气压比 Ti 高的 Al，Cr，Mn 等元素成分控制较困难。Al 元素在 2 000 K，平衡气压为 1 MPa 时，Al 元素的蒸气压将达到 642 MPa，因此 Al 元素作为钛合金的主要添加元素，其成分控制就显得尤为重要。乌克兰电子焊接研究所根据合金元素的挥发机制，建立了电子束冷床炉熔炼钛合金的数学模型，用于评估熔炼参数对熔体最终成分的影响规律，包括熔炼速率、熔池输入功率及铸模输入功率。模拟 Al 元素初始添加量为 5.5%，6.5%，7.5%，8.5%条件下熔炼速率对熔体成分的影响规律。熔炼速度增加，Al 挥发率降低，熔体的成分有增加的趋势。当熔炼速率提高到 120～150 kg/h，Al 的挥发量相对较低。Al 元素初始添加量对熔体的最终成分起决定性作用，随初始添加量的增加，熔体成分增加。当 Al 元素初始添加量为 6%时，调整熔炼参数也不能将其成分控制在标准要求的范围内。在熔炼速率不变的情况下，熔池输入功率增加，Al 挥发率增加，熔体中的

Al 含量降低。

图 5.8 为 Al 的烧损量与扫描频率的关系。当扫描频率超过 10 Hz 时，Al 烧损量达到稳定状态（最低值）。当扫描频率从 0.55 Hz 升高到 11 Hz 时，Al 烧损量将降低 10%。电子束冷床炉熔炼钛金属在一般情况下金属损耗为 2%～5%，与真空自耗电弧炉相比，电子束冷床炉熔炼钛金属的挥发损失量明显偏高。影响电子束冷床炉挥发损失的主要因素包括使用的原材料种类、熔炼真空度、熔化功率、扫描花样、延迟时间、熔化速率等，目前，通过提高使用返回炉料比例、恒压熔炼、优化熔化功率和熔化速率的匹配关系来有效控制炉床钛金属熔液过热度等措施，不但提高了生产效率，而且有效地降低了金属损失。宝钛集团在实际生产中金属损耗可控制在 3%以内。

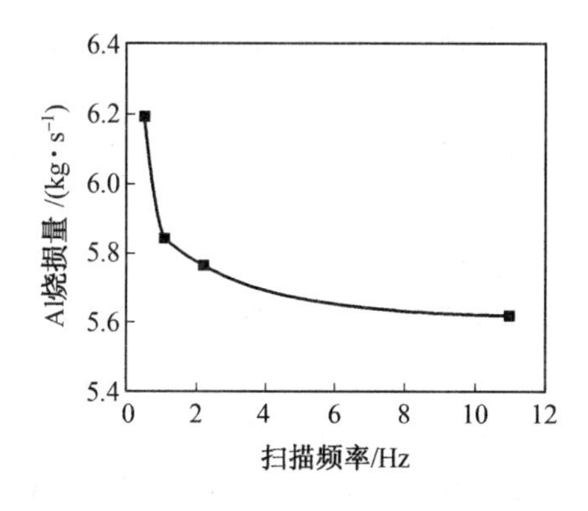

图 5.8　Al 烧损量与扫描频率的关系

高的能量密度一方面可以熔炼难熔金属，另一方面则会在熔池中心产生过大的过热度，此时熔体内部一些饱和蒸气压较高的组元会出现挥发现象，从而使生产出的合金成分偏离设计值。其实无论在高真空还是常压环境下，或者是在高活性金属熔炼过程中，元素挥发是一个普遍的现象，高能束熔炼时，熔池中心温度极高，挥发现象尤为严重。母材为 TC4 钛合金，直径为 32 mm，厚度为 15 mm 的圆锭，通过真空电子束作用产生熔池。激光熔炼功率为 700～800 W，时间为 0.1～1.3 s。测得激光熔炼挥发损失为 5.2%～7.3%，随着功率和时间的增加，损失值也相应地增加。

5.4　高熔点合金元素的溶解

一般熔点低于母合金基体的合金化元素可以随基体一起熔化而形成液相，但对于高熔点的合金元素一般是通过溶解作用而进入到母合金熔液中的，如 W，Mo，Nb，Ta 等，它们对于某些铸钢、铸铁、铝合金而言是有益的合金化元素，但如果溶解不利，极易造成硬质点夹杂，不但起不到有益的作用，还会对基体的塑性、韧性和抗疲劳等性能造成影响。

5.4.1　高熔点合金元素

高熔点合金又称难熔金属，包括元素周期表中第Ⅳ副族的锆（Zr）、铪（Hf），第Ⅴ副族的钒（V）、铌（Nb）、钽（Ta），第Ⅵ副族的钼（Mo）、钨（W）和第Ⅶ副族的铼（Re）。钛由于密度小，也有人将它划归为轻金属类。难熔金属的共同特点是熔点高、硬度高、耐腐蚀性强、原子的价态比较复杂。如金属钨的熔点高达 3 400 ℃左右，是金属中熔点最高的。难熔金属的耐腐蚀性强，原子价态多。

难熔金属中的铪(Hf)、钽(Ta)、钨(W)等，在元素周期表第六周期中位于镧系以后，由于镧系收缩，致使它们的原子半径与第五周期相应的同族元素锆(Zr)、铌(Nb)、钼(Mo)非常接近。因此，锆和铪、铌和钽、钼和钨的性质非常相似，在自然界共生在一起，并且难以分离，这给它们的冶金和分析带来了众多难题。

难熔金属都是些重要的合金元素，它们的合金也具有高熔点、耐腐蚀性好的特点，难熔金属合金是难熔金属应用领域的一个重要宝库。难熔金属合金按形成的物相可分为金属固熔体、金属间化合物和金属间隙化合物。金属固熔体是金属组分溶于另一金属组分的点阵结构中所形成的合金；金属间化合物是由两种或两种以上金属元素按照一定的原子比(化学计量)组成的化合物；金属间隙化合物则是金属与硼、碳、氮、氢等非金属形成的具有金属特性的化合物。对难熔金属合金的成分分析以及化学物相分析也是摆在研究者面前的一大课题。

难熔金属的金属间隙化合物是指难熔金属元素与碳、氮、氢、硼等原子半径较小的元素形成的金属化合物。金属间隙化合物除金属键外还有离子键和共价键，具有与其组元完全不同的晶体结构，而且元素间的比例一般能满足简单的化学式，如 A_2B，AB，AB_2 等。这种化学式表示在间隙化合物的金属晶格中所有空隙都已被非金属原子所填满时的比值。但在实际合金中，大多数间隙化合物的成分可变。金属间隙化合物具有明显的金属特性，它不但有金属光泽，而且其导电性、传热性良好，还有超导电性；对酸、碱的作用比较稳定；通常具有极高的硬度、熔点和弹性模量。难熔金属的金属间隙化合物是介于金属与陶瓷之间的一类新材料。难熔金属的间隙相碳化物还可以相互作用，生成无限固熔体或有限固熔体，能进一步改善单一难熔金属碳化物的某些性能。

5.4.2 高熔点合金元素的溶解

高熔点合金是通过溶解进入到合金熔体中的。其溶解过程包括以下两个阶段：

①固体晶格被破坏，转变为固体原子，分散于液相中。

②溶解的原子通过固体物的边界层向液相中扩散。其溶解的速度取决于固/液界面的大小，即固相的溶解速度与其表面积成正比：

$$v = kA \tag{5.85}$$

式中 k—— 常数，包含加热强度和搅拌程度的影响。

因为固体的体积与其线性程度的立方成正比，而其表面积与其线性程度的平方成正比，所以，固体的表面积与其质量的关系为

$$A = \alpha \cdot m^{\frac{2}{3}} \tag{5.86}$$

式中 α—— 常数，与固体的几何形状和密度有关。

随着溶解过程的进行，其表面积减小，从式(5.85)可知，溶解速度也减小。假设开始时固相质量是 100，经过 t 时间以后溶解了质量 x，则残余量为 $100 - x$，即溶解速度为

$$v = k\alpha\ (100 - x)^{\frac{2}{3}} \tag{5.87}$$

利用有关实验可以确定式(5.87)的有关系数,从而确定某些难熔元素的溶解速度。而溶解时间为

$$t = Rv \tag{5.88}$$

式中　R—— 固相特征长度;

v—— 溶解速度。

为了提高高熔点合金元素的溶解,可采用以下措施加以控制:

①减小固相特征长度,即大块破碎,甚至以粉末的形式加入这些合金元素。

②提高溶解速度,一般对液态合金施加搅拌作用,可以明显地减少边界层的厚度,促进原子扩散速度,提高溶解速度。

③提高加热速度和强度,也有利于缩短溶解时间。

④制成中间合金,减小固相密度。

5.5　合金熔体的细化处理

合金熔体细化处理的目的是获得组织细小的铸件或铸锭,从而提高铸件或铸锭的性能。但是对于细化处理的认识,目前还不统一,主要有两种观点:一种观点认为,向合金熔体中加入少量添加剂,基本不改变其化学成分,而改变其组织的处理为细化处理;另一种观点认为,凡是改变外来晶核数量或改变晶体生长速度的处理为细化处理。

随着熔体细化技术的不断提高,合金熔体的细化技术有了长足的进步,代表熔体细化技术的铸铁合金的孕育细化处理技术、铝硅合金的变质细化技术及球铁的球化处理技术等,已满足不了现代工业对合金性能及处理技术的要求,一大批新的合金熔体细化处理技术正涌现出来。图 5.9 为合金熔体细化处理方法。不难看出,新的熔体细化技术更先进,细化效果也更好。这些细化方法是未来细化处理技术的发展方向。

基于异质形核理论的细化法,是向合金熔体中加入细化剂来形成晶核,从而细化合金组织的方法称为化学法。细化剂主要有三类,即同成分的合金细粉、具有异质晶核的合金和通过反应可形成异质晶核的合金。异质固相颗粒要成为晶核必须满足以下条件:

①与结晶相有良好的晶格匹配关系,从而获得很小的接触角。

②尺寸非常小,高度弥散,并且有高的稳定性。

③不带入任何影响合金性能的有害元素。

同成分的合金细粉细化法是在熔体流入锭模或铸型的过程中,将合金粉末加入熔体,从而使整个熔体强烈冷却。这种方法是控制结晶过程,特别对厚铸件或铸锭结晶过程很有效。这些合金粉末的加入像众多的小冷铁均匀分布在熔体中,使整个熔体得到强烈冷却,同时生成大量晶核,并以很快的速度成长。

基于匀质形核理论的热控法是一种常用的方法。如向铝合金熔体中加入具有 TiB_2 微粒的 Al－Ti－B 细化剂,可以使铝合金组织显著细化。

向铝合金熔体中加入少量的钛时通过反应可形成异质晶核,它将与铝发生反应,形成与 α－Al 具有良好匹配关系的 $TiAl_3$,然后,$TiAl_3$ 与液相再发生包晶反应形成 Al 相。$TiAl_3$ 作为结晶核心,从而细化铝合金的组织。

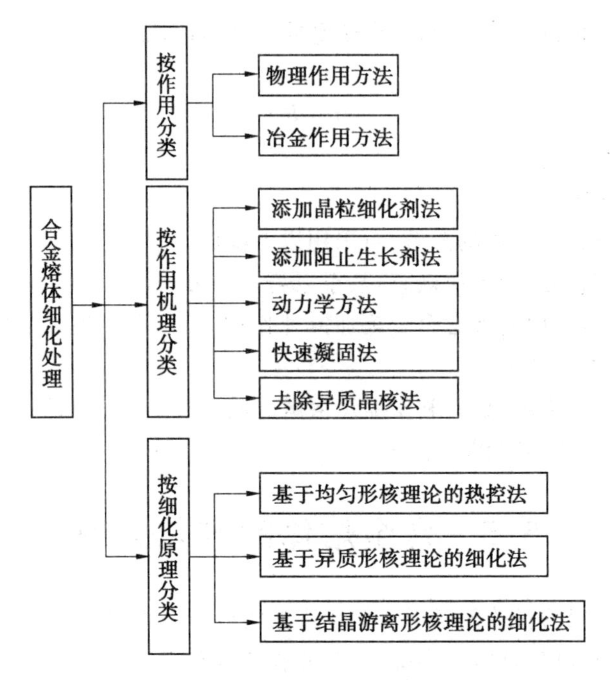

图 5.9 合金熔体细化处理方法

基于结晶游离形核理论的细化法包括：①液面振动细化法，对液面加强振动可以促使结晶游离形核；②电磁搅拌法，对正在凝固的熔体进行搅拌处理，可以显著细化凝固组织；③斜板浇注法，是将合金熔体直接浇到水冷斜板上，使熔体受到激冷而发生部分凝固，这些已凝固的晶体在随后高温熔体的冲刷下发生折断或熔断，进入铸型中成为结晶核心；④铸型振动法，在凝固过程中，振动铸型可使熔体与晶体之间产生相对运动，导致枝晶折断成为晶核，同时促进结晶雨的形成。

目前，广泛采用的细化方法，对于铁合金主要是孕育处理，属于添加晶粒细化剂方法，对于轻合金如铝合金，需要根据铝合金的特征来决定细化方法，对于铝硅合金，则采用变质剂细化法，而对于铝铜合金采用的细化剂为 Al－Ti－B 中间合金，属于添加晶粒细化剂法。此外，球铁的球化处理也属于合金熔体处理的范畴，它可以改变石墨的形态，其目的也是提高铁合金的性能，因此也可以说是一种细化方法。下面对这些传统的细化处理方法逐一进行介绍。

5.5.1 孕育处理原理及方法

铸铁在浇注以前，在一定条件下，向液态合金中加入一定数量的物质（称为孕育剂），用来改善铸铁的凝固结晶过程及结晶组织，从而达到提高性能的目的，这种处理方法称之为孕育处理。对于灰口铸铁和球墨铸铁，孕育处理是其主要的工艺手段之一，但两者的作用和机理又不尽相同。

1. 孕育处理的目的

①通过加入孕育剂，在铁液中形成大量的非均质石墨晶核，从而消除低共晶度铸铁在共晶转变过程中的白口倾向，使其结晶成为具有良好石墨形态的灰铸铁，简而言之，促进石墨

化，减小白口倾向。

②改善石墨形态，使过冷型石墨转变为均匀分布且无方向型石墨，并获得细片珠光体基体，从而提高铸铁的强度。即改善石墨的形态和分布，增加共晶团数量，细化基体组织。

2. 孕育处理对铁液的成分和温度的要求(对母液的要求)

控制孕育处理前原铁液的化学成分和温度是获得最佳孕育效果的必要条件。首先，C，Si含量必须满足使凝固后的铸铁组织处于即将由白口向灰口过渡的临界状态，即处于白口铸铁的边缘，这是由于C，Si含量增大，石墨生核的数量会增加，孕育处理后会进一步引起石墨的粗大化，不利于提高强度；其次，原铁液必须经过过热和静置处理，其原因在于促进石墨晶芽的溶解，削弱生核条件，净化铁液，使某些易于成为石墨生核基底的夹杂物在铁液中上浮或下沉而分离。

3. 孕育剂的分类

目前孕育剂有很多种，可按照以下方法分类：

(1)按孕育剂作用分类。

①石墨化孕育剂：促进石墨化，减少白口，以Si为主，并且含少量Ti，Zr，C等元素的合金，如硅系、碳系。

②稳定化孕育剂：稳定碳化物，促进和细化珠光体，一般由Cr，Mn，Sb，Mo，V等合金组成。

③复合孕育剂：同时具有上述两个方面的作用，可以以Si系为主，加入稳定化系的金属组成。

(2)按照结晶理论分类。

①形核剂。液态金属凝固时会促进非均质生核，起到外来生核质点的作用，如向球墨铸铁中加Mg和Si。

②长大抑制剂。阻碍晶体长大，当其溶解在母液中时，会促进过冷，改善晶体的性质，如灰口铸铁中的$Si-SiO_2$，Ca－Al等。

向铸铁熔体中加入硅铁，可在铁液中形成大量的非均质石墨核心，从而消除低共晶度铸铁在共晶转变过程中的白口倾向，获得细小组织。

4. 孕育机理

孕育机理有以下几个观点：

(1)氧化物晶核孕育说。

氧化物晶核孕育说认为，铁液中的氧化物，其中特别是SiO_2，它是形成非均质核心的主体。这是因为Si和O有高的亲和力，在铁液中能有效地形成SiO_2晶体，而且SiO_2与石墨的(0001)面有共格界面。

(2)碳化物晶核孕育说。

碳化物晶核孕育说认为，晶核可能是碳化物，最有效的可能是CaC_2，并认为这些有效的晶核可能是由工业用的孕育剂中不纯物质所形成。

(3)硫化物－氧化物双重晶核孕育说。

对从球墨铸铁中萃取出来的石墨中的晶核测试分析发现，晶核具有双层结构，其核心为大约 1 μm 的硫化物，由氧化物的外壳包围着。

根据所使用孕育剂成分的不同，晶核具有下列成分：

核心：(Ca，Mg)硫化物或(Sr，Ca，Mg)硫化物。

外壳：(Mg，Al，Si，Ti)氧化物。

在晶核的核心与外壳之间以及晶核与石墨之间的结晶取向关系如下：

晶核：(110)硫化物//(111)氧化物

$[1\bar{1}0]$硫化物//$(2\bar{1}\bar{1})$氧化物

晶核/石墨：(111)氧化物//(0001)石墨

$[110]$氧化物//$[10\bar{1}0]$石墨

5. 孕育处理方法(孕育剂的加入方法)

孕育处理方法主要分为包内孕育、迟后孕育和型内孕育，如图 5.10 所示。

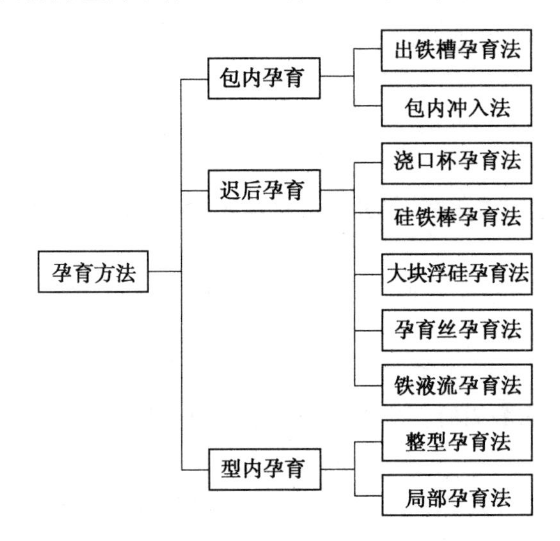

图 5.10　孕育处理方法分类

(1)包内冲入法。

包内冲入法是生产中最常使用的孕育方法。其做法是将孕育剂预先放入包内，然后冲入铁液。这种方法的主要优点是操作简单；但孕育剂易氧化，烧损大，孕育至浇注间隔时间长，孕育衰退严重。

(2)出铁槽孕育法。

出铁槽孕育法是出铁时通过孕育剂料斗将孕育剂加到出铁槽的铁液流中，随铁液一起流入浇包中。这种方法操作比较简单，孕育剂氧化减轻，但孕育衰退同样严重。

(3)浇口杯孕育法。

浇口杯孕育法是将颗粒状或块状孕育剂放入浇杯中，直浇口用拔塞堵住，然后将铁液浇入浇口杯中，使孕育剂溶解，然后拔起拔塞，使铁液进入型腔。这种方法可以有效地解决孕育衰退问题，但同时增加了造型工作量。另外，孕育剂颗粒易漂浮，造成浪费。

(4)大块浮硅孕育法。

大块浮硅孕育法将大块孕育剂放在包底，冲入铁液，使孕育剂边上浮边熔化，铁液表面形成一层富硅区，在浇注时与包底部分的铁液一起进入型腔。这种方法操作简单，衰退小。但要求孕育剂块度与铁液温度、浇包容量相适应，否则孕育效果欠佳。

(5)硅铁棒孕育法。

硅铁棒孕育法浇注时将硅铁棒置于浇包嘴，通过铁液对硅铁棒的冲刷进行孕育处理。这种方法既解决了孕育衰退问题，又解决了孕育剂浪费问题。其不足之处是孕育剂用量难以控制，硅铁棒制造也比较麻烦。

(6)孕育丝孕育法。

孕育丝孕育法是把孕育剂包在空心金属丝内，均匀地送入浇口杯或直浇道的铁液中。这种方法所使用的孕育剂的利用率很高，孕育剂用量可减少到 0.08%以下。此法的缺点是孕育丝成本高，而且需要专门的喂丝设备。

(7)铁液流孕育法。

铁液流孕育法也称随流孕育法，在浇注过程中利用气力或重力将孕育剂加入到铁液流中。这种方法所使用的孕育剂的利用率高，孕育剂用量可减少到 0.1%以下，无衰退。但需要专门设备。

(8)型内孕育法。

型内孕育法是把孕育剂预先置于型内进行孕育的方法。它常常被用作对已孕育过的铁液进行二次孕育处理。这种方法可分为全部孕育和局部孕育。全部孕育是把孕育剂置于浇注系统内，铁液注入时随铁液进入整个型腔，对整个铸件进行孕育处理。局部孕育是在铸型内局部放置孕育剂，从而对铸件局部进行孕育处理。孕育剂可以是特定的块状，也可以是小块或粉状。这种方法的不足之处是易造成渣孔，可靠性较差。

5.5.2　球化处理原理及方法

球墨铸铁一般是接近共晶成分，并往往稍微超过共晶成分。铸铁在加入镁及稀土球化元素后，铁水中的硫、氧等杂质元素的含量大大降低，当球化元素有一定的残余量后，石墨的析出形态就会发生相比于铸铁有重大变化的球状。

1. 球化机理

自从发现球墨铸铁以后，研究者就一直探索球状石墨形成机理，但是由于石墨是在高温下形成的，且现有的检测技术无法对其形成过程进行直接观察，只能对凝固后球状石墨结构和球状石墨形成过程的一些现象进行分析，从而揭示其形成机理。到目前为止，虽然对球状石墨形成机理还没有统一的认识，但是随着检测技术的进步和研究深入，人们的认识在不断地深化，提出了多种球状石墨形成机理。其中具有代表性的球状石墨形成机理有六种学说，即核心说、过冷说、表面能说、吸附说、气泡说和位错说。

(1)核心说。

核心说是于 1950 年提出的，其依据是在石墨中心发现了异质晶核。核心说认为石墨是否长成球状取决于它的结晶核心结构。用镁处理后的铁合金熔体中将形成很多具有立方结构的 MgO，MgS 和 MgC 等化合物，碳原子可以从各个方向以相同的速度结晶，从而形成球状石墨。从凝固理论可知，晶体的最终形状取决于它的生长过程，因此，该学说有一定的片面性。而且近年来对球状石墨内部结构的电子显微镜研究发现，有的球状石墨中心部分却是片状石墨的微晶。

(2)过冷说。

过冷说是于1956年提出的,其依据是凝固过程中球墨铸铁的结晶过冷度比灰铸铁大得多。该学说认为由于球墨铸铁在更低的温度下结晶,碳原子的扩散速度成为石墨生长的限制性环节,而且随着过冷度的增加,铁合金熔体的表面张力增大,更促使生成相朝着比表面积最小的形态方向发展。大的过冷度的确能提高球状石墨的生长的稳定性,但是这并不是石墨长成球状的基本原因。该学说不能解释不同的结晶过冷度下石墨生长机制的差异。

(3)表面能说。

表面能说的依据是铁合金熔体经过镁处理后其表面张力有很大的增加。布鲁特等的测定结果是,灰铸铁熔体的表面张力为80～100 Pa,而镁处理后的表面张力为130～140 Pa。另外,其他研究者还测定了铁合金熔体与石墨基底面的界面能以及铁合金熔体与石墨棱面间的界面能,发现前者小于后者。因此,有人提出了这样的解释,在用Ce或Mg处理的铁合金熔体中,因为铁合金熔体与石墨基底面的界面能小于铁合金熔体与石墨棱面间的界面能,所以石墨沿c轴生长,结果长成球形;与此相反,当铁合金熔体中含有S和O等表面活性元素时,铁合金熔体与石墨基底面的界面能大于铁合金熔体与石墨棱面间的界面能,结果石墨沿a轴生长,结果长成片状。但是,表面能说不能解释纯Fe－C－Si合金在一定的冷却速度下也会得到球状石墨,对于球化衰退现象也无法做出有力的说明。

(4)吸附说。

吸附说认为,如果石墨$(10\bar{1}0)$面吸附有Mg和Ce等球化元素,则石墨沿c轴方向优先生长,石墨长为球状;如果石墨$(10\bar{1}0)$面吸附了O和S等表面活性元素,则石墨沿基面优先生长,最终长成片状。实际上,当铁合金熔体中O和S等元素含量足够低时,石墨就有可能长成球状。

(5)气泡说。

气泡说认为石墨在铁合金熔体中直接形核,以及在生长的初期将受到铁合金熔体巨大表面张力的作用,若无适当的空间条件,则其形核与生长的可能性是极小的,而球状处理时形成许多微小的镁蒸气泡,石墨可在这些气泡内生核,形核可在气－液相界面的多处同时进行。当这些晶核沿基面生长相遇时,石墨将向气泡内侧生长,直至填满内部空间。这时就形成了外部呈球状,内部结构为放射性的石墨球。如果在石墨球附近的铁合金熔体中仍然存在过剩的碳,石墨将向气泡外侧生长。该理论不仅可以解释石墨的结构与形貌,而且可以很好地说明球化衰退现象。但是该学说并不能解释为什么像Ce和Y等汽化温度比铁合金熔体温度高得多的元素也能使石墨球化的现象。

(6)位错说。

位错说认为石墨按螺旋位错的方式生长就会形成球状石墨。从石墨的晶体结构看,其基面(0001)碳原子的联系是共价键,因此,边缘的原子对熔体中的碳原子有很大的亲和力,是石墨沿其基面择优生长。但是实际晶体存在着大量螺旋位错,这些螺旋位错在晶体表面螺旋台阶的旋出口是碳原子或原子集团最有利的位置,使石墨沿螺旋位错生长,最终形成球状石墨。而在生产中所使用的未经球化处理的铁合金熔体,由于硫原子等的吸附,封闭了螺旋位错的生长台阶,是石墨沿$[10\bar{1}0]$晶向择优生长成片状。Ce和Y等球化元素的作用在于消除硫的影响，使螺旋位错的生长台阶重新起作用。

2. 球化元素与球化剂

(1)球化与干扰球化元素。

球化处理方法中的球化元素，通常在元素周期表中第Ⅰ和Ⅱ主族，第Ⅲ副族元素(Na，K，Mg，Ca，Sr，Ba，Y 等)以及镧系稀土元素(La，Ce，Pr，Nd 等)对石墨生长有强烈球化作用；第Ⅳ和Ⅴ主族以及第Ⅵ副族元素(B，Al，Pb，Sb，As，Bi，Sn，Ti 等)在石墨与铁合金熔体之间形成界面层，或与 Mg 等元素化合形成化合物，干扰石墨的球化。第Ⅵ组元素(O，S，Se 等)也属于干扰石墨球化的元素。

(2)球化剂。

①球化剂的选择。

a. 球化能力。

用 Mg 做球化剂时，由于 Mg 的脱 S、脱 O 能力很强，能有效地去除 S，O 的吸附作用，增加铁液的表面张力，使得石墨球化稳定化。另外，能形成分散度很大的 Mg 的硫化物、硫氧化物及碳化物的微粒，这些夹杂物能促进作为石墨核心的 SiO_2 的形成，有利于形成圆整细小的球状石墨。Ce 的球化能力相对 Mg 的差，相对 Y 的更差。

b. 抵抗反球化元素的能力。

铁液中所含的 Al，Ti，Zr，As，Bi，Sb，Pb，Te 等元素会干扰石墨的球化，称为反球化元素，这些元素的含量应加以限制。

c. 抗球化衰退能力。

经球化处理的铁液，随着时间的延长，球化作用会消失，表现为石墨球化率下降，球径增大，圆整度下降，直至变成片状石墨，这种现象称为“球化衰退”。其原因在于：

i 在铁液停留过程中，空气中的氧会不断地进入铁液，并向铁液深处扩散，造成铁液中氧的浓度升高，使铁液中球化元素作用减弱，降低球化剂的残留量。

ii 在球化处理温度下，铁液中残留的 Ce，Mg 与 S，O 之间化合虽然达到了平衡，但铁液在停留过程中温度会下降，这个平衡被打破，Ce，Mg 与 S，O 之间进一步化合，减少球化剂的残留量。

iii 溶解于铁液中的 Mg 具有很高的蒸气压，容易从铁液中脱除，使得残留 Mg 含量下降。

②球化剂的种类。

国内外球化剂的种类非常多，常用的是纯 Mg 和轻稀土 Mg 合金。

a. 纯镁球化剂。

国外经常用纯镁做球化剂，主要是价格低，效果好，但对原铁液中含硫量和反球化元素的含量控制极严。另外，还要使用专门的加镁设备，以保证反应平稳，因此工艺过程复杂，成本较高。

b. 稀土硅铁镁(Fe－Mg－Si)合金。

常用含 Ce，Mg 的硅铁作球化剂，并且 Ce，Mg 相配合，使其既具有球化能力强，又具有可放宽干扰元素含量范围的特点，通常保证 Mg 质量分数小于 8%，加入时反应平稳，无须专用设备，工艺简单。

c. 镁中间合金。

例如，Cu－Mg(50％Cu－50％Mg，或者80％Cu－20％Mg)和Ni－Mg(50％Ni－50％Mg，或者80％Ni－20％Mg)。

d. Y基重稀土镁合金。

Y基重稀土镁合金的特点是抗球化衰退能力强，但由于价格较高，处理量增大时，增加成本，因此一般用于厚大断面铸件，以解决由于在凝固冷却缓慢的条件下，保证良好的抗球化衰退效果。

3. 球化处理方法

球化处理方法包括包底冲入法、型内球化处理法、压力加镁法、钟罩法、转包法等。

(1)包底冲入法。

包底冲入法是在包底部修成堤坝或凹坑，将破碎成小块的球化剂放入凹坑内，并覆盖铁片等以延缓反应速度，使球化处理过程充分进行，并避免球化剂被铁熔体卷出，上浮而裹入熔渣中。包底冲入法主要用于稀土硅铁镁合金球化剂的球化处理方法。其要求处理包的深度与内径之比为1.5～1.8，处理包要预热(600～800 ℃)，铁熔体温度应高于1 400 ℃。此法的优点是设备简单，操作简单；缺点是镁的吸收率低，一般仅有30％～40％，而且烟尘闪光比较严重。目前该方法在国内应用较普遍。

(2)型内球化处理法。

型内球化处理法是在直浇道后设置一个反应室，根据浇注铁熔体的质量，将一定量的球化剂放置在反应室内，当铁合金熔体流过反应室时，发生球化反应。此法的优点是球化元素的吸收率高，达80％以上，工艺简单，降低衰退，利于环保。此法在国外应用较多。

(3)压力加镁法。

浇包是一个压力容器，装有加镁管的包盖与包之间有密封圈。球化处理时产生的镁蒸气充填包内铁合金熔体上部的空间，包内的气压不断增高。随着压力的升高，镁的汽化反应逐渐减弱，同时可使较多的镁溶入铁合金熔体中。压力加镁法的吸收率可达50％～80％，球化质量稳定。因为容器内的压力是靠镁的蒸发而自行建立起来的，故又称为自建压力加镁法。

(4)钟罩法。

钟罩法是球化处理时产生的镁蒸气从钟罩上的孔逸出进入铁合金熔体中，30％～40％被铁合金熔体吸收。这种方法比较简单，但由于是在常压下进行处理，反应仍较剧烈。

(5)转包法。

转包法的反应室内装入纯镁，转包横卧，注入铁合金熔体，然后转包立起，一方面铁合金熔体通过小孔进入反应室与镁作用；另一方面镁受热蒸发通过小孔进入铁合金熔体中。该法镁的吸收率可达70％左右。

5.5.3　变质处理原理及方法

虽然变质处理和细化处理的某些结果相同，如它们都可以使组织细化，但是它们的目的不同，工作原理也完全不同。细化处理是通过增加晶核数量来实现的，而变质处理则是通过改变晶体的生长条件来实现的，因此不能将两者混为一谈。

1. 变质处理原理

纯铝由于其延性好、强度低，因此希望通过加入合金元素来改善其强度。但是加入 Si 以后，不但强度没有提高，延性却大大下降，而加入微量的 Na 和 Sr 等元素后，强度和延性都得到显著提高。分析其原因发现，未加入 Na 和 Sr 等元素之前，共晶硅呈大的片状，加入 Na 和 Sr 等元素之后，共晶硅呈细小的纤维状。

早期的变质机理有过冷学说和吸附薄膜学说，近期的变质机理有孪晶凹谷机制和界面台阶生长机制。

(1)过冷学说。

过冷学说认为变质是由于 Na 增大了合金结晶过冷度的作用。在铝合金中总是存在微量的 P，P 与 Al 有很大的亲和力，它们通常以 AlP 的形式存在，这些 AlP 的晶体结构与 Si 相同，都属于金刚石型，且两者的晶格错配度仅为 0.5%，因此可作为 Si 的结晶核心。加入 Na 以后将发生下列反应：

$$AlP + 3Na = Al + Na_3P \tag{5.89}$$

生成的 Na_3P 则与 Si 的晶体结构不同，这就消除了异质核心，使铝合金过冷至更低的温度才开始以均质生核的方式结晶。在大的结晶过冷度下产生大量 Si 的均质晶核，是共晶硅细化。该学说试图从生核的角度来解释生长问题，所以无法解释共晶 Si 在变质后形态的变化。

(2)吸附薄膜学说。

吸附薄膜学说认为，Na 在 Si 的晶体表面形成一层对 Si 晶体生长起阻碍作用的 Na 吸附薄膜，从而起到变质作用。Na 原子半径相对 Si 来说很大，属于表面活性元素，极易吸附在生长着的 Si 晶体表面上。由于表面活性元素的吸附有选择性，因此，Si 的不同晶面其吸附程度不同，对于生长速度的阻碍程度也不同，Si 晶体的主要生长方向受到的阻碍作用比其他方向更大，最终导致共晶硅长成颗粒状。该学说从影响晶体生长过程来解释变质问题，较过冷学说有所前进。但是近些年研究发现，共晶硅不是分离的细小颗粒，而是带有很多细小分支的 Si 晶体。

(3)孪晶凹谷机制。

硅晶体属于金刚石立方型晶体结构。晶面结构的各向异性使得晶体生长也具有各向异性，其中生长最慢的方向是垂直于最密排的(111)晶面的[111]方向，而沿着非密排面的[211]系列的晶向则生长得较快，而且在硅晶体生长中易于沿(111)晶面生长前沿成 141°角的孪晶凹谷。凹谷处能量较低，容易接受铝熔体中的 Si 原子或由 Si 原子组成的四面体，从而加速[211]晶向的生长速度，导致 Si 晶体长成片状。在 Si 晶体的片状生长过程中会不断产生分枝和改变生长方向，分枝经常与主体产生 70.5°的方向改变，且形成的枝晶仍然保持沿[211]系列晶向的择优生长趋势。分枝是由于当 Si 晶体以辐射状向外生长时，Si 晶体生长端之间的距离不断增加，使原子扩散距离变长，而分枝可使其缩短，从而有利于晶体的生长。晶体不断改变生长方向，则是由于重复产生晶体分枝的结果。Si 晶体产生分枝和改变生长方向的倾向，与合金的结晶过冷度及 Si 晶体生长的孪晶凹谷生长机制是否受到抑制有关。加入 Na 后，以原子状态存在于铝合金熔体中，由于 Na 原子吸附有选择性，使 Si 晶体生长前端的孪晶凹谷处富集 Na 原子，从而降低了 Si 原子在该方向上的生长速度，使孪晶凹谷生长机制受到抑制。当该机制被有效地抑制时，Si 晶体的生长方向即改变为[100]或[110]晶向，只有很少一部分沿着[211]晶向，导致 Si 晶体由片状变为圆断面的纤维状。同时，Na 也促进了 Si 晶体的分枝，使共晶硅由片状变成高度分枝和弯曲的纤维状。激冷，即通过增大冷却速率，增加 Si 晶体生长前沿的过冷度，也可以产生一定的变质效果。其作用在于改变共晶两相的扩散速率，使铝相生长速率的降低程度比硅小。同时，硅相的小晶面结晶倾向随过冷度的增加而减小，当达到临界转变温度时，能形成半各向同性的纤维状生长方式。增大过冷度也有助于促进密集分枝。激冷变质与微量元素变质复合作用会更好。

(4)界面台阶生长机制。

界面台阶生长机制认为，在未变质的铝硅合金凝固过程中，生长中的 Si 晶体表面上只是偶然地存在由孪晶，它的密度极小。而在晶体生长前端存在很多故有的界面台阶。这些台阶成为适于接受铝合金熔体中 Si 原子的场所，从而使 Si 晶体沿着[211]晶向择优生长成板片状。激冷具有变质的作用是由于过冷度增加限制了 Si 晶体的生长的各向异性，因此，晶体的横断面近似于圆形。但是激冷并未改变 Si 晶体以界面台阶作为生长源的机制。Na 的变质作用在于 Na 使 Si 晶体的生长动力学发生了根本的变化。一方面，Na 原子吸附在 Si 晶体生长前端的界面台阶处，消除了界面台阶生长源；另一方面，由于 Na 变质的作用，在 Si 晶体表面上诱发了高密度孪晶，这些孪晶凹谷代替界面台阶来接受 Si 原子，从而构成了硅晶体的生长源。吸附的 Na 原子使相邻晶面上 Si 原子的排列变化，从而在与其垂直的面上形成孪晶。根据理论计算，当尺寸因数 $r_{变质剂}/r_{Si}=1.648$ 时，最适合于形成孪晶，而 Na 的尺寸因数为 1.58，非常接近该值。

孪晶凹谷生长机制和界面台阶生长机制都有大量实验研究作为依据，具有可信性。但两种机制中有一些方面不一致，需要进行进一步的研究。

目前已知能够起到变质作用的元素较多，主要有 Na，Sr，Ba，Bi 和稀土元素等。但是变质存在衰退问题，这是由于 Na 或 Sr 被氧化或与砂型中的水分作用而消失，消失的速度则在一定程度上与变质元素的化学活泼性有关，变质元素的熔点和相对密度对其也有影响。变质元素的加入量和残余量见表 5.1。各元素变质效果见表 5.2。

表 5.1　变质元素的加入量和残余量

变质元素	加入量 (质量分数)/%	变质元素残留量 (质量分数)/%
Na 盐二元变质剂	1～2	0.001～0.003
Na 盐三元变质剂	2～3	0.001～0.003
Sr	0.02～0.06	0.01～0.03
Bi	0.2～0.25	
Sb	0.1～0.5	
Re	1	

表 5.2　各元素变质效果

变质元素	有效时间/h	厚壁敏感性
Na	0.5～1	较小
Sr	6～7	较小
Bi		大
Sb	100	大

2. 变质处理工艺

变质处理工艺的关键是控制变质温度、变质时间、变质剂用量和变质剂操作方法。

(1)变质温度。

对于 Na 盐变质剂，变质剂和铝熔体接触后，发生下列反应：

$$6NaF + Al = Na_3AlF_6 + 3Na \tag{5.90}$$

Na 进入铝熔体中起变质作用。一方面，变质温度越高，越有利于反应的进行，Na 的回收率越高，变质速度越快；另一方面，过高的变质温度浪费燃料和工时，增加铝熔体的氧化和吸气，使合金熔体渗铁，降低坩埚的使用寿命，而且高温下 Na 容易挥发和氧化。因此，变质温度选在稍高于浇注温度为宜。

(2)变质时间。

变质时间取决于变质温度，变质温度越高，变质时间则越短。当采用压盐和切盐法时，变质时间一般由两部分组成，覆盖时间为 10～12 min，压盐时间为 3～5 min。

(3)变质剂用量。

变质剂用量可参考表 5.1 和表 5.2。

(4)变质操作方法。

对于 Na 盐变质剂，精炼后扒去铝合金熔体表面上的氧化皮和熔渣，均匀地撒上一层粉状变质剂，并在此温度下保持 10～12 min。与铝熔体直接接触的那一层变质剂在高温作用下烧结成一层硬壳或变为液体。保持 10～12 min 后，用压瓢将变质剂轻轻地压入铝合金熔体中 100～150 min 处，经过 3～5 min，即可取样检测变质效果。如果采用切盐法，则先将已烧结成硬壳的变质剂在合金熔体表面上切成碎块，然后将碎块一起压入熔体中，直至出现变质效果为止。如果采用搅拌法，可将粉末状变质剂加入铝熔体中进行搅拌，一边加入变质剂，一边搅拌，直至出现变质效果为止。Sr 由于其作用时间长，在国外用 Al－Sr 中间合金进行变质处理比较流行，国内 Al－Sr 中间合金的使用量也有增加的趋势。

3. 变质剂

(1)无公害变质剂。

为了减少污染，相应地发展了几种无毒变质剂，例如：

$$Na_2CO_3 = Na_2O + CO_2 \tag{5.91}$$

$$Na_2O + Mg = MgO + 2Na \tag{5.92}$$

$$CO_2 + 2Mg = 3MgO + 2Na + C \tag{5.93}$$

即

$$Na_2CO_3 + Mg = 3MgO + 2Na + C \tag{5.94}$$

加入量为0.4%～0.5%，操作温度为750 ℃，但是无公害变质剂对铝液有氧化作用。

(2)长效变质剂。

长效变质剂具有可以延长变质的时间，而且具有较好的变质效果，包括Sr变质、Te变质、Ba变质和Sb变质等工艺。

①Sr变质。一般Sr的加入量为0.02%～0.03%，温度为720～730 ℃，可获得较好的变质效果，加入方式采用Al－Sr(Sr质量分数为4%～5%)，Ai－Si－Sr(Sr质量分数为4%～5%)中间合金的方式加入，这种变质时间可保持6～8 h，并且变质后的合金重熔后仍然有变质效果，但变质的孕育时间比较长，一般接近1 h，然后才能有变质效果，并且变质后合金的吸气严重。

②Sb变质。

加入Sb量为0.1%～0.5%，温度为720～740 ℃，孕育期缩短到20 min左右，可以用Al－Sb(Sb质量分数为5%～8%)中间合金的方式加入。

Sb变质的保持时间更长，可达100 h，重熔后仍有变质效果，并且合金的氧化和吸气倾向小，但对于冷却速度非常敏感，快冷时变质作用明显，对于厚壁铸件或者砂型等铸造不适用，只适于薄壁件或金属型铸造。

③Ba变质。

加入Ba量为0.05%～0.08%，温度为760～780 ℃，持续时间可达10 h，重熔后仍有变质效果，并且合金的氧化和吸气倾向小，但对于冷却速度敏感。

④Te变质。

加入Te量为0.05%～0.1%，温度为700～720 ℃，持续时间只有8 h，孕育期为40 min，但对于冷却速度不敏感。

5.5.4　超声细化原理及方法

1. 超声细化原理

超声处理技术是利用超声振动能量来改变物质组织的结构、状态及功能或加速这些改变的过程。对于超声熔体处理细化晶粒机制，国内外学者进行了大量的理论分析和推断，提出了众多理论。目前大多数学者都认为主要是空化效应和声流效应共同作用的结果，主要的理论有以下几方面。

(1)空化破碎理论。

空化破碎理论认为，在空化泡崩溃过程中，局部高温、高压和强烈的冲击波，能熔断并击碎固－液界面初生晶体和正在长大的晶体，而破碎的晶体在声流的搅拌作用下，再次分布到熔体中，提高生核率，从而改变固－液界面的结晶方式，即通过“形核增殖”使晶粒细化。主要的增殖机制有：①机械碰撞，高速运动的微小晶粒和空泡将一次和二次枝晶臂折断，导致晶核增殖；②根部重熔，空化产生的高温或枝晶的温升可能使枝晶熔断；③根部再结晶剥落，声流使流体对枝晶产生弯曲应力，从而促使横穿枝晶根部小角度晶界的扩展，直至熔体的浸入使枝晶剥落。其中，从能量的角度看，根部重熔与再结晶剥落两者结合的可能性最大，但提出空化破碎理论的学者并未提供令人信服的实验结果来验证。

(2)过冷生核理论。

过冷生核理论认为，空化气泡的增大和内部液体的蒸发会降低空化气泡的温度，使附近金属熔液温度瞬时降低，造成局部过冷，减小临界晶核半径，因而在空化气泡的附近形成晶核，使晶核的形核率增加，组织得到细化。还有一种观点也支持了该形核方式，空化产生的高压冲击波能够使局部熔体的熔点显著上升，有效过冷度也随之大大增加，从而提高形核率。

(3)异质活化形核理论。

一些学者依据非均质形核的热力学条件提出异质活化形核理论，推测超声振动能够减少晶体与熔体的界面能，使熔体中的杂质活化成为形核的有效基底，从而也能减少晶核的临界半径，提高形核率。

(4)其他观点。

部分学者的观点认为，由于声流的环流特性，使得金属熔液能够上下翻动，因而使金属熔液在宏观上受到一定的搅拌作用，可明显提高合金液温度场的均匀性，从而使其凝固方式由逐层凝固变为体积凝固，抑制了柱状晶组织的生长，形成了均匀的等轴晶组织。

2. 超声细化主要影响因素

影响超声细化效果的工艺参数主要包括超声波的输出功率、超声处理熔体温度、处理时间、冷却方式、超声变幅杆施振位置、铸型结构和超声发生方式等。

①超声波的输出功率是对金属凝固过程最重要的影响因素。超声处理过程中会形成大量的空化泡，空化泡在超过一定阈值的声压下发生崩溃并产生冲击波，在局部熔体中产生瞬时的高压(10^4 MPa)和高温(10^4 K 左右)，空化泡在崩溃后使晶粒得到细化。声空化形核的气泡临界半径与声压存在以下关系：

$$R_{\min}^3+\frac{2\sigma}{P_0}R_{\min}^2-\frac{32}{27}\frac{\sigma^3}{P_m-P_0}=0 \tag{5.95}$$

式中　$R_{\min}$——一定声压条件下能产生声空化的最小气泡半径；

σ——熔液的表面张力；

P_m——声压幅值；

P_0——静压力。

从式(5.95)可见，声压越大，产生声空化的临界气泡半径越小，则熔体中空化泡越多。按一般规律看，由于空化泡崩溃时的最高温度、最大压力以及崩溃时间都和声压有关，因而增加超声强度，即增大声压，会促进声空化。但声压增大后，非线性作用引起的附加声衰减也随之增大，不利于声空化反应的提高，因此没必要无限制地追求提高辐射声压。而声压越小，产生声空化的临界气泡半径越大，也就是说，如果熔体中的声压不够大，就有不产生空化泡的可能。

因此超声功率越大，声强越大，空化就越容易，有利于细化晶粒；反之，功率过小则产生亚空化现象，不利于细化晶粒。

②当超声处理温度过低时，随着金属凝固的进行，金属液的黏度逐渐增加，空化气泡壁的速度逐渐减小，即空化泡的长大和溃灭将变得极为缓慢。空化作用的细化效果将大为降低甚至消失。

随着凝固过程的进行，金属液黏度不断增加，金属液的流速不断减小，超声波声流的作用也不断减弱，对金属液的扰动减小，细化效果减弱。超声处理温度过低，超声空化效应和声流效应出现降低甚至消失，对细化作用将会变差。

当超声处理熔体温度过高时，一方面，超声作用时间太长会产生很明显的热效应，使凝固组织粗化；另一方面，由于温升，空化泡内的压力将增大，从而使空化强度减弱，使细化作用不明显。

因此，熔体温度过高和过低都会影响超声波对凝固组织的细化作用。对于铝合金熔体，超声处理温度在液相线以上 20～50 ℃范围内具有较佳的细化效果。

③为了获得良好的铸锭结晶组织，合适的超声波振动处理时间对于结晶组织的控制显得尤为重要。李军文等研究了超声波处理时间对铝合金铸锭内的细化影响，发现随着超声波处理时间的增加，铸锭细化率呈现急剧增加的趋势，当增加到一定值后，铸锭细化率变化幅度变小，甚至出现下降趋势。分析认为，当超声振动处理时间较短时，熔体内部的晶核形成还不充分，振动搅拌作用还没有把二次及三次枝晶破碎得更为细小，因此获得的等轴晶区域较小；如果超声波振动处理的时间太长，则产生发热效应，导致金属液温度上升，使原来已经被细化了的枝晶再次重熔，结果铸锭的结晶组织粗化，等轴晶区域减少。所以，只有确定合适的处理时间，才会得到最大的铸锭细化率和微细的等轴晶组织。

④冷却方式在熔体凝固细化过程中起着关键作用。冷却方式分别为炉冷、空冷和水冷时，炉冷得到的晶粒尺寸比空冷得到的尺寸大 7.5 倍，而空冷和水冷得到的晶粒尺寸相差 1 倍左右，冷却方式对超声细化影响较大。

⑤控制好变幅杆与待处理熔体区域的距离非常关键。超声声强的大小决定了空化核心的范围、数量及空化气泡溃灭速度，从而决定了空化的强度与密度，因此提高超声声强将有利于保证超声处理的效果。高强超声在液体中传播时的有限振幅衰减效应很强烈，声压幅随着传播距离的增加而迅速下降，所以在高强超声处理金属熔体时，必须保证超声发射面与待处理熔体区域尽可能接近，从而保证该区域内有足够的空化强度和密度，获得理想的处理效果。由理论计算得知，熔体中的空化区为超声发射面前的一个旋转椭球体，其深度最大值为 0.75λ（λ 为熔体中的声波波长）。实际应用中必须采取适当的工艺措施，以保证熔体各部分都能受到超声场的作用，如不断改变变幅杆端面与坩埚的相对位置，使之与金属熔体充分接触。

⑥按照变幅杆与液体是否接触，产生超声波的方式可分为接触式和非接触式两种。接触导入法是变幅杆与金属液直接接触，在高温及空化反应的作用下，采用普通材质制备的变幅杆腐蚀严重，既降低变幅杆的使用寿命，又造成金属液污染，因此对变幅杆材料要求较高。

如果采用非接触式导入法，则可避免变幅杆直接与金属液接触。有研究者提出一种新的超声波导入方法，即在变幅杆外侧套上线圈，利用电流通过线圈产生电磁力，将变幅杆与铁皮坩埚牢牢地吸在一起，从而将超声波从侧面导入坩埚内的金属液中。该装置的缺陷是设备的有效输出功率偏低。此外就是利用电磁超声波。如能开发出适于工业应用的大功率电磁超声波发生设备，将从根本上解决由机械振动产生的超声波无法在高温领域利用的难点。

⑦铸型的尺寸对铸锭组织微细化率产生直接的影响，选择合适的铸型尺寸才会得到具

有最大细化率和微细等轴晶组织的铸锭。在体积保持不变的情况下，随着铸型直径的增加和高度的下降，铸型底部两端的拐角处出现少量的粗晶。这说明超声波在熔体内传播的过程中不断地衰减，声空化和声流搅拌的作用明显弱化。一般来说，在简单截面形状的铸型熔体内，超声波的弹性振动效果容易形成，可提高铸锭组织的细化效果；而在截面形状较为复杂的铸型内，细化的等轴晶区域则大大减少。

5.5.5 电磁搅拌细化原理及方法

1. 电磁搅拌对合金熔体的作用

电磁搅拌是利用电磁感应产生的电磁力来推动金属有规律的运动，从而减少枝状晶，增加等轴晶率，达到改善合金质量的目的。其实质是借助交变电流产生交变磁场，在金属熔体中产生感应电流，载流金属熔体在磁场中受到洛仑兹力的作用，从而改善金属熔体凝固过程中的流动、传热和迁移过程，达到改善合金质量的目的。实践证明，电磁搅拌技术可以从以下几个方面改善合金的冶金质量。

①有利于非金属夹杂物及气泡的上浮，降低合金内部气泡及夹杂物的含量，提高合金的纯净度。

②加强金属熔体的对流运动，有利于打碎枝晶，形成等轴晶，提高合金的等轴晶率，减少中心偏析、中心疏松和缩孔，改善合金的凝固组织。

③实现了不与金属熔体直接接触而使金属熔体发生强烈对流，避免了金属熔体的二次污染。

④便于控制、操作灵活。通过控制影响感应磁场强度的电参数，可以方便地控制金属熔体的流动状态和半固态浆料的质量。

⑤降低金属熔体的过热度，均匀液相温度场。

2. 电磁搅拌细化机理

电磁搅拌对合金有较强的组织细化作用。对于合金由枝晶生长转化为细小等轴晶生长，其形成机制有以下几种假说。

(1)熔断说。

熔断说认为，电磁搅拌下金属液凝固时虽然搅拌产生的强烈紊流使枝晶一次臂或二次臂端部的溶质富集层变薄以至消失，但是其作用范围难以深入，导致枝晶二次臂根部的溶质高度富集，从而加剧了液相中溶质浓度的微观起伏，只要存在合适的温度条件就可引发枝晶二次臂的迅速熔断。

(2)机械碎断说。

机械碎断说认为，强烈的对流冲刷给枝晶侧臂以极大的剪切力，使侧臂由最细弱的根部即缩颈处断裂并从主臂上脱离，成为二次晶核。

(3)再结晶说。

再结晶说认为，强烈液流冲刷所产生的剪切应力使枝晶侧臂从根部塑性弯曲，在弯曲部位形成晶界。如果横过晶界的两颗晶粒间取向角度差超过 20°，则晶界能大于固－液界面能的 2 倍，此时金属液体将浸润该晶界并渗透进入，最终取代晶界而使侧臂从根部脱离。

上述三种作用机制共同导致了合金初生相微粒向球形或椭球形的形态发展和长大。此外,剧烈的搅拌也导致合金熔体中的热流梯度相对较小,而且固相颗粒的转动,也使得其各个方向的热流梯度趋向一致,这样也促使单个结晶颗粒以等轴生长方式长大。

3. 电磁搅拌细化的影响因素

在影响电磁搅拌的众多因素中,过热度与电磁力大小是其中最为关键的两个因素,两者共同影响最终的冶金效果。过热度过低会带来水口堵塞、夹杂物难以上浮等问题,同时还会影响生产物流;过热度过高又会影响等轴晶质量等问题。所以,电磁搅拌往往需要在一定的过热度范围内才能达到最佳的使用效果。电磁搅拌并不是万能的,必须有相应的稳定工艺做保证,在工艺难以解决的质量问题上,通过使用电磁搅拌可以起到强有力的支撑与辅助作用。

电磁搅拌所涉及的电磁场、流场及热场是工艺及设备研究过程中都必须关注的。对感应电流产生的磁场相对于外部施加电磁场而言,影响往往可以忽略,因此可以认为电磁搅拌相关的技术问题具有单向性,即电磁场影响流场,流场影响热场和凝固过程,这也是分析电磁搅拌相关技术问题的基本思路。因此,对电磁场的分析与计算往往也是解决电磁搅拌众多技术问题的根本与突破口。在生产过程中,对电磁搅拌设备的电磁特性的检测与分析是提高电磁搅拌使用效果和效率的前提。

5.5.6　细化处理新技术

基于均质形核理论的热控法包括熔体的快速冷却技术、熔体的深过冷技术、熔体的热速处理技术、熔体的超高压细化技术等。

1. 熔体的快速冷却技术

众所周知,冷却速度越快,合金熔体的结晶过冷度越大,从而导致生核率提高和组织细小。因此,在可能的情况下,尽量提高合金熔体的冷却速度,可达到细化组织的目的。到目前为止,已开发出多种快速冷却技术,如金属型铸造技术、雾化沉积技术、单双辊技术、激光快速加工技术等。

2. 熔体的深过冷技术

材料在大过冷度下的凝固是一种极端非平衡凝固。一般它是利用快速凝固与熔体净化的复合作用而得到的。快速凝固通过改变溶质分凝(溶质捕获),液、固相线温度及熔体扩散速度等,使合金达到深过冷状态。熔体净化则通过消除异质核心,使熔体达到过冷状态。

3. 熔体的热速处理技术

热速处理是在合金熔化时,将合金熔体过热到液相线以上 250～350 ℃,然后再迅速冷却到浇注温度进行浇注的工艺。过热处理是为了使化合物溶解和合金钝化,消除异质核心,增大结晶过冷度,从而细化组织。

热速处理的关键:一是过热到适当温度;二是快冷至浇注温度,把高温时形成的结构状态保留至低温。过热熔体快冷工艺主要包括异炉熔配法、同炉熔配法、冷料激冷法及熔体激冷法。

4. 熔体的超高压细化技术

超高压细化机理是合金的熔点随着压力的增加而升高。如果将具有不高过热度的熔体置于超高压的环境内，这时合金的熔点将大幅度增加，使整体产生很大的过冷度，同时快速凝固，从内到外都形成细小组织。超声波振动法也属于超高压细化技术。

温度控制法包括两种，即控制熔化温度法和控制浇注温度法。控制熔化温度法的基本思想是在合金熔化时，固相颗粒不会立即消失，在低于液相线的温度范围内，将有大量固相颗粒存在，如果立即浇注，这些固相颗粒便可以成为晶核。控制浇注温度法采取低的浇注温度，一般高于液相线 10～20 ℃，同时控制铸型温度，使铸件组织整体获得细化。

思考题

1. 试论述合金熔体和熔渣、炉衬及气体的相互作用。
2. 影响元素氧化烧损的因素有哪些?
3. 试论述熔体组元挥发机制。
4. 在合金熔体处理过程中，熔体成分变化的主要因素有哪些?
5. 试论述合金熔体细化处理的作用机理和方法。
6. 孕育处理、变质处理及细化处理的异同点有哪些?
7. 铸铁的孕育方法有哪些? 常用的孕育剂有哪些?
8. 球铁的球化方法有哪些? 常用的球化剂有哪些?
9. 铝合金的变质工艺有哪些? 常用的变质剂有哪些?
10. 试论述铸铁的孕育处理原理。
11. 试论述球铁的球化处理原理。
12. 试论述铝硅合金变质原理。
13. 应如何评价孕育处理、球化处理及变质处理效果?
14. 超神波细化的机理是什么? 与其他细化方法有何区别?

参考文献

[1] 章四琪，黄劲松. 有色金属熔炼与铸锭[M]. 北京：化学工业出版社，2005.
[2] 下地光雄. 液态金属[M]. 郭淦钦，译. 北京：科学出版社，1987.
[3] 王祝堂，田荣璋. 铝合金及其加工手册[M]. 3 版. 长沙：中南大学出版社，2005.
[4] 蒙多尔福 L F. 铝合金的组织与性能[M]. 王祝堂，译. 北京：冶金工业出版社，1988.
[5] 王祝堂，田荣璋. 铜合金及其加工手册[M]. 长沙：中南大学出版社，2002.
[6] 杨长贺，高钦. 有色金属净化[M]. 大连：大连理工大学出版社，1989.
[7] 张承甫. 液态金属的净化与变质[M]. 上海：上海科学出版社，1989.
[8] 郭景杰，傅恒志. 合金熔体及其处理[M]. 北京：机械工业出版社，2005.
[9] 王肇经. 铸造铝合金中的气体和非金属夹杂物[M]. 北京：兵器工业出版社，1989.
[10] 孝云祯，马宏声. 有色金属熔炼与铸锭[M]. 沈阳：东北大学出版社，1994.

[11] 董若璟. 铸造合金熔炼原理[M]. 北京:机械工业出版社，1991.
[12]《铸造有色合金及熔炼》联合编写组. 铸造有色合金及其熔炼[M]. 北京:国防工业出版社,1980.
[13] 陈村中. 有色金属熔炼与铸锭[M]. 北京:冶金工业出版社，1988.
[14] 许并社,李明照. 镁冶炼与镁合金熔炼工艺[M]. 北京:化学工业出版社，2006.
[15] 张武城. 铸造熔炼技术[M]. 北京:机械工业出版社，2004.
[16] GUO J J, LIU G Z, SU Y Q, et al. The critical pressure and impeding pressure of Al element evaporation during ISM TiAl process[J]. Metallurgical and Materials Transactions A, 2002, 33A: 3249-3253.
[17] GUO J J, LIU G Z, SU Y Q, et al. Evaporation of multi-components in Ti-25Al-25Nb melt during ISM process[J]. Trans. Nonferrous Met. Soc. ,2002 12(4): 587-591.
[18] LI P Y, JIA J, GUO J J, et al. Melt treatment of Al-7%Si alloy by flux injection [J]. Journal of Harbin Institute of Technology, 1995, 2(4):67-70.
[19] SU Y Q, LIU C, LI X Z, et al. , Microstructure selection during the directionally peritectic silidification of Ti-Al binary system[J]. The 5th International Workshop on Ordered Intermetyallics and Advanced Metallics Materials,2005,13:267-274.
[20] 贾均,赵九洲,郭景杰,等. 难混溶合金及其制备技术[M]. 哈尔滨:哈尔滨工业大学,2002.
[21] 章四琪,黄劲松. 有色金属熔炼与铸锭[M]. 2 版. 北京,化学工业出版社,2013.
[22] 范晓明. 金属凝固理论与技术[M]. 武汉:武汉理工大学出版社,2012.
[23] 陆文华,李隆盛,黄良余. 铸造合金及其熔炼[M]. 北京:机械工业出版社,2002.
[24] 裘立奋. 现代难熔金属和稀散金属分析[M]. 北京,化学工业出版社,2006.
[25]《有色金属工业分析丛书》编委会. 轻金属冶金分析[M]. 北京:冶金工业出版社,1992.
[26] 周文斌. 锆熔体与氧化物型壳的界面反应研究[D]. 南京:南京航空航天大学，2014 .
[27] 刘爱辉. 钛合金熔体与陶瓷铸型界面反应规律及微观机理研究[D]. 哈尔滨:哈尔滨工业大学，2007.
[28] 刘翔鹏. 氧化钇材料与钛合金的界面反应[D]. 沈阳:东北大学，2009.
[29] 陈晓燕，周亦胄，张朝,等. Hf 对一种高温合金与陶瓷材料润湿性及界面反应的影响[J]. 金属学报,2014，50(8)：1019-1024.
[30] 郑亮，肖程波,张国庆,等. 高 Cr 铸造镍基高温合金 K4648 与陶瓷型芯的界面反应研究[J]. 航空材料学报,2012，32(3)：10-22.
[31] 陈晓燕，金喆，白雪峰,等. C 对一种镍基高温合金与陶瓷型壳界面反应及润湿性的影响[J]. 金属学报,2015，51(7)：853-858.
[32] 吴梅柏，郭喜平，武兴君. 铌基超高温合金熔体与陶瓷类坩埚的高温反应[J]. 稀有金属与硬质合金,2007，35(4)：9-14.
[33] 于兰兰,毛小南,张英明,等. 电子束冷床炉单次熔炼钛合金铸锭研究进展[J]. 钛工业

进展，2009，26(2)：14-18.
[34] 陈战乾,国斌,陈峰,等. 2 400 kW 电子束冷床炉熔炼纯钛生产实践及工艺[J].控制金属世界,2009,2 ：39-42.
[35] 卞辉. 3 200 kW 电子束冷床炉熔炼纯钛电子枪工艺参数设置[J]. 钛工业进展,2015,32(5)：38-42.
[36] 王轩. 高能束熔化 TC4 合金微熔池内元素挥发的研究[D]. 哈尔滨:哈尔滨工业大学,2014.
[37] 袁家伟,李婷,李兴刚,等. Mg-xZn-1Mn 镁合金均匀化热处理及扩散动力学研究[J]. 稀有金属，2012,36(3):373-379.
[38] 金军兵,王智祥,刘雪峰,等. 均匀化处理对 AZ91 镁合金组织和力学性能的影响[J]. 金属学报,2006,42(10):1014-1018.
[39] 马志新,张家振,李德富,等. 铸态 Mg-Gd-Y-Zr 镁合金均匀化工艺研究[J]. 特种铸造及有色合金,2007,27(9):559-663.
[40] 刘荣燊. 铸态 AZ61 镁合金铸锭均匀化处理及扩散传质研究[D]. 重庆:重庆大学,2007.
[41] 刘自勇,杨涤心,谢敬佩,等. 均匀化退火对 ZG80Cr2MnMoSi 钢组织的影响[J]. 热处理,2012,27(5):33-36.
[42] 明和，田玉新，蔡海燕,等. 高温均匀化退火对 H13 钢芯棒带状偏析和冲击性能的影响[J]. 金属热处理,2010,35(8):9-14.
[43] 徐盛,刘雅政,周乐育,等. 45CrNiMoV 钢合金元素偏析和均匀化[J]. 材料热处理学报,2014,35(1):146-150.
[44] 何庆兵，吴护林，易同斌,等. 均匀化退火对 32Cr2Mo2NiVNb 钢组织和性能的影响[J]. 金属热处理,2008,33(8):124-126.
[45] 缪竹骏. IN718 系列高温合金凝固偏析及均匀化处理工艺研究[D]. 上海:上海交通大学，2011.
[46] 郭海生,郭喜平. 高温均匀化及时效处理对 Nb-Ti-Si 基超高温合金组织的影响[J]. 稀有金属材料与工程,2008,37(9):1601-1605.
[47] 鞠泉,马惠萍,符鑫丹,等. 铸态及均匀化 Ni-35Cr 基高温合金的热变形行为[J]. 稀有金属材料与工程，2012,41(2):310-314.
[48] 李成，蔡庆伍，江海涛,等. 钇元素及固溶处理对 AZ31 镁合金组织和性能的影响[J]. 机械工程材料,2012，36(1)：11-16.
[49] 田政. 稀土添加及固溶处理对 AM60 镁合金组织及力学性能的影响[D]. 长春:吉林大学，2006.
[50] 李建弘. 稀土元素对 Mg-6Al 合金显微组织及高温拉伸力学性能的影响[D]. 洛阳:河南科技大学，2008.
[51] 刘晓. 稀土 Ce 对 2Cr13 不锈钢组织和性能的影响[D]. 包头:内蒙古科技大学，2007.

第 6 章　合金熔体中杂质的形成及净化处理

铸件中的气孔和夹杂物不但大大降低铸件的力学性能，而且金属液中的气体和夹杂物还会对其铸造性能产生不利影响。含有气体和夹杂物的金属液，其流动性显著降低，抗热裂倾向会因含有气体而降低，铸件凝固时析出的气体反压力阻止金属液补缩，使铸件产生晶间缩松。

为了获得更加纯净的金属材料，研究人员一方面对原材料提出了严格的要求，另一方面对传统的制备工艺及采取辅助工艺措施进行改革。金属净化就是利用冶金物理化学和流体力学原理，采取相应的工艺措施，从金属熔体中分离夹杂物、有害元素和气体的过程。它不仅包含精炼过程，还包括后期的净化等过程。

金属后期净化主要采取过滤净化的方法。过滤净化的基本原理是金属熔体在压强差的作用下，迫使液固两相混合物通过净化介质，使固相（包括液相）夹杂物截流在介质上，从而达到从金属液体中分离出夹杂物和有害元素的目的。

6.1　合金熔体中的气体

气体的来源如下：

①炉料。金属原材料一般溶解一定量的气体，表面也会有吸附的水分、残留的水垢、腐蚀物和锈层等。

②炉气。在非真空熔炼中，炉气中的成分包括 CO，CO_2，C－H 化合物等和空气中的 O_2、N_2、H_2、水蒸气等都会进入液态金属，即使在真空熔炼中，由于金属吸气能力的差别，也会吸收环境中的气体，如 Ti。

③耐火材料。金属熔炼时的容器（坩埚、熔炉）大多采用耐火材料制备，其表面吸附的水分，或与液态金属相互作用后释放的气体都会将气体带入液态的金属中。

④熔剂。许多金属像铝、铜等金属熔化时，需要熔剂保护，如果熔剂含有游离水或结晶水，也会造成液态金属吸气。

⑤操作工具。与液态金属接触的操作工具，如捣料棒、扒渣勺等，其表面吸附的水分也会成为气体进入液态金属。

6.1.1　气体的危害

铸铁中的气体可以以溶解的方式存在，也可以与各元素以各种结合的方式存在，而各种结合形式的化合物对铸铁又有各自的影响，因而气体对组织的影响就比较复杂。

(1)氢。

氢对金属的危害不在于溶解，而在于析出。如果氢在固体金属中仍然保持溶解状态，它与其他合金元素一样具有固溶强化的作用。很多合金元素当含量超过固溶限度时，将出现第二相（元素或化合物），一般也具有危害性。而氢如果超过固溶限度，则出现的第二相是气泡，体积将大大增加，其危害性特别严重。

铝的固液两相中氢溶解度的差值特别大。有资料指出，$C_{液}/C_{固}=19.2$，再加上铝液与水蒸气反应的概率也特别大，因此在生产铝合金铸件时，往往因气孔而报废的比例最大。镁合金虽然与水蒸气的两相溶氢度差别不大（$C_{液}/C_{固}=1.3\sim1.6$），但是凝固后大部分氢可保持固溶状态。虽然固溶元素过多也会使合金脆化，但它的危害性较小。

氢在钢、铁中的影响虽不如在铝中强烈，但各具特点。

氢原子固溶于钢中形成间隙式固熔体，对稳定奥氏体和增加淬透性具有一定作用，并且可在钢的退火时具有防止石墨化的作用。但是氢在钢中还造成很多严重的缺陷，如产生白点、点状偏析、氢脆以及焊缝热影响区内的裂纹等。这些缺陷的危害性远远超过它带来的好处。因此，一般把钢中氢看成是有害元素而采取不同措施防止氢的溶入。

熔炼铸铁时，由于大气中绝对湿度或其他因素的影响，也容易出现含氢过多的现象。氢是反石墨化元素之一，因此，它具有促进碳化物生成的倾向（即白口倾向）。同时，氢又是表面活性元素，容易富集在凝固前沿，当凝固前沿推进时，氢原子最后富集在凝固最晚的部分，促进该部分出现白口，这种现象称为“反白口”。事实证明，球墨铸铁中的反白口常常容易在高温季节出现。这显然是此时的绝对湿度较大的缘故。

铜在凝固过程中也因析出氢气而造成危害。当铜中含氧量较高时，在冷却过程中将析出 CuO，CuO 与析出的氢气反应，即 $CuO+H_2=H_2O(气)+2Cu$，析出的水蒸气和氢具有很大的压力，容易导致晶粒间产生微观裂纹，使铜的性质变脆。这种缺陷称为“氢脆”。

（2）氮。

当铁液中的含氮量大于 100×10^{-6}时，则可形成氮气孔缺陷（像裂纹状的气孔），尤其含量大于 140×10^{-6}时更甚，此时可用加 Ti 的方法来消除它。因为 Ti 有很好的固氮能力，而形成 TiN 硬质点相以固态质点状态分布于铸铁中，氮气的有害作用便可大为降低。

如果在炼钢及钢液处理过程中吸收的氮多，而又不能采取措施将其排除，则在钢液凝固过程中，将析出氮气。氮的一个特点是与某些元素如硅、锆、铝等有较强的化学亲和力，易于生成固态的氮化物（如 Si_3N_4，ZrN，AlN 等）。少量氮化物在钢液凝固过程中能起到非均质结晶核心的作用，具有细化钢的晶粒、提高钢的力学性能的作用。钢中过量的氮在冷却时来不及析出而以过饱和状态存在于钢中，室温下长期放置后将以弥散的细小的氮化物形式析出，使钢的强度和硬度升高而塑性和冲击韧性下降，这种现象称为时效硬化。另外，在 300 ℃左右，大量氮化物在晶界析出也造成钢的“蓝脆”。

但当钢液中氮含量高时，又会使钢的塑性和韧性降低。钢中氮对碳钢力学性能的影响如图 6.1 所示。为了避免氮对钢的性能的不利作用，应尽量控制钢中氮质量分数在 0.02%（200×10^{-6}）以下。

（3）氧。

铁液中的氧对灰铸铁有四方面的影响：①阻碍石墨化，即增高白口倾向，含氧量增高时，组织图上灰、白口的分界线右移。②含氧量增加，铸铁的断面敏感性也增大。③氧增高时，容易在铸件中产生气孔，因为要发生[FeO]+ [C]=[Fe]+ [CO]的反应，反应生成物

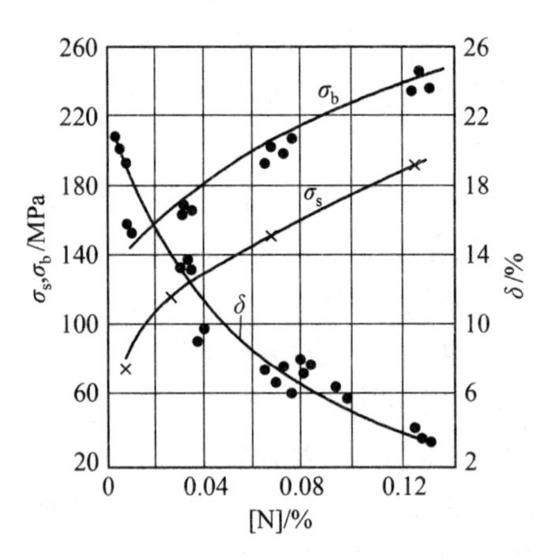

图 6.1 氮对碳钢力学性能的影响

CO 不溶于铁液,高温时可逸出,但随铁液温度的降低,铁液黏度增大,CO 无法逸出,往往留在铸件皮下形成气孔。这种气孔一般呈簇状,位于铸件顶部,在生产上是常见的,铁液氧化严重时更易产生。④增加孕育剂及变质剂的消耗量。

钢液中的氧除了能造成气孔外,还使钢的力学性能减低。由于氧化亚铁在钢液中的溶解度很大,而在固态钢中的溶解度极小,所以当钢液中含有较多的氧化亚铁时,则在钢液的凝固过程中,氧化亚铁便由于过饱和而析出。由于氧化亚铁的熔点比钢低,所以它经常析出在钢的晶粒周界处,减弱晶粒之间的联结,使钢的力学性能降低,特别是钢的塑性和韧性会受到比较明显的削弱。

合金熔体中的气体对其铸件的质量有重要影响,见表 6.1。通常气体在铸件中有三种存在形态,即气孔、固熔体和形成化合物。

以固熔体形式存在的气体,也会降低铸件的韧性。例如,溶解在钢和铜合金中的氢,在一定条件下从固熔体中析出,其析出压力使晶粒间形成须状裂纹,使合金变脆,即所谓的"氢脆"。

液态金属中溶解的气体对其铸造性能也有不良的影响。铸件凝固时,气体析出的反压力阻止金属液补缩,使铸件产生晶间缩松。含有气体的合金液的流动性明显下降。实验表明,含氢 0.8 cm^3/100 g 的铸铁液,其流动性为 52 cm;含氢 4.1 cm^3/100 g 时,则降为 39 cm。

表 6.1　气体在金属液中的形态和对铸件的影响

气体	在液态金属中存在的形态	对铸件质量的影响
氢	氢原子的半径很小，在所有铸造合金中以原子状态溶解，形成含氢的溶液	对铸件极为有害，在铝合金、铜合金、钢合金、铸钢及铸铁件中均能形成氢气孔，在铜合金及铸钢件中也能产生微小裂纹，如铜铸件的“氢病”，铸钢件的“白点”。在凝固期析出时，形成发压力，阻碍收缩
氧	在钢铁合金中以原子状态溶解并形成氧化物 合金 — 生成氧化物 碳钢 — $FeO,MnO,TiO_2,Cr_2O_3,V_2O_3$ 合金钢 — A_2O_3,SiO_2等 铸铁 — FeO,MnO,A_2O_3,SiO_2 铜合金 — $FeO, MnO, A_2O_3, SiO_2, Cu_2O,ZnO,SnO_2,PbO,P_2O_5$ 铝合金 — Al_2O_3,SiO_2,MgO,TiO_2 镁合金 — MnO,Al_2O_3,SiO_2,MgO	各种氧化物均能形成氧化夹杂。铸件凝固时，氧化物在晶界析出，破坏基体的连续性和致密性，降低铸件的力学性能、物理和化学性能，多数的氧化物能增加铸件的热裂倾向性。钢液脱氧不完全，能使铸钢件产生气孔
氮	在非铁合金中一般不溶解，在铸钢和铸铁中能以原子状态溶解或形成氧化物，如 TiN，VN，BN 等	对非铁合金无不良影响，使铸铁件产生气孔，TiN 能使合金钢铸件产生裂纹和石状断口；TiN，VN，BN 在合金钢中能细化晶粒，提高铸件的力学性能
水蒸气	在各种合金中不能直接溶解，但能与金属反应生成氧化物，并析出氢气。如 $Fe+H_2O \longrightarrow FeO+H_2$ $2Al+3H_2O \longrightarrow Al_2O_3+3H_2$ $2Cu+H_2O \longrightarrow Cu_2O+H_2$ $Mg+H_2O \longrightarrow MgO+H_2$	反应生成的氧化物能促使铸件形成氧化夹杂、热裂和气孔；析出的氢气能部分溶解于金属液中，产生气孔或皮下气孔
二氧化碳	在各种合金中不能直接溶解，但能使合金中的 Al，Si，Mg，Zn 氧化，形成氧化物。如 $2Al+3CO_2 \longrightarrow Al_2O_3+3CO$ $Si+2CO_2 \longrightarrow SiO_2+2CO$	在铸件中形成氧化夹杂
一氧化碳	在各种合金中都不溶解	—
二氧化硫	在 Fe—C 合金中不溶解，在 Cu 合金中微量溶解	—

6.1.2　气体在金属液中的溶解

1. 气体的种类及存在形态

在熔体处理过程中，与液态金属接触的气体可分为以下两大类：

①双原子简单气体，如氢(H_2)、氧(O_2)、氮(N_2)等。

②复合气体，如一氧化碳(CO)、二氧化碳(CO_2)、水蒸气(H_2O)、碳氢化合物(CH_4)、二氧化硫(SO_2)、硫化氢(H_2S)等。

气体元素在金属中主要有三种存在形态，即固态、化合物和气态。

若气体以原子状态溶解于金属中，则以固熔体形态存在。若气体与金属中某些元素的亲和力大于气体本身的亲和力，气体就与这些元素形成化合物。气体还能以分子状态聚集成气泡存在于金属中。

存在于合金熔体中的气体主要是氢气、氧气、氮气及其化合物。

2. 气体的溶解

氢原子半径很小(0.37×10^{-10} m)，几乎能溶解于各种铸造合金熔体中。氧是极活泼的元素，能与许多元素化合，多以化合物形态存在于合金熔体中。氮在钢液、铸液中有一定的溶解度，而在铝合金熔体中几乎不能溶解。水蒸气不能直接溶解在金属液中，但它是氧化性气体，能与金属反应生成氢，增加金属的吸气倾向。其他气体如CO、CO_2、碳氢化合物气体等均不能溶解在金属液中。

(1)气体溶解度的表示方法。

在一定条件下，金属吸收气体的饱和浓度即为气体在金属中的溶解度。下面是三种主要气体溶解度的表示方法及相互间换算关系。

①质量百分数。

质量百分数表示100 g金属或合金中所溶解的气体克数。

②质量百万分数(parts per million)。

由于气体在金属及合金中的溶解度很小，故又常以溶解气体达质量的百万分之一时的含量作为溶解度。

③标准体积。

在100 g金属或合金中溶解气体的标准体积(cm^3)。所谓的标准体积即是在标准状态(0 ℃，101.325 kPa)下气体的体积。

气体的各种溶解度单位可以互相换算。假定气体均为理想气体，则按理想气体状态方程式为

$$pV=nRT=\frac{m}{M}RT \tag{6.1}$$

可得

$$m=\frac{pVM}{RT} \tag{6.2}$$

式中　m——气体的质量，g；

M——气体的摩尔质量，g · mol^{-1}；

p——气体的压力，Pa；

V——气体的体积，L；

R——摩尔气体常数；

T——气体的热力学温度，K。

故由式(6.2)可将气体的标准体积换算为相应的质量，并进行溶解度的单位换算。如已知氢气的标准体积为 1 cm^3(即 0.001 L)，氢气的摩尔质量 $M=2$ g · mol^{-1}，而在标准状态下 $p=101.325$ kPa，$T=273$ K，故 1 cm^3(标准)的氢气即相当于

$$m/\mathrm{g}=\frac{101.325\times 0.001\times 2}{8.314\times 273}=0.000\ 09 \tag{6.3}$$

则可得氢的溶解度单位的换算关系：标准体积为 1 cm^3，其质量百分数为 0.000 09%，质量百万分数为 0.9×10^{-6}。

同理可得氮和氧的溶解度单位的换算关系：标准体积为 1 cm^3 的氮，其质量百分数为 0.001 25%，质量百万分数为 12.5×10^{-6}；标准体积为 1 cm^3 的氧，其质量百分数为 0.001 43%，质量百万分数为 14.3×10^{-6}。

气体在金属液中的溶解度可由实验测定，也可由热力学数据计算获得。

(2)气体溶解热力学分析。

从热力学第一定律和第二定律出发，对于真空熔炼过程的反应可以导出两个简单而重要的基本关系。因为在真空熔炼过程中，使用的压力通常很低，焓与压力的关系可以忽略不计，所以这两个关系是简单的。另一个理由是气相一般遵守理想气体定律，即

$$pV=nRT \tag{6.4}$$

从热力学三个最重要的状态函数得到下列关系式：

$$G=H-TS \tag{6.5}$$

式中　G—— 吉布斯自由能，J · mol^{-1}；

H—— 焓(在真空熔炼过程中等于热焓)，J · mol^{-1}；

S—— 熵，J · K^{-1} · mol^{-1}。

对于反应或转变的各个初始物质和最终产物，可得出发生反应或转变的方程式，即

$$\Delta G=\Delta H-T\Delta S \tag{6.6}$$

对于放热反应，即反应放出热量时，ΔH 为负值。ΔG 也常用 ΔF 表示。自由能减少得越多，反应的驱动力就越大。这是熔炼过程中最重要的两个关系式之一，另一个是由式(6.5)推导出的在给定温度下用平衡常数 K 来表示的自由能，即

$$\Delta G_0=-RT\ln K \tag{6.7}$$

式中　ΔG_0—— 标准吉布斯自由能，J · mol^{-1}；

K—— 平衡常数。

(3) 气体溶解热力学模型。

合金熔体中含有间隙元素是不可避免的，但合金熔体中间隙元素溶解度与熔化室内的温度、平衡分压有直接的关系。气氛中的间隙元素(N_2，O_2，H_2) 及水蒸气(H_2O) 首先吸附在合金熔体表面上并分解为原子，然后间隙元素再以原子的形式扩散到合金熔体中。式

(6.8) 为间隙元素在合金熔体中存在的热力学平衡式。平衡常数 K 由式(6.9) 求出。平衡常数 K 与间隙元素的溶解自由能存在着上述的关系,如式(6.10) 所示。

$$\frac{1}{2}O_2 = [O]_{合金} \tag{6.8}$$

$$K_p = \frac{[O]_{合金}}{\sqrt{p_{O_2}}} \tag{6.9}$$

$$\Delta G^0_{合金} = -RT\ln K_p \tag{6.10}$$

式中　$[O]_{合金}$—— 间隙元素在合金熔体中的平衡溶解度;

$\Delta G^0_{合金}$—— 标准状态达到平衡时,间隙元素在钛合金熔体中溶解自由能的变化。

但 $\Delta G^0_{合金}$ 的数值未见文献报道,但通过下面的方法可以间接计算出:

$$\frac{1}{2}O_2 = [O]_{纯金属} \tag{6.11}$$

$$\frac{\Delta G^0_1}{T_1} - \frac{\Delta G^0_2}{T_2} = \Delta H\left(\frac{1}{T_1} - \frac{1}{T_2}\right) \tag{6.12}$$

$$\Delta G^0_2 = T_2\left[\frac{\Delta G^0_1}{T_1} - \Delta H\left(\frac{1}{T_1} - \frac{1}{T_2}\right)\right] \tag{6.13}$$

式(6.11) 为间隙元素在纯金属(如钛、铝、钒等) 中溶解的热力学平衡式。用 ΔG^0,ΔH 表示达到平衡时,间隙元素在纯金属中溶解自由能的变化和焓变。根据式(6.12) 可求出不同温度时,间隙元素在纯金属中溶解自由能的变化 ΔG^0,如式(6.13) 所示。

再根据热力学与统计物理的知识,对任意合金可得到下列关系式:

$$\Delta G^0_{合金} = \alpha_i \Delta G^0_i + \alpha_j \Delta G^0_j + \cdots + \alpha_k \Delta G^0_k \tag{6.14}$$

式中　$\alpha_i,\alpha_j,\cdots,\alpha_k$—— 合金中 $i,j,\cdots,k$ 组员等的活度。

这样就可以求出间隙元素溶解到合金熔体中,在标准状态下达到平衡时溶解自由能的变化。

在非标准条件时,间隙元素在合金熔体中的溶解自由能的变化 $\Delta G^0_{合金}$ 可由式(6.15) 计算,则可得到热力学平衡状态时温度、间隙元素的分压与熔体中间隙元素溶解度之间的关系,即式(6.16)。

$$\Delta G_{合金} = \Delta G^0_{合金} + RT\ln\frac{[O]^2}{p_{O_2}} \tag{6.15}$$

$$[O] = \sqrt{p_{O_2}}\exp\left(-\frac{\Delta G^0_{合金}}{RT}\right) \tag{6.16}$$

复合气体(如 CO,CO_2,H_2O,NH_3,SO_2,H_2S) 均不能直接溶解在金属液中。它们首先要分解成原子,才能为金属所吸收。复合气体在金属中的溶解于单质气体的区别主要在于,溶解组员彼此相关,即

$$X_mY_n(g) = m[X] + n[Y] \tag{6.17}$$

$$[X]^m + [Y]^n = K_p(X_mY_n) \tag{6.18}$$

式中　K_p—— 平衡常数;

$p(X_mY_n)$—— 平衡时 $X_mY_n(g)$ 的气体分压,Pa。

由式(6.18) 可知,$p(X_mY_n)$ 一定时,$[X]$ 增加,$[Y]$ 则减少。在一定温度下,氢在钢液

中的饱和浓度随 p_{H_2O} 的增大而增大，随氧含量的增加而减少。钢液从潮湿的空气中吸氢，表现出明显的脱氧作用。金属液含氧较低时，水蒸气是吸氢的主要途径。

3. 合金熔体吸收气体的过程

吸收气体的过程可分为吸附和扩散两个阶段。

(1) 吸附阶段。

多数金属液和合金熔体都有吸附气体的倾向，吸附形式有两种，即物理吸附及化学吸附。

① 物理吸附。无论液体或固体金属表面层的原子都受力不均，处于不平衡状态，形成一个力场。当气体分子碰撞到该金属表面时，气体分子就被吸引而黏附在金属表面，这种吸附称为物理吸附。

物理吸附最多只能覆盖分子层厚度，气体能否稳定吸附在金属表面，取决于表面力场强弱、温度和压力。若表面力场较大，则易吸满，不易脱离。随着温度的升高或金属表面压力的减少，吸附的气体浓度也就降低，物理吸附速度也缓慢下来。显然，温度较低，压力较大，有利于物理吸附。物理吸附热不大，很快就能达到平衡，吸附的气体层仍处于稳定的分子状态，故不能被金属所吸收。

② 化学吸附。有一些气体，如 H_2，O_2，N_2，H_2O(气)，CO_2 等与金属原子之间有一定的亲和力，使它们在金属表面离解为原子，然后以原子状态吸附在金属表面，这种吸附称为化学吸附。一般金属都有这种吸附形式。

气体是物理吸附还是化学吸附，取决于该气体与金属元素之间的亲和力大小，而不决定于单原子、双原子还是多原子气体。惰性气体，如 He，Ne，Ar，Xe 等虽属单原子气体，但它们与金属原子之间没有亲和力，只能进行物理吸附，而没有化学吸附。

化学吸附能力取决于气体原子与金属原子之间的亲和力的大小。其吸附速度因温度上升而加快，至一定温度时达到最大，继续升温，反而减小。化学吸附不是化学过程，不产生新相，但能促进化学反应。化学吸附与气体溶解于金属中也有所不同，前者的浓度要比该气体溶解的浓度大得多。它是金属吸附气体最关键的过渡阶段。

(2) 扩散阶段。

被吸附在金属液表面的气体原子，只有向金属液内部扩散，才能溶解于金属液中。

扩散过程就是气体原子从气体浓度较高的金属液表面层向气体浓度较低的金属液内部运动的过程，使浓度差趋于平衡。显然，浓度差越大，气体压力越高，温度越高，扩散速度也越大。

综上所述，金属液吸收气体可由以下四个过程组成：

① 气体分子撞击到金属液表面。

② 在高温金属液表面上气体分子离解为原子状态。

③ 气体原子被吸附在金属液表面。

④ 气体原子扩散进入金属液内部。

前三个过程是吸附过程，最后一个是扩散过程。金属液吸收气体时，实际上这四个过程是同时存在的，而其中扩散是关键，因为它决定金属液的吸气速度。完成上述吸气过程也需要一定时间。如果金属液温度越高，未达到饱和浓度以前，气体与金属液接触时间越长，吸收气体就越多,一直达到该状态下饱和浓度为止。

4. 气体在金属液中的溶解度及其影响因素

气体的溶解过程,一直进行到溶解在金属液中的气体与周围介质达到平衡状态为止。通常用气体在金属液中的溶解度来表示平衡状态下金属液中的气体量。在一定温度和压力条件下,金属液吸收气体的饱和浓度,叫作在该条件下气体在金属液中的溶解度。

气体在液态金属液中的溶解度,决定于液态金属液和气体的性质、合金的化学成分、温度以及气体在金属液面上的平衡分压,其关系式可用下列方程(Sievert)表示:

$$S = K_0 \sqrt[n]{P}\, e^{-\frac{\Delta H}{nRT}} \tag{6.19}$$

式中　S—— 气体在液态金属液中的溶解度;

K_0—— 常数;

P—— 气体分压;

ΔH—— 气体溶解热;

R—— 气体常数;

T—— 金属液的热力学温度;

n—— 与气体分子的原子价有关的常数。

对于双原子简单气体,其溶解度公式为

$$S = K_0 \sqrt{P}\, e^{-\frac{\Delta H}{2RT}} \tag{6.20}$$

(1) 金属液和气体的性质。

金属液的吸气能力是由气体的亲和力决定的。气体与金属的亲和力不同,气体在金属液中的溶解度也不同。在一定的温度和压力下,金属液和气体亲和力越大,气体在金属液中的溶解度就越大。如在熔点温度,无论是固态还是液态,氢在 Fe,Mg,Ti,Zr,Ni 中的溶解度都比在 Al 和 Cu 中的高。

蒸气压高的金属,由于具有蒸发去吸附作用,会显著降低气体在液态金属液中的溶解度,如图 6.2 所示。

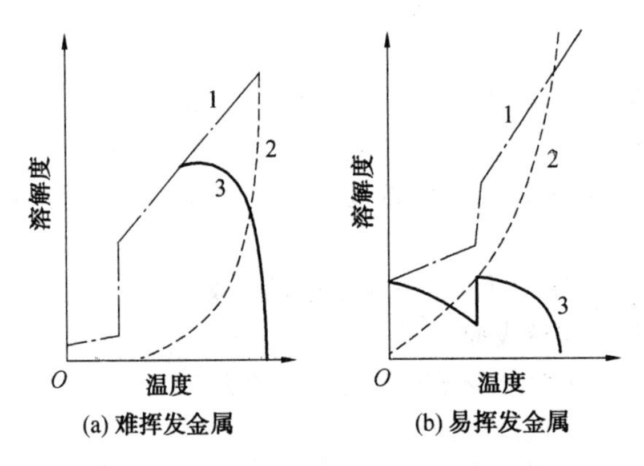

图 6.2　金属的挥发特性对气体在金属液中的溶解度的影响

1— 不考虑金属蒸气压时的溶解度;2— 蒸气压影响溶解度的减少量;3— 受蒸气压影响的溶解度

(2) 压力。

当温度一定时,双原子气体的溶解度 S 与其分压 P 的平方根成正比,这一规律称为双原

子气体在金属液中溶解度的平方根定律，可表示为

$$S = K_1 P^{1/2} \tag{6.21}$$

式中　K_1——气体溶解反应的平均平衡常数，取决于温度、金属的种类，溶解气体的性质及其状态和结构。

碳和氢在钢、铁中的溶解度，以及氢在 Al，Cu，Mg 等金属液和合金熔体中的溶解度均服从平方根定律。在生产中，常利用平方根定律来控制气体在金属液中的溶解度，从而减少铸件气孔的产生。

(3) 温度。

当气体分压一定时，气体在金属液中的溶解度公式可以写成

$$S = K_2 e^{-\frac{\Delta H}{2RT}} \tag{6.22}$$

式中　K_2—— 与压力有关的常数。

当压力不变时，温度对溶解度的影响取决于溶解热(图 6.3)。气体在金属液中溶解过程为吸热反应时，溶解热 ΔH 为正值，则气体溶解度随温度的升高而增大，Fe，Al，Cu，Ni，Mg 等金属及其合金溶解氢都属于这一类。

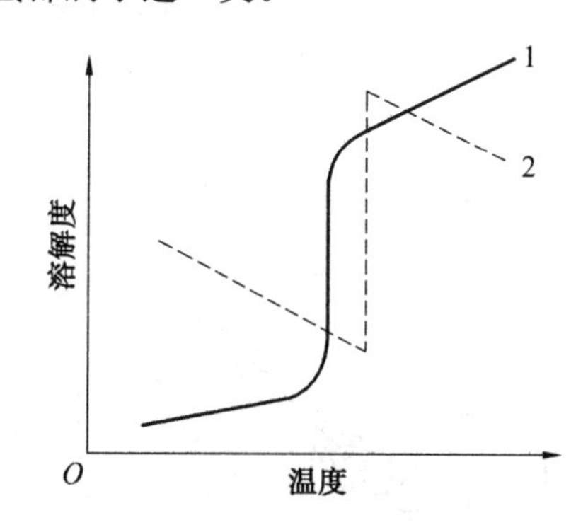

图 6.3　热效应和温度与气体溶解度关系示意图

1— 吸热溶解；2— 放热溶解

当气体溶解过程是放热反应时，ΔH 为负值，则溶解度随温度的上升而降低。Ti，Zr，V，Ce 等金属溶解氢以及 Al，Ti 等金属溶解氢就属于这类情况。

氮和氢在铁中的溶解度与温度的关系如图 6.4 所示。可以看出，氮和氢在液态铁中的溶解度均随温度的升高而增大，在 2 200 ℃ 和 2 400 ℃ 左右，其溶解度分别达到最大值，继续升温后由于金属蒸气压快速增加，气体的溶解度急剧下降，至铁的沸点(2 750 ℃) 溶解度变为 0。当液态铁凝固时，氮和氢的溶解度突然下降；在晶型转变时，溶解度也发生了明显的突变。

由图 6.4 还可以看出，氮和氢在面心立方晶格(γ－Fe) 中的溶解度比在体心立方晶格(α－Fe 和 δ－Fe) 中长大，这是由于面心立方晶格的间隙大于体心立方晶格的间隙所致。此外，氮在 γ－Fe 中的溶解度随温度的升高而减小，其主要原因在于氮与铁所形成的氮化铁(Fe_4N) 在高温时不稳定，随着温度的升高，γ－Fe 中的氮化铁将发生分解，致使氮的溶解度降低。

氮在铝、铜及其合金中的溶解度一般都比较低。因此在铝、铜精炼时可借助于氮气去除

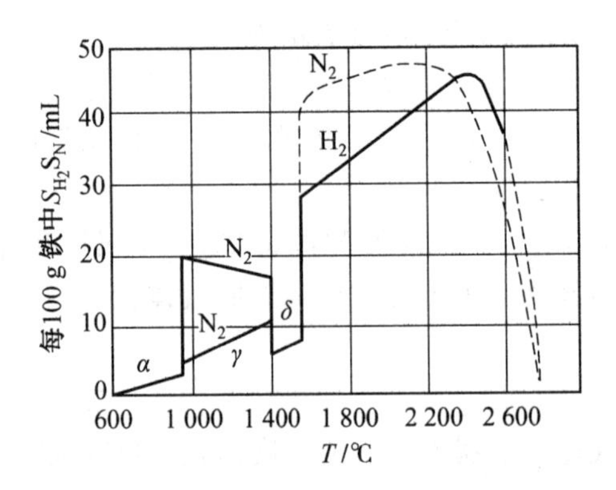

图 6.4　氮和氢在铁中的溶解度与温度的关系

(P_N = 0.1 MPa, P_H = 0.1 MPa)

金属液中的有害气体和杂质。

氧通常以氧原子和 FeO 两种形式溶入铁液中。氧在铁液中的溶解度随温度的升高而增大,如图 6.5 所示。室温下 α－Fe 几乎不溶解氧。因此,铁基金属中的氧绝大部分以氧化物(FeO,MnO,SiO_2,Al_2O_3 等)和硅酸盐夹杂物的形式存在。

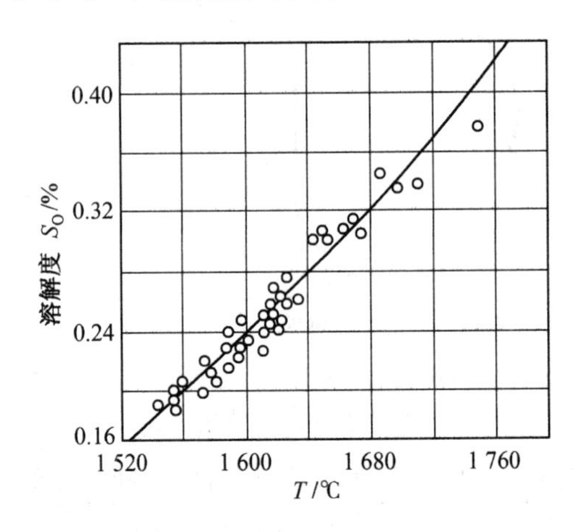

图 6.5　铁液中氧的溶解度与温度的关系

(4) 合金元素。

气体的溶解度除了受温度和压力影响外,还受到合金元素的影响。合金成分对溶解度的影响在于它们与气体元素的相互作用,使气体的活度系数发生变化,凡增加气体的活度的合金元素,都减少该气体在合金中的溶解度。

合金元素对氮、氢在铁液和铁基合金中溶解度的影响如图 6.6 所示。由图可见,氮、氢的溶解度均随碳质量分数的增加而减少,因此铁液的吸气能力比钢低。

若某些合金元素能与气体化合形成稳定化合物(氮化合物、氢化合物、氧化合物),却又不溶于该金属,形成化合物的这部分金属原子则失去吸气能力,气体的溶解度降低;若某些合金元能与气体化合,生成的化合物又溶解于金属液中,则使气体溶解度增加。

合金液与水蒸气接触时,其中脱氧能力强的金属元素与水蒸气作用还原出氢原子,并溶

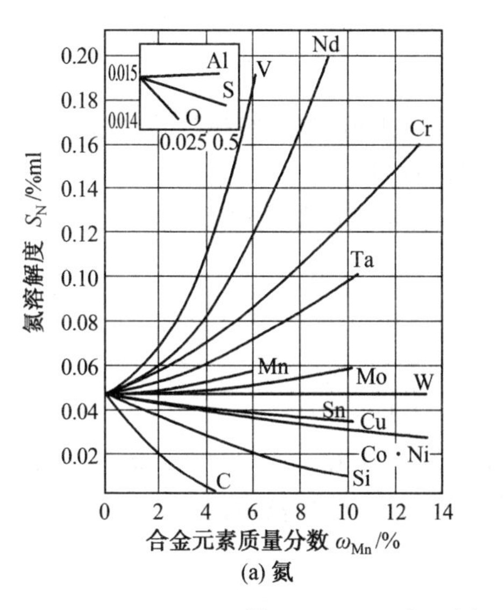

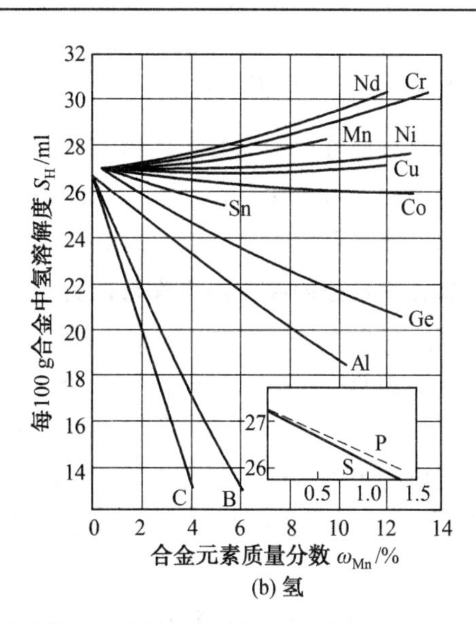

图 6.6　1 600 ℃ 时在二元系铁合金中的溶解度

解于合金液中，增加合金液的吸气量。例如，钢液中存在微量的 Al 时，会加速水蒸气在钢液表面分解，从而增加氢在钢液中的溶解。而钢液中含有易挥发的 Mg 时，能提高钢液的蒸气压，使气体溶解度显著降低。在不同水蒸气分压下，钢液中[H] 和[O] 的关系如图 6.7 所示。

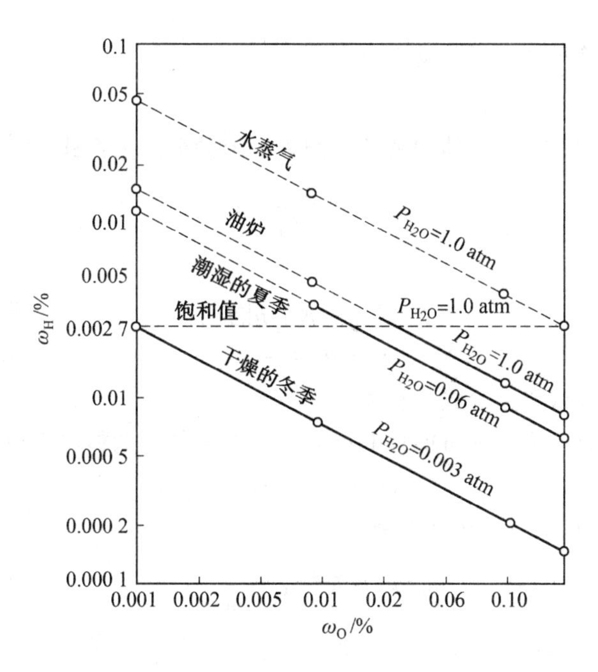

图 6.7　不同水蒸气分压下，钢液中[H] 与[O] 的关系

6.1.3　气体的析出

气体在金属液中的溶解和析出是可逆过程。气体析出有三种形式:① 扩散逸出;② 与金属内的某元素形成化合物;③ 以气泡形式从金属液中逸出。

除气方法可以分为三大类,即化学反应除气、非化学反应除气和混合除气。

1. 有化学反应的除气热力学与动力学

(1) 有化学反应的除气热力学。

加入元素与气体原子之间的反应式可写为

$$aM + b[H] = M_aH_b \tag{6.23}$$

该反应能否进行取决于自由能(ΔG) 的变化:$\Delta G < 0$,反应自发进行;$\Delta G = 0$,反应处于平衡状态;$\Delta G > 0$,进行可逆反应。也就是说,自由能的变化负值越大,反应的推动力越大。

(2) 有化学反应的除气动力学。

有化学反应时,除气动力学过程包括三个阶段:① 除气剂的溶解和与气体原子相互扩散接触阶段;② 除气剂与气体原子发生反应形成含气体原子的化合物;③ 含气体原子的化合物(气态或固态) 长大和排除阶段(上浮或下沉)。

含气体原子的化合物如果是气态,则可以用前面的公式进行分析;如果是固态,则可以用 Stokes 公式来描述。

2. 非化学反应的除气热力学与动力学

(1) 非化学反应除气热力学。

西华特定律给出了气体在熔体中的浓度与表面上的分压关系式,为

$$K_p = \frac{[O]_{合金}}{\sqrt{p_{O_2}}} \tag{6.24}$$

如果以氢为例,可写为

$$[H] = K_{H_2} p_{H_2}^{1/2} \tag{6.25}$$

$$K = A/T + B \tag{6.26}$$

式中　A,B—— 常数,与合金的成分有关。

根据该定律可以分析除气的可能性和极限。氢在熔体中的析出反应可写为

$$H_2 = 2[H]$$

那么,在一定温度和压力下达到平衡时,有

$$\Delta G^{\theta} = -RT\ln\left(\frac{[H]^2}{p_{H_2}}\right) \tag{6.27}$$

若熔体中氢含量一定,而氢气的实际分压为 $p_{H_2}^1$,这时平衡就要遭到破坏,自由能变化为

$$\Delta G = \Delta G^{\theta} + RT\ln\left(\frac{[H]^2}{p_{H_2}^1}\right) = -RT\ln\left(\frac{[H]^2}{p_{H_2}}\right) + RT\ln\left(\frac{[H]^2}{p_{H_2}^1}\right) = RT\ln\left(\frac{p_{H_2}}{p_{H_2}^1}\right) \tag{6.28}$$

当 $p_{H_2} > p_{H_2}^1$ 时,$\Delta G > 0$,反应式(6.28) 将向左进行,即溶解在熔体中的氢将自动排除

进入气体空间；当 $p_{H_2} < p_{H_2}^1$ 时，$\Delta G < 0$，反应式(6.28)将向右进行，即气体空间的氢将自动向熔体中溶解。因此，将合金熔体置于氢分压很小的真空中或通入惰性气体，就有除气的驱动力，氢分压越小，驱动力越大。

在工业生产中，通常将 N_2，Ar 等惰性气体吹入熔体中，一开始由于气泡内部完全没有氢气，即 $p_{H_2}^1 = 0$，因此，气泡周围的熔体中溶解的氢原子向气泡内扩散，然后随气泡一起上浮逸出熔体进入气体空间。

(2) 非化学反应除气动力学。

非化学反应除气分为两种情况：一种是能形成氢气泡的除氢过程；另一种是不能形成氢气泡的除氢过程。

① 能形成氢气泡的除氢动力学。

能形成氢气泡的除氢过程包括三个阶段：首先是气泡的形核；然后是气泡的生长和上浮；最后是气泡的逸出。

a. 气泡的形核。在熔体中，气泡的形核必须满足以下条件：

(i) 合金熔体中溶解的气体处于过饱和状态而具有析出压力 p_g。

(ii) 气泡内气体压力大于作用于气泡的外压力，即

$$p_{H_2} \geqslant p_{at} + P_m + \frac{2\sigma}{r} \tag{6.29}$$

式中　p_{H_2}—— 气泡中氢的压力，kPa；

p_{at}—— 合金熔体上方气相中压力，kPa；

σ—— 合金熔体的表面张力，N/cm；

r—— 气泡的半径，cm；

P_m—— 气泡上方合金熔体液柱静压力，kPa。

$$P_m = 0.1\rho g H \tag{6.30}$$

式中　ρ—— 合金熔体密度，kg/cm^3；

g—— 重力加速度，m/s^2；

H—— 气泡上方合金熔体液柱高度，cm。

随着熔体中氢含量的降低，p_{H_2} 变小，在熔池深度 h 处，t 时刻如果有

$$p_{H_2} = p_{at} + P_m + \frac{2\sigma}{r} \tag{6.31}$$

则在熔池深度 h 以下的合金熔体中气泡将无法形核。此时氢的极限含量可表示为

$$C_m \geqslant k\left(p_{at} + P_m + \frac{2\sigma}{r}\right)^{1/2} \tag{6.32}$$

式中　C_m—— 氢的极限含量；

k—— 常数。

在熔池深度 h 以下的合金熔体中，除氢只能依靠扩散进行。由于合金熔体中总是含有非金属夹杂，则称为氢气泡的形核基底，这时 $2\sigma/r$ 可忽略不计，可简化为

$$C_m \geqslant k\ (p_{at} + P_m)^{1/2} \tag{6.33}$$

通过一系列实验，测得 C_m 值，求出 k 值，即可作出图 6.8 中阴影区域内，铝熔体中含氢量高于平衡状态含氢量，又高于 C_m 值，因此，在此区域内将析出氢气泡。在阴影区下面，熔池

深度加大，C_m 值相应增大，铝熔体中含氢量将低于 C_m 值，已不能产生气泡，但仍高于平衡状态含氢量，将通过扩散除氢。

b. 气泡的上浮与长大。气泡一旦形成，在密度差的作用下降上浮。上浮的速度可由 Stokes 公式计算，即

$$v = 2r^2 \frac{\rho_1 - \rho_2}{9\eta} g \tag{6.34}$$

式中　v—— 气泡上浮的速度，cm/s；

r—— 气泡的半径，cm；

ρ_1—— 合金熔体的密度，g/cm^3；

ρ_2—— 气泡的密度，g/cm^3；

η—— 合金熔体的动力黏度，N · s/cm^2。

这里需要指出的是，气泡与夹杂等不同，它的体积可以变化。在上浮过程中，一方面外压不断减小，另一方面，氢不断地向气泡内扩散，使气泡内氢的原子数增加，两方面原因都将导致气泡体积的增大，即气泡半径的增大。

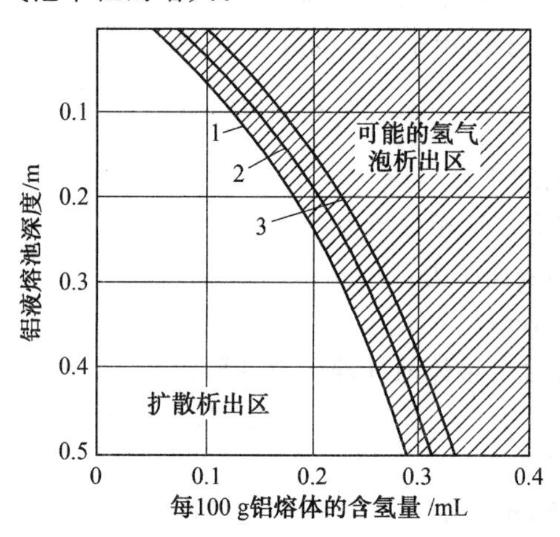

图 6.8　700 ℃ 时熔体中气泡存在的极限深度

曲线 1 为 P_m = 13.33 Pa；曲线 2 为 P_m = 133.32 Pa；曲线 3 为 P_m = 1 333.2 Pa

c. 气泡的逸出。熔体中气泡通过表面逸出是除气的最后阶段，表面通常都有氧化膜，因此，气泡逸出的速度取决于表面上存在的氧化膜的种类和厚度等。

② 不能形成氢气泡的除氢动力学。

不能形成氢气泡的除氢主要指通过形成其他种类气泡来除氢，如吹氮气和氩气等。其动力学过程主要包括三个阶段：

a. 气体原子从合金熔体内部向熔体表面或气泡表面迁移。

b. 气体原子从溶解状态转变为吸附状态，并在吸附层中发生反应，生成的气体分子从表面脱附。

c. 气体分子扩散进入气体空间或气泡内。

在通常情况下，第三阶段进行很快，不会成为控制环节。

③ 影响气泡除氢的因素。

a. 温度的影响。温度的影响体现在两个方面：一是改变气体原子从合金熔体内部向熔体表面或气泡表面迁移阶段的扩散系数；二是改变界面气体原子挥发阶段的速度。随着熔体温度的升高，两个阶段的速度都增加，因此，总的除气速度也增加。

b. 气泡上浮速度的影响。气泡上浮速度的影响也包括两方面，即气泡上浮速度对除氢速率的影响和气泡上浮速度对除氢时间的影响。从气泡上浮关系式可以发现，气泡上浮速度越快，气体原子从合金熔体内部向熔体表面或气泡表面迁移的速度也越快，界面气体原子挥发阶段的速度也越快。这时因为气泡上浮速度越快，熔体与气泡的相对速度越大，熔体界面层更新的速度越快，使与气体接触的熔体表面始终保持较高的气体含量或较大的浓度梯度。但是，气泡上浮速度越快，气泡在熔体中停留的时间越短，除气量将减少。总的除气量是增加还是减少，取决于气泡上浮速度对除氢速率和除氢时间的综合影响。

c. 气泡半径的影响。从相关理论可知，气泡的半径增大，气体原子从合金熔体内部向熔体表面或气泡表面迁移阶段的速度将下降。这时因为气泡的半径越大，与气泡接触的熔体从气泡顶点流到底部的时间越长。在此过程中，熔体表面的气体含量越来越小，表面区的浓度梯度也越来越小。同时，气泡的半径越大，气泡上浮速度也越快，除气时间将缩短。

d. 气泡的总表面积与其分布的影响。很显然，气泡的总表面积越大，除气的效果越好。但是气泡的分布也起很重要的作用。如果气泡的总表面积很大，但是集中在熔体中某一局部区域，其他区域熔体中的气体原子只能依靠扩散向气泡迁移。因为气体原子在熔体中的扩散速度与气泡上浮速度相比较慢，导致不与气泡接触且与气泡有一定距离的熔体无法除气。

e. 时间的影响。在一般情况下，处理时间越长，除气量越多。从前面所述可知，除气速度随时间增加而变得越来越小。

f. 影响除氢的因素还有气体本身和合金熔体的性质等。

6.1.4　熔体除气原理与工艺

1. 旋转喷吹除气法

(1) 旋转喷吹除气法的原理及工艺过程。

旋转喷吹除气法是采用专门设计的旋转吹头吹出惰性气体对铝合金熔体作用，通过旋转吹头旋转，形成位于铝合金熔体深处位置的气、液两相旋涡运动，得到的气泡细小且均匀分布，细小的气泡在上浮过程中会将熔体内的氢及夹杂带出液体表面，以此达到精炼的目标。图 6.9 为旋转喷吹除气法原理示意图。

旋转喷吹除气法在目前是最先进和有效的导入气体的方法，随着环境保护意识的增强和铸件质量要求的提高，旋转喷吹除气法被越来越多的铸造工作者所青睐，其广泛的应用是一项突破性的成就，它使铝合金熔体净化的质量提高到一个新的水平，并且是纯物理净化，不污染环境。

旋转喷吹除气法在除气过程中，其核心技术为旋转吹头，采用不同的旋转吹头，可以获得不同大小的气泡。现有的技术可以产生大小为 mm 级别的气泡，旋转吹头旋转速度采用 300 ～ 500 r/min，吹出气体的压力采用 2 ～ 3 个大气压力。这种方法也具有一定的缺点，首先其除气效率一般在 70% 左右，气泡大小达不到 μm 级别。虽然可以通过提高旋转吹头

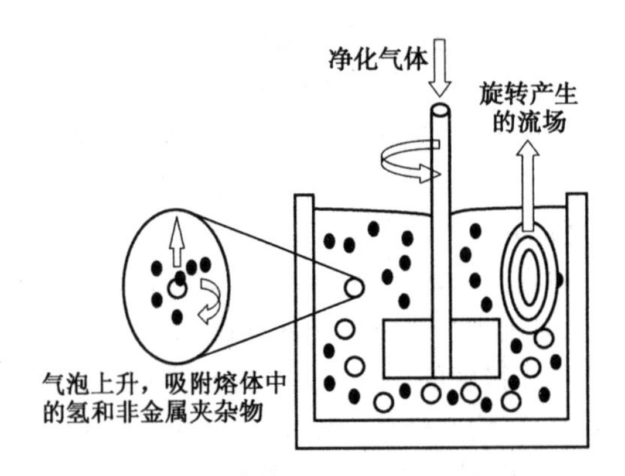

图 6.9　旋转喷吹除气法原理示意图

旋转速度的方式打碎气泡，让气泡更细小，但是旋转吹头旋转速度过高后，会引起合金熔体的翻腾而导致吸气现象的产生，还会引起合金熔体中心区域压力降低而导致合泡现象的产生。通过模拟结果可知，无法仅通过改变工艺参数实现除气效率质的提高。

(2) 铝合金熔体旋转吹气除气过程热力学分析。

在铝合金熔体旋转吹气除气时，当净化气体进入铝合金熔体后，会在其中形成不含氢的气泡，此时气泡中的氢分压 p_H 为 0，因此氢在净化气体气泡的化学势如下：

$$\mu_H = \mu_{HO} + RT\ln\left(\frac{p_H}{P_{HO}}\right) = -\infty \tag{6.35}$$

式中　μ_H—— 氢气在净化气体气泡的化学势；

μ_{HO}—— 氢气的标准态化学势；

p_H—— 氢气在净化气体气泡中的分压，Pa；

P_{HO}—— 标准压，Pa。

假设氢在铝合金熔体中的浓度为 $C_{[H]}$，则其在铝合金熔体中的化学势如下：

$$\mu_{[H]} = \mu_{[H]O} + RT\ln C_{[H]} = \text{常数} \tag{6.36}$$

式中　$\mu_{[H]}$—— 氢在铝合金熔体中的化学势；

$\mu_{[H]O}$—— 氢的标准态化学势。

由式(6.35) 和式(6.36) 可知，氢在铝合金熔体中的化学势高于其在净化气体气泡中的化学势，则溶解在铝合金熔体中的氢将向净化气体气泡内扩散；随着扩散的进行，两者化学势差的值逐渐减小，扩散驱动力逐渐减小；当两者化学势差为 0 时，扩散达到平衡状态，铝合金熔体含气量不再变化。

2. 超声除气法

(1)超声净化法的原理及工艺。

在超声波净化法的原理上，多数学者认为其除气机理主要是超声空化，而陈铭等进一步提出了空化诱发的浓度、压力和温度梯度传质促进除气的观点。其工艺参数对超声除气的影响是近年来超声除气的研究热点，如美国的 Xu Hanbing 认为超声除气适合小体积熔体，葡萄牙的 H. Puga 认为超声功率和作用时间是除气关键，伊朗的 R. Haghayeghi 等认为工艺参数应利于空化泡的产生和存在，我国的李晓谦认为较低的超声波频率更利于除气。在超声波净化新技术的研究上，国内外的研究者已开始关注超声波净化与其他净化结合的复合净化新技术的研究。超声除气设备示意图如图 6.10 所示。

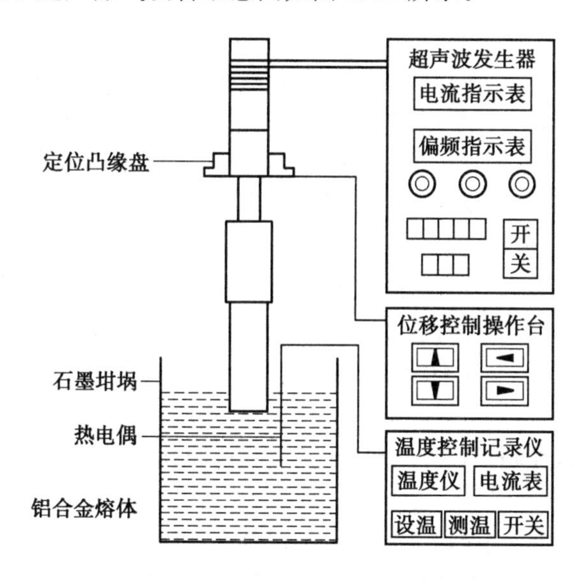

图 6.10　超声除气设备示意图

超声波在被引入铝合金熔体中时会引起熔体质点的振动。质点在脉动变化的声压强作用下，会发生拉伸和压缩的循环运动。若声压强达到某个定值，那么铝合金熔体受到的对应拉应力也达到某个足够大的值，就会导致质点间的平均距离持续增大，直到超过所对应的极限距离值，则铝合金熔体的完整性就会被打破，从而产生空穴。产生的空穴继续受到脉动的声压强作用，在紧接着的声场正压相段，已经膨胀的空穴被重新压缩，如此不断作用，空化泡可保持在振荡状态，但也有部分空化泡会发生崩溃。单个空化泡在铝合金熔体中的典型运动阶段主要包括膨胀与收缩阶段、振荡保持阶段以及崩溃阶段。

影响超声波空化的因素很多，从内外因上大致可以分为两类，即铝合金熔体本身物化参数和超声波工艺参数。铝合金熔体本身物化参数主要包括熔体黏度及熔体表面张力。在通常情况下，铝合金熔体的黏度和表面张力越小，超声波空化越容易发生和发展。超声波工艺参数主要是超声波频率和超声波功率。当其他参数不变时，超声波频率越高，空化泡的对应振幅就越小，空化过程越不易发生。因为频率越高，空化泡膨胀和压缩时间都减少，不能形成完整的空化过程。而当保持其他参数都一定的条件时，若持续增大超声波功率，则空化泡的对应振幅持续增大，空化运动持续增强。

(2)铝合金熔体超声波除气过程动力学分析。

铝合金熔体超声波除气过程是一个动力学过程，主要包括以下几个步骤：

①由于超声波空化作用在铝合金熔体中形成空化泡核。

②溶解在铝合金熔体中的原子态[H]向空化泡核的表面扩散并被吸附。

③在空化泡表面上原子态[H]转变为分子态 H_2。

④分子态 H_2 通过界面层扩散进入空化泡中。

⑤部分长大的空化泡在浮力作用下从熔体表面逸出，部分空化泡发生崩溃。

上述超声波除气过程大致可以概括为三个阶段：第一阶段，即步骤①，为空化泡的形核阶段；第二阶段，即步骤②、③和④，为空化泡的长大阶段；第三阶段，即步骤⑤，为空化泡的逸出和崩溃阶段。

第一阶段，空化泡的形核阶段。该阶段在超声波除气过程中占有很重要的地位，因为在铝合金熔体中空化泡核越容易形成，其数量越多，下一阶段的空化泡相对就越多，对除气也就越有利。然而，当气泡核半径很小时，其受到熔体表面张力的作用，其中的气体会向周围熔体扩散，使气泡核消失。所以，在正常条件下，半径较小的气泡核难以在熔体中形成。但在某些特殊情况下，空化泡核能稳定存在于熔体中。

①由于铝合金熔体很难做到完全纯净，因此其中或多或少地会存在一些氧化夹杂物颗粒。通常，这些杂质颗粒表面会存在较多缺陷，能吸附少量的气体；同时，由于熔体表面张力和气体曲率半径为负，这些气体能稳定存在。在超声波作用下，气体曲率半径由负变正，形成气泡核。

②已形成的气泡核在超声波作用时，在某一超声波强度下发生崩溃，被解离成许多小的空化泡核。

第二阶段，空化泡的长大阶段。该阶段是铝合金熔体超声波除气的关键，因为只有空化泡的不断长大，才能减少铝合金熔体的氢含量。在铝合金熔体中，溶解的原子态[H]向空化泡核的表面的传质速度为

$$V_{[H]}=k(C_l-C_s) \tag{6.37}$$

式中　$V_{[H]}$—— 氢在铝合金熔体中的传质速度，kg/(s · m^2)；

k—— 氢的传质系数，m/s；

C_l—— 铝合金熔体中的氢浓度，kg/m^3；

C_s—— 某时刻空化泡表面的氢浓度，kg/m^3。

在空化泡的表面发生的转变反应方程式如下：

$$2[H]\longrightarrow H_2 \tag{6.38}$$

其反应速率可表示为

$$v_{H_2}=\frac{1}{A}\cdot\frac{dn_{H_2}}{dt} \tag{6.39}$$

式中　v_{H_2}—— 空化泡的单位表面积上 H_2 的生成速度，kg/(s · m^2)；

A—— 空化泡的表面积，m^2；

dn_{H_2}/dt—— 单位时间内生成的 H_2 摩尔数量，kg/s。

在界面上完全进行时，有如下关系式：

$$V_H=\!=\!=V_{[H]} \tag{6.40}$$

可得

$$\frac{1}{A}\cdot\frac{dn_H}{dt}=k(C_l-C_s) \tag{6.41}$$

经整理，得

$$\frac{dn_H}{dt}=Ak(C_l-C_s) \tag{6.42}$$

由式(6.42)可以看出，在空化泡长大阶段，步骤 ③主要由氢在铝合金熔体中的扩散速度(即步骤 ②)和空化泡的表面积所决定。熔体中氢浓度和空化泡表面氢浓度差越大，空化泡的表面积越大，单位时间内在空化泡的表面生成的 H_2 就越多，随后扩散进空化泡中的 H_2 也相应增多。利用超声波除气时，由于超声波的脉动作用，空化泡会发生膨胀和压缩，导致其气泡半径发生变化，从而改变空化泡的表面积。当空化泡处在膨胀阶段时，空化泡内的即时压强比平衡态空化泡内的压强要小，在分压差作用下，铝合金熔体中溶解的气体就会扩散到空化泡中；膨胀阶段时，气泡半径变大，表面积也变大，则表面吸附的气体量增加，单位时间内扩散进空化泡内的气体也相应增多。而当空化泡处在压缩阶段时，空化泡内即时压强大于平衡态气泡内的压强，气体从空化泡内向铝合金熔体中扩散，但此时空化泡半径减小，则其表面积减小，单位时间内气体从空化泡表面向熔体中扩散的量也减小。

同时，有关研究认为：空化泡壁周围存在一层一定厚度的液态薄壳层。当空化泡处在膨胀状时，液态薄壳层也处于膨胀状态，薄壳层厚度减小且小于平衡态时的薄壳层厚度，则其间的浓度梯度变大，气体从铝合金熔体向空化泡内的扩散速率变大，单位时间内进入空化泡内的气体量增多；而当空化泡处在压缩阶段时，液态薄壳层的厚度增加，则其间的浓度梯度减小，气体从空化泡内向熔体中的扩散速率减小，单位时间内气体向熔体中的扩散量也减少。该过程是步骤④的控制环节。可见，上述两个过程都使在相同时间内膨胀阶段进入空化泡的气体总量大于压缩阶段离开空化泡的气体总量，从而使空化泡能持续长大。

第三阶段，空化泡的逸出和崩溃阶段。在超声波脉动过程中，部分空化泡发生聚合作用，结合成更大的气泡，在浮力作用下，最终能逸出熔体表面，带走其中的气体，从而实现对铝合金熔体的除气作用。但还有部分空化泡在上浮过程中，由于超声波脉动作用使气泡表面变薄，在膨胀阶段发生破裂而崩溃，其对铝合金熔体超声波除气也具有一定的促进作用。

3. 真空除气法

(1)微热管法真空获取技术。

抽真空法可以获得较稳定的热管真空度，真空度高，是当前制造微热管的主流工艺方法。根据抽真空除气技术中真空获得和工质充入工序的先后区分，抽真空除气技术可以分为抽真空后充液技术和充液后抽真空技术。

抽真空后充液法先对微热管腔体抽真空，达到预定真空度后向微热管内部充入液态工质。因此，不存在工质随不凝性气体排出而损失的情况，通过对系统定标后，可以获得较高的真空度和精确的充液量。

充液后抽真空法类似于沸腾排气法，在不凝性气体排出时携带一定的工质流失。但由于抽真空法是在室温下进行作业的，而且工质在抽真空过程初期快速挥发，工质蒸汽带走大量热量而使被抽微热管温度急剧下降，通常可从室温下降至 5 ℃以下。水在 5 ℃时的饱和蒸气压 $p=872$ Pa，蒸发速率 $v=0.98$ mm/s，是 100 ℃时蒸发速率的 1%。因此，充液后抽真空法完全可以对充液率进行精确控制。

沸腾除气法对操作手法和数量程度要求很高，其在制备大尺寸、大充液量的工业热管中可以达到性能要求，但在制备小尺寸热管时，尤其是应用于微电子产品的微热管，由于充液量微小，通常小于 1 mL，常出现工质完全损失，真空度更是无从控制。因此，沸腾排气法并不适用于微热管的制造。因此，当前微热管制造中较常用的是抽真空法。抽真空法包括抽真空后充液技术和充液后抽真空技术，能较精确地控制充液量和真空度，适合微热管制备。

由上述对微热管抽真空法两种工艺的介绍可以发现，微热管在进行抽真空除气工艺时，其环境温度都要远远低于微热管的工作温度(50～70 ℃)。根据真空下材料的吸附性和放气性，随着温度的升高，原来吸附在材料表面、溶解于工质中的微量不凝性气体都会释放出来污染真空。因此，经过抽真空的热管，理论上都会存在少量的不凝性气体。为了去除这部分不凝性气体，需要将微热管加热到其设计工作温度以上，使不凝性气体完全脱附和释放。微热管正常工作一段时间后，不凝性气体会在微热管的冷凝段积聚，此时可以将微热管进行二次封口，将不凝性气体隔离出来，获得高真空度的微热管。这就是微热管的二次除气技术的基本原理。

(2)铝液真空除气热力学分析。

在铝合金的熔炼过程中，空气中的水蒸气易与铝合金在液气界面发生如下反应：

$$\frac{2}{3}Al_{(l)}+H_2O_{(g)}=\!=\!=\frac{1}{3}Al_2O_3+2[H] \tag{6.43}$$

反应生成的氢一部分进入金属液中，一部分扩散到气相中。在气液相界上的平衡反应式为

$$H=\!=\!=\frac{1}{2}H_2 \tag{6.44}$$

根据 Sievert 定律，氢在铝液中的浓度 C_H 与氢在气相中的分压力 p_{H_2} 的平衡关系为

$$C_H=K\sqrt{p_{H_2}} \tag{6.45}$$

式中　C_H——氢的浓度，ml/100 g；

p_{H_2}——氢在气相中的分压，Pa；

K——西维尔常数。

对于温度为 720 ℃的铝合金液，K 可取 3 .95 $\times10^{-3}$ ml/(100 g · $Pa^{-1/2}$)。

大量研究表明，铝液表面上方氢气分压与水蒸气分压有关。现令平衡常数

$$k=p_{H_2}/p_{H_2O} \tag{6.46}$$

式中　p_{H_2}，p_{H_2O}——铝液表面上方氢和水蒸气的平衡分压。

可以计算出温度为 298 K 时 K 值为 1.48×10^{10}。

在温度为－45～60 ℃时，根据饱和水蒸气压公式有

$$\ln p_{H_2O}=\ln 611.2+\frac{17.62t}{243.12+t} \tag{6.47}$$

由式(6.47)可以计算出在常压条件下、温度为 25 ℃时，饱和水蒸气分压为 3 160 Pa 。在快速抽真空的过程中，可假定抽出的水蒸气和空气量的比例保持不变，则在大气相对湿度为 60%压力为 0.08 MPa 条件下，铝液表面上方水蒸气分压降低至 379.2 Pa。可计算出铝液中氢含量为 7.7×10^{-2} ml/100 g。而通常在大气压条件下经 C_2Cl_6 精炼后的铝合金液，其氢含量大约为 0.3 ml/100 g。在大气压下与真空条件下，铝液氢浓度的差值即构成氢在铝液中析出的传质驱动力。可见，从热力学角度看，真空除氢的潜力是很大的。

在铝液真空除氢的过程中主要的氢析出是通过气泡逸出实现的，液气表面的氧化膜对气泡逸出的阻碍作用有限；对于氢气在气相中的迁移过程，由于在调压铸造条件下是不断在

抽气，氢气在气相中形成强烈的对流，在理想状态下可以视氢气在气相中均匀混合，并被控制在较低的分压水平，即氢气泡脱离液面所需的时间可以忽略。

因此，在调压铸造的真空除气动力学过程分析中，主要考虑氢气泡在铝液中长大并上浮到液面的过程。

6.2　合金熔体中的夹杂物

夹杂物是指金属液内部或表面存在的与金属液成分不同的物质，它主要是由渣、氧化物、硫化物、氮化物以及硅酸盐等形成的。这里的夹杂物主要指的是非金属夹杂物。

6.2.1　夹杂物的形成

1. 夹杂物的来源

夹杂物主要来源于原材料本身的杂质以及金属在熔炼、熔体处理过程中与非金属元素或化合物发生反应而形成的产物。夹杂物的来源主要有以下几种：

①原材料本身所含有的夹杂物，如金属炉料表面的黏砂、氧化锈蚀、随同炉料一起进入熔炉的泥沙、焦炭中的灰分等，溶化后变为熔渣。

②熔体在脱氧、脱硫、孕育和变质等处理过程中，产生大量的 MnO，SiO_2，Al_2O_3等夹杂物。

③液态金属与炉衬、浇包的耐火材料以及熔渣接触时，会发生相互作用，产生大量的 MnO，Al_2O_3等夹杂物。

④在熔体处理过程中，因金属液表面与空气接触，其表面很快形成一层氧化膜，当其受到紊流、涡流等破坏而卷入金属中，可形成二次氧化夹杂物。

2. 夹杂物的分类

按夹杂物的来源可分为内在夹杂物和外来夹杂物。前者是指在熔炼、熔体处理过程中，金属液与内部非金属发生化学反应而产生的化合物；后者是指金属液与外界物质接触发生相互作用所产生的非金属夹杂物。

按夹杂物的组成可分为氧化物、硫化物、硅酸盐等。常见的氧化物夹杂有 MnO，SiO_2，Al_2O_3，FeO；硫化物夹杂有 FeS，MnS，Cu_2S；硅酸盐是一种玻璃体夹杂物，其成分较复杂，常见的有 $FeO \cdot SiO_2$，Fe_2SiO_4，Mn_2SiO_4，$FeO \cdot Al_2O_3 \cdot SiO_2$。几种氧化物的熔点和密度见表 6.2。几种硫化物的熔点和密度见6.3。

表 6.2　几种氧化物的熔点和密度

化合物	FeO	MnO	SiO_2	TiO_2	Al_2O_3	$(FeO)_2 \cdot SiO_2$	$MnO \cdot SiO_2$	$(MnO)_2 \cdot SiO_2$
熔点/℃	1 370	1 580	1 713	1 825	2 050	1 205	1 270	1 326
密度(20 ℃)/($g \cdot cm^{-3}$)	5.80	5.11	2.26	4.07	3.95	4.30	3.60	4.10

表 6.3　几种硫化物的熔点和密度

夹杂物	熔点/℃	密度/($g \cdot cm^{-3}$)
Al_2S_3	1 100	2.02
MnS	1 610±10	3.6
FeS	1 193	4.5
MgS	2 000	2.8
CaS	2 525	2.8
CeS	2 450	5.88
Ce_2S_3	1 890	5.07
LaS	2 200	5.75
La_2S_3	2 095	4.92
LaS_2	1 650	5.75

夹杂物按形状可分为球形、多面体、不规则多角形、条状及薄板形、板形等。氧化物一般呈球形或团状。同一类夹杂物在不同合金中有不同形状，如 Al_2O_3 在钢中呈链球多角状，在铝合金中呈板状；同一夹杂物在同种合金中可能存在不同的形式，如 MnS 在钢中有三种形态，即 MnS－Ⅰ型（球形）、MnS－Ⅱ型（枝晶间杆状）及 MnS－Ⅲ型（多面体结晶型）三种形态（图 6.11）。

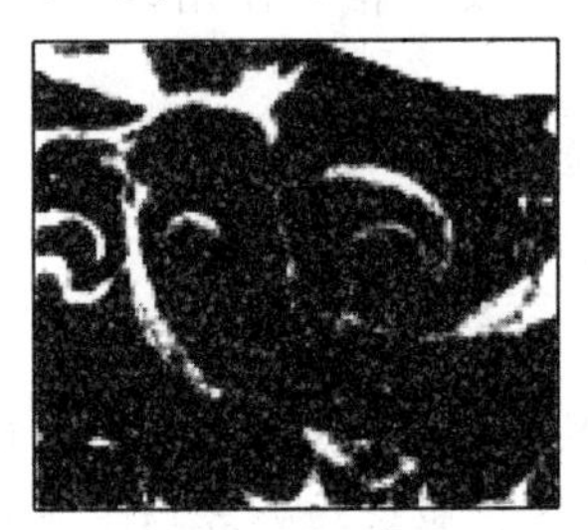
(a) MnS－Ⅰ型（球形）

(b) MnS－Ⅱ型（枝晶间杆状）

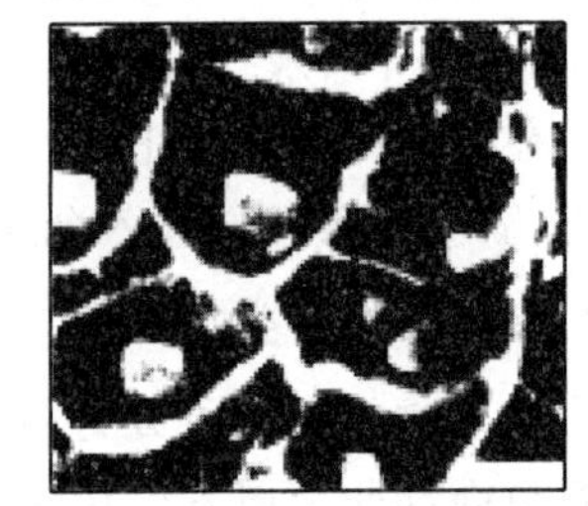
(c) MnS－Ⅲ型（多面体结晶型）

图 6.11　钢中 MnS 夹杂物的三种形态

此外，还可以根据夹杂物的大小分为宏观和微观夹杂物；按熔点高低分为难熔和易熔夹杂物等。

3. 夹杂物对铸件质量的影响

（1）非金属夹杂物对合金力学性能的影响。

非金属夹杂物的存在破坏了铸件的均匀性和连续性，因此使铸件的强度、塑性、韧性和抗疲劳性能下降。非金属夹杂物对力学性能的影响与其成分、性能、形状、大小、数量和分布等有关系，硬脆的夹杂物对铸件的塑性和韧性影响较大；夹杂物越近似球形，对铸件的力学性能影响越小；夹杂物呈针状或带有尖角时能引起应力集中，促使微裂纹的产生；当夹杂物呈薄膜包围晶粒四周时，能引起金属严重脆化。

（2）非金属夹杂物对铸造性能的影响。

金属液内含有悬浮状难溶固体夹杂物将显著降低它的流动性。易熔夹杂物(如钢铁中的 FeS)分布在晶界,往往是引起铸件热裂的主要原因之一。如上所述,夹杂物还会造成局部残余应力。收缩大、熔点低的夹杂物(如钢中的 FeO)将促进微观缩孔的形成。有些夹杂物也促进气孔形成,当它比基体收缩大时(如铁中的 MnS)也将产生收缩气孔,如图 6.12 所示。

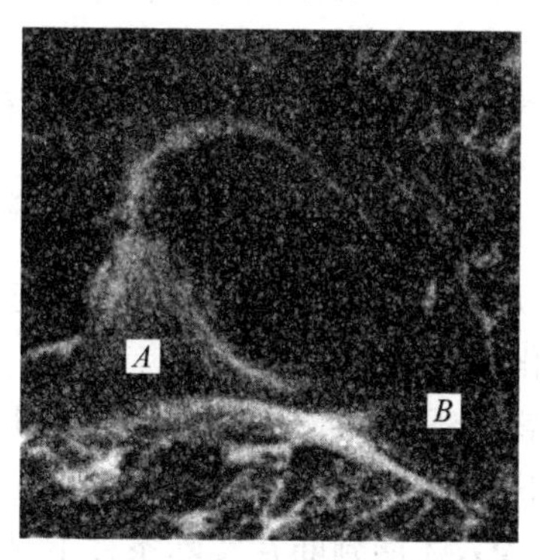

图 6.12　ZG40Cr 中 MnS 夹杂引起的气孔

在某些情况下,合金熔体中夹杂物对铸件组织和性能还会有好的作用。例如,一些存在于液体金属中的高熔点超显微夹杂物质点(如 Al_2O_3)在铸件凝固时还能够作为非均质形核的晶核,细化铸件组织;钢中氮化物(如 TiN)、碳化物,铸铁中的磷共晶,可提高材料硬度,增加耐磨性。易切钢中若含有微量 Ca,S,形成球形硫化物,枝晶在 10 μm 以下,分布在晶内,对钢的力学性能影响不大,但却能大大改善钢的切屑性。因此,通过控制夹杂物的数量、大小、形态和分布,对消除和减轻其有害作用具有重要意义。

4. 氧化夹杂形成的热力学

合金熔体总是要与炉气和坩埚以及其他溶剂、熔渣等接触,而炉气和坩埚以及其他溶剂、熔渣等中都含有氧气或含氧化合物,如炉气中的氧气和水蒸气以及一氧化碳气体等。这些氧气和水蒸气以及一氧化碳气体等能否与合金熔体发生反应形成氧化夹杂,形成什么种类氧化夹杂物以及最多形成多少氧化夹杂,都是由金属与氧的亲和力决定的,并与合金成分和温度及压力等条件有关。金属的氧化趋势可以用氧化物生成自由焓变化 ΔG 来表示。下面分别介绍在标准和非标准两种条件下金属氧化的热力学。

(1) 标准条件下金属氧化的热力学。

金属液在标准条件下(1 个大气压,凝聚相不形成溶液)与 1 mol 氧作用生成金属氧化物的自由焓变量成为氧化物标准生成自由焓变量 ΔG^0。例如:

$$2m/n\mathrm{Me} + \mathrm{O}_2 = 2/n\mathrm{Me}_m\mathrm{O}_n \tag{6.48}$$

$$\Delta G^0 = -RT\ln K_\mathrm{p} = -RT\,\frac{a_{\mathrm{Me}_m\mathrm{O}_n}}{a_{\mathrm{Me}_m}\,p_{\mathrm{O}_2}} \tag{6.49}$$

如果假定氧化物和金属的活度为 1,那么有

$$\Delta G^0 = RT\ln p_{\mathrm{O}_2} \tag{6.50}$$

ΔG^0 不但可以用来判断标准条件下金属氧化的趋势,而且可以判断标准条件下不同氧化物形成的可能性和稳定性。通常在合金熔体中,不同元素氧化的趋势取决于 ΔG^0 的大

小。某一金属氧化物的 ΔG^0 越负，则该金属与氧的亲和力越大，氧化反应的趋势也越大，氧化物就越稳定。

研究表明，ΔG^0 值只取决于温度。由摩尔比定压热容 C_p 和焓变量 ΔH^0 导出的 ΔG^0 与温度 T 的关系式通常是多项式，为了方便计算和作图，一般经回归分析处理得出适用于一定温度范围的二项式，即 $\Delta G^0 = A + BT$。由各种元素氧化反应的 $\Delta G^0 - T$ 关系可知，氧化物 ΔG^0 越低，它的稳定性越大。

金属液可以被炉气中的氧气直接氧化，也可以被其他氧化剂间接氧化。这种反应可写为

$$Me + MO = MeO + M \tag{6.51}$$

该反应的热力学条件是 $\Delta G^0_{MeO} < \Delta G^0_{MO}$，即 Me 对氧的亲和力大于 M 对氧的亲和力。

(2) 非标准条件下金属氧化的热力学。

在合金熔化过程中，许多氧化还原反应是在非标准条件下进行的，即在实际合金熔体中，反应物和生成物的活度均不为 1，气相也不是 1 个大气压，所以不能按上述标准状态处理。只有精确计算实际反应的 ΔG，才能判断在实际条件下氧化还原反应的方向和限度。

当炉气中氧的实际分压为 p'_{O_2}，反应的自由焓变量为

$$\Delta G = \Delta G^0 + RT\ln Q_p = RT\ln p'_{O_2} - RT\ln p_{O_2} = RT\ln \frac{p'_{O_2}}{p_{O_2}} \tag{6.52}$$

当 $p_{O_2} > p'_{O_2}$ 时，$\Delta G < 0$，反应才能自发正向进行。大气中氧的分压为21 278.25 Pa (0.21 atm)，而在熔化温度下，大多数金属氧化物的分解压都很小，例如，在 1 000 ℃时，Cu_2O 的 p_{O_2} 为 $1.013\ 25\times10^{-2}$ Pa(10^{-7} atm)；在 750 ℃时，Al_2O_3 的 p_{O_2} 为 $1.013\ 25\times10^{-41}$ Pa(10^{-46} atm)。因此，在大气中熔化合金时氧化反应不可避免。

5. 氧化夹杂形成动力学

熔化过程中合金熔体氧化是一个复杂的多相反应，它既包括炉气与熔体之间的反应，又包括陶瓷坩埚与熔体之间的反应等。在此只简单介绍炉气与熔体之间的反应动力学。该氧化过程首先在熔体表面进行。氧分子首先碰撞到熔体表面，并吸附在合金熔体表面，然后与合金熔体发生反应形成一薄层氧化膜。此后整个氧化过程由以下几个主要环节组成：

①氧由气相通过边界层向氧与氧化膜界面扩散。气相中氧主要是依靠对流传质而不是浓度差扩散，成分比较均匀。在氧与氧化膜界面附近的界面处，氧主要依靠浓度差扩散。

②氧通过固体氧化膜向氧化膜－合金熔体界面扩散。

③在合金熔体与氧化膜界面上，氧与合金熔体发生反应形成氧化物，使氧化物层不断增厚。

合金熔体的氧化是一个连续的过程。但是三个环节的速度相差很大，最慢的环节将成为限制性环节。在合金熔体处理过程中，气流速度较快，常常高于形成边界层的临界速度，因而，外扩散一般不是限制性环节。内扩散和化学反应两个环节中哪一个是限制性环节通常取决于氧化膜的性质。而氧化膜的主要性质是其致密度，即 Pilling－Bed－worth 比 a，a 为氧化物的分子体积 $V_{氧化物}$ 与形成该氧化物的金属原子体积 $V_{金属}$ 之比。室温下一些氧化物的 a 值列于表 6.4 中。在其他温度下，a 值只要知道它们各自的热膨胀系数就可以进行换算。

表 6.4　室温下一些氧化物的 a 值

Me	K	Na	Li	Ca	Mg	Cd	Al	Pb	Sn	Ti
Me_xO_y	K_2O	Na_2O	Li_2O	CaO	MgO	CdO	Al_2O_3	PbO	SnO_2	Ti_2O_3
a	0.45	0.55	0.60	0.64	0.78	1.21	1.28	1.27	1.33	1.45
Me	Zn	Ni	Be	Cu	Mn	Si	Ce	Cr	Fe	
Me_xO_y	ZnO	NiO	BeO	Cu_2O	MnO	SiO_2	Ce_2O_3	Cr_2O_3	Fe_2O_3	
a	1.57	1.60	1.68	1.74	1.79	1.88	2.03	2.04	2.16	

氧化动力学研究远远落后于热力学研究。随着测试技术和材料科学及电子计算机的快速发展，大大加速了氧化动力学研究，并取得了多方面的成果，给出了一些数学表达式。

合金熔体表面的氧化速度可用重量和时间的定量关系来表达，即在温度和面积一定时，内扩散速度为

$$\left[\frac{\mathrm{d}x}{\mathrm{d}t}\right]_D=\frac{D}{x}(C_{O_2}-C'_{O_2}) \tag{6.53}$$

式中　x—— 氧化膜的厚度，m；

C_{O_2}—— 气液边界层界面上氧的质量百分数，%；

C'_{O_2}—— 合金熔体与氧化膜界面上氧的质量百分数，%；

D—— 氧在氧化膜中的扩散系数，$m^2 \cdot s^{-1}$；

t—— 时间，s。

合金熔体与氧化膜界面上的化学反应速度为

$$\left[\frac{\mathrm{d}x}{\mathrm{d}t}\right]_K=KC'_{O_2} \tag{6.54}$$

式中　K—— 反应速度常数。

在式(6.53)和式(6.54)中，反应界面上的浓度 C'_{O_2} 是不可测的。如果扩散速度慢、界面反应速度慢而界面反应速度很快时，C'_{O_2} 将接近反应平衡浓度；相反，则将高于反应的平衡浓度，介于平衡浓度与 C_{O_2} 之间。然而由于扩散和界面反应是连续进行的，所以 C'_{O_2} 是相同的。那么有

$$\frac{\mathrm{d}x}{\mathrm{d}t}=\left[\frac{\mathrm{d}x}{\mathrm{d}t}\right]_D=\left[\frac{\mathrm{d}x}{\mathrm{d}t}\right]_K \tag{6.55}$$

将式(6.53)和(6.54)代入式(6.55)中，消去 C'_{O_2}，整理得

$$\frac{1}{D}x\,\mathrm{d}x+\frac{1}{K}\mathrm{d}x=C_{O_2}\,\mathrm{d}t \tag{6.56}$$

当时间 t 由 $0\rightarrow t$，氧化膜厚度 x 由 $0\rightarrow x$，求定积分得

$$\frac{1}{2D}x^2+\frac{1}{K}x=C_{O_2}t \tag{6.57}$$

对于形成氧化膜较为疏松的金属，即 $a<1$，氧在其中扩散阻力小，扩散系数比界面反应速度大得多，那么式中 $\frac{1}{2D}x^2$ 项可忽略不计，得

$$x = KC_{O_2}t \tag{6.58}$$

可以看出当炉气中氧的浓度 C_{O_2} 一定时，氧化膜厚度 x 与时间 t 呈直线关系。

对于形成连续致密氧化膜的金属，即 $a > 1$，氧在其中扩散阻力大。这时式(4.29) 中 $\frac{1}{K}x$ 项可忽略不计，得

$$x^2 = 2DC_{O_2}t \tag{6.59}$$

当炉气中氧的浓度 C_{O_2} 一定时，氧化膜厚度 x 与时间 t 呈抛物线关系，氧化速度随时间的增加而下降。

6.2.2　夹杂物在合金熔体中的分布

夹杂物在合金熔体中的分布存在下列情形。

(1)能上浮的液态和固态夹杂物。

不溶解在金属液中的液态夹杂物（如各种硅酸盐）及固态夹杂物，它们会在金属液中产生运动，相碰、聚集而粗化，若夹杂物的密度小于金属液的密度，将加速夹杂物的上浮速度，它们将沿着温度较高的金属液上浮，进入到金属液上表面的浮渣中被渣子吸附而排出。

(2)悬浮在液态金属中的夹杂物。

一般几十微米以下的夹杂物难以排除，而悬浮在金属液中。如钢水中含有 SiO_2 夹杂物常达 10^8 个/cm^3 的数量级，这些夹杂物有的能作为金属的非自发结晶核心，有的不能成为非自发结晶核心，这些夹杂物又很小，它们在金属液中的移动速度很慢，金属凝固时，有时陷入晶内，有时被推到晶界。

6.3　合金熔体中杂质的控制方法

现代科学技术的进步和工业的发展，对合金熔体质量（如钢的纯净度）的要求越来越高。以钢液的处理为例，用普通炼钢炉（转炉、电炉）冶炼出来的钢液已经难以满足产品高质量的要求。于是就产生了炉外精炼技术。利用炉外精炼技术能有效地降低钢液中的有害杂质和非金属夹杂物的含量，改善夹杂物的形态和分布。此外，其他合金熔体的洁净化处理同样被广泛关注。

6.3.1　除杂精炼原理

1. 渣洗方法

渣洗是获得洁净钢液并能适当进行脱氧、脱硫和去除夹杂物的最简便的精炼手段。将事先配好的合成渣（在专门的炼渣炉中熔炼）倒入钢包内，借出钢时钢流的冲击作用，使钢液与合成渣充分混合，从而完成脱氧、脱硫和去除夹杂等精炼任务。电弧炉冶炼时的钢渣混出，称为同炉渣洗，也是利用了渣洗原理。在渣洗过程中去除夹杂物，主要靠以下几个方面的作用。

(1)吸附上浮。

在合成渣的熔点较低，转炉出钢的温度条件下，基本上很快就熔化为一个个小渣滴，由

于渣与夹杂物间的界面张力远小于钢液与夹杂物间的界面张力，因此钢中夹杂物很容易被与它碰撞的渣滴所吸附，尤其是一些较大颗粒的夹杂物，然后在吹氩搅拌和密度差异产生的浮力作用下上浮去除。

(2)同化去除。

由于合成渣几乎全部氧化物熔化，而夹杂物大多数也是氧化物，因此被渣滴吸附的夹杂物能比较容易地溶解于渣液液滴中，这种溶解过程称为同化。一般来说，钢中夹杂物与钢水的界面张力远大于夹杂物与合成渣间的界面张力，使得合成渣吸附夹杂物的能力加强，夹杂物被渣滴所同化而使渣滴长大，由于渣滴分布在整个钢液内部，因此渣滴不断地同化长大，在吹氩和出钢的动力学条件下上浮进入顶渣去除。

(3)促进了脱氧反应产物的排除，使钢中的夹杂物数量减少。

在出钢渣洗过程中，乳化的渣滴表面可作为脱氧反应新相形成的晶核，形成新相所需要的自由能增加不多，所以在不太大的过饱和度下就能进行脱氧反应。此时，脱氧产物比较容易被渣滴同化并随渣滴一起上浮，使残留在钢液内的脱氧产物的数量明显减少。这就是渣洗钢液比较纯净的原因。

(4)部分改变夹杂物的形态，加快钢中杂质的排除。

合成渣中往往含有一定的脱氧产物相同的成分，使用一定成分的合成渣来控制夹杂物形态。通过控制合成渣成分来控制钢中溶解氧和夹杂物成分，以促进夹杂物在渣中的快速吸收溶解。当渣中 CaO 较高，而钢液又使用充分的铝脱氧时，钢液中就含有一定的钙，这些钙的存在可以使夹杂变性成为可能。

2. 吹气除夹杂法

(1)气泡捕捉原理。

铝合金熔体中悬浮的夹杂微粒受到搅动时，夹杂物相互碰撞、聚集和长大。当夹杂物长大到一定尺寸后，才能与上浮的气泡碰撞而被捕获，最后随气泡上浮到表面。气泡捕捉夹杂物有两种方式，如图 6.13 所示。尺寸较大的夹杂物可能与气泡产生惯性碰撞捕获，如图 6.13(a)所示；尺寸较小的夹杂物很难与气泡产生惯性碰撞，但可能在气泡周围产生相切捕获，如图 6.13(b)所示，其捕获系数为

$$E=\left(1+\frac{2a}{r}\right)^{2}-1 \tag{6.60}$$

式中　a —— 夹杂物的半径；

　　r —— 气泡的半径。

(2)吹氩气除杂方法。

钢包炉吹氩精炼对均匀钢液成分和温度、去除钢中非金属夹杂物、脱氧和脱硫都具有重要意义。钢包底吹氩去除夹杂物主要依靠气泡的浮选作用，即夹杂物与气泡碰撞并黏附在气泡壁上，然后随气泡上浮而被去除。其具体过程如下：①具有一定压力的氩气通过透气砖输送到钢液中，形成气泡，气泡在上浮的过程中又因浮力的作用，将钢水抽引并使之在气液区内产生由下向上的流动；②气泡到达顶部时转入水平方向并流向包壁，之后在包壁附近向下回流，再次在钢包中下部被抽引至气液区内，如此循环流动形成环流；③在环流过程中，夹杂物向气泡靠近并发生碰撞，并与气泡间形成钢液膜；④夹杂物在气泡表面滑移，形成动态

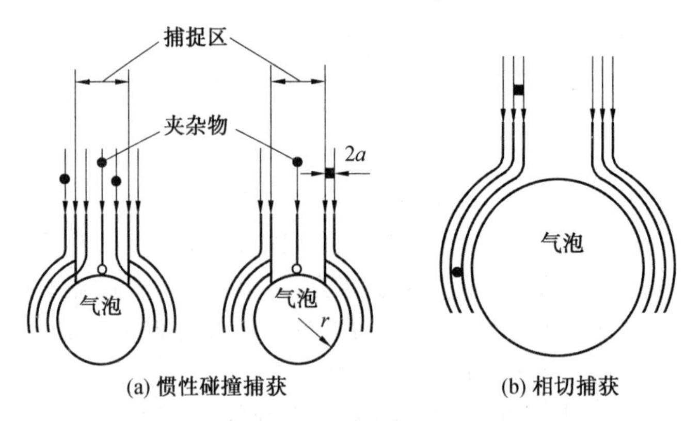

图 6.13　气泡捕捉夹杂物的两种方式

三相接触使液膜排除和破裂；⑤夹杂物和气泡团稳定化合并上浮。

吹氩去夹杂的影响因素分析如下：

①搅拌功率。

要增加脱硫率，就要增大吹气量，加强搅拌。这样就不可避免地形成卷渣，当吹气开大到一定程度时，液面扰动剧烈，钢渣界面流速增大，在液面处形成两个驻波，在驻波波谷处，液态渣层受从波峰处下降的钢液的剪切作用，卷入钢液流场而污染钢液。因此，合理的搅拌强度即搅拌功率是钢包炉吹氩操作中重要的参数。

②透气砖。

氩气可以用喷嘴吹入液体金属，但由于透气砖吹气将氩气作用发挥得较充分，并且可以大大提高氩气的利用率，因此现在经常使用透气砖。透气砖一般分为单透气砖、双透气砖和多透气砖。

③氩气流量。

夹杂物去除效率取决于透气砖出口氩气表观流速（Q_{Ar}/A）和吹入钢液的氩气总量（$Q_{Ar} \cdot t$），夹杂物的直径即夹杂物的大小也是影响夹杂物去除效率的重要因素。吹氩流量增加，透气砖出口表观流速增加，导致气泡脱离尺寸增大，从而降低了气泡俘获夹杂物的概率，但吹氩流量的增加也意味着单位时间内吹入钢液的气泡数量在增加。

④炉渣和包衬的影响。

合理的炉渣是钢包精炼吹氩去除夹杂的必要因素，钢包吹氩搅拌可以加速钢渣之间的传质，合适的炉渣成分、碱度以及渣层厚度等可以大大提高吹氩去除夹杂的效率。但炉渣的选择应与炼钢种及生产设备等条件相匹配。

3. 过滤方法

在铝加工业中，熔炼过程中进行过滤除渣应用广泛。如图 6.14 所示，内层坩埚中的铝熔体是由外层坩埚通过过滤后进入的，这些过滤片（或网）对通过的铝熔体产生机械的和物理的吸附作用。

4. 无熔剂沉降净化技术

沉降法的基本原理是基于金属熔体与熔体夹杂之间密度的差异，在静置沉降过程中使得熔体中所含夹杂与金属熔体分离，从而达到除杂的效果。在镁合金熔体净化温度下，熔体

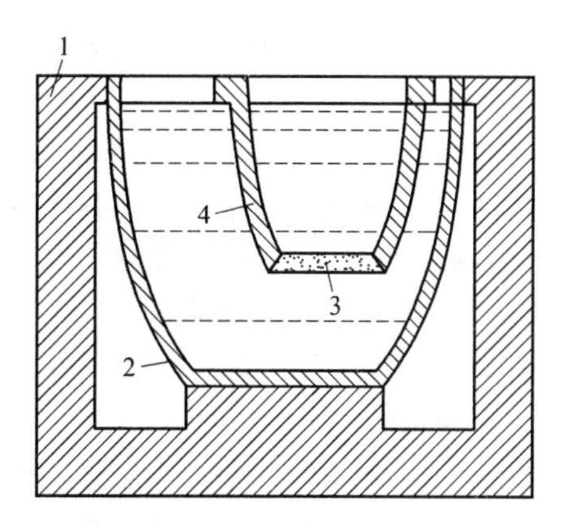

图 6.14　熔炼后过滤除渣示意图

1—坩埚支承架；2—外层坩埚；3—过滤板；4—内层坩埚

中所含夹杂物一般处于固体或半固体状态，且密度一般高于合金液的密度，经过一定时间的静置，重质夹杂在自身重力的作用下逐渐沉于坩埚底部，上部则留下纯净的金属熔体，因此可以知道，熔体中夹杂物的沉降速度对镁合金熔体纯净化效果有直接影响。

张军、何良菊等研究分析了 AZ91 合金熔体中夹杂的沉降规律，在沉降过程中沉降速度对净化效果有着直接的影响，并运用 Stokes 公式对夹杂沉降过程进行了分析。其 Stokes 公式的微分方程为

$$MV+6\pi r_1\mu V=\frac{4}{3}r_1^3\pi\rho_1 g-\frac{4}{3}r_1^3\pi\rho_m g \tag{6.61}$$

式中　M—— 熔体夹杂的质量；

V—— 熔体夹杂的体积；

ρ_1—— 密度；

ρ_m—— 镁合金液的密度。

整理后，得

$$V+K_1V=g(1-\gamma) \tag{6.62}$$

$$K_1=\frac{6\pi r_1\mu}{M} \tag{6.63}$$

$$\gamma=\frac{\rho_m}{\rho_1} \tag{6.64}$$

利用以上公式求解，得到夹杂物沉降速度方程为

$$V=\frac{g(1-\gamma)}{K_1}=\frac{2g\rho_1 r_1^2(1-\gamma)}{9\mu} \tag{6.65}$$

通过式(6.65)更进一步可以知道，在沉降过程中夹杂物的速度基本上不发生很大变化，而且夹杂的沉降速度与因子成反比。在一定程度上，沉降法能够很好地除杂，但是效率比较低，在实际净化过程中还需要结合其他方法进行完善。

5. 稀土除杂净化法

众所周知，Re 处于元素周期表中第三副族的位置，根据前人的研究表明，在镁合金中添加微量的稀土元素能使镁合金的耐高温强度大大提高，使镁合金的塑韧性以及耐磨性得到

明显改善，因此稀土元素具有冶炼与合金化的用途。加入稀土元素，不仅能强化镁合金的基体组织，还可以改善镁合金零件的铸造性能。

稀土能去除熔体中夹杂物，其主要原理是：稀土元素的加入减少了合金液因发生氧化而产生二次氧化夹杂的数量，同时稀土的加入成为熔体中夹杂物组成的一部分，增加了熔体夹杂物的密度，使得夹杂物易于沉降而排除。作为较活泼的元素，Re 能与镁合金熔体中的氧化物或氢等发生化学反应，主要会发生以下三种反应：

$$3MgO + 2[Re] = Re_2O_3(s) + 3Mg \tag{6.66}$$

$$2[H] + [Re] = ReH_2 \tag{6.67}$$

$$3MgCl_2(l) + [Re] = 2ReCl_3(s) + 3Mg \tag{6.68}$$

依据热力学计算分析，可以知道以上三种反应的自由能变化 ΔG 均为负值，正方向的反应驱动力较强，即所有的 Re 元素均能与镁合金熔体中的氧化镁夹杂物及氢气反应，生成大密度且易除去的稀土氧化物与氢化物，从而能够起到除去氢和氧化物的目的。稀土还可以与镁合金熔剂中的 $MgCl_2$ 发生化学反应，从而有效地除去熔剂夹杂。同时，稀土成分的加入能改善熔渣及合金熔体的物理性质及化学性质，比如熔体的表面张力、熔体的流动性、熔体的黏度及熔体中夹杂的溶解度等，还可以使熔体中的非金属夹杂得到球化，使镁合金熔液的除杂效果大大改善。郭旭涛与李培杰等用往熔体中掺杂稀土的方法去除再生镁中的夹杂，使再生镁中所含夹杂物的体积分数由 0.51%降低到 0.18%，总体上降低了 65%。稀土净化法能够比较好地达到除杂的目的，而且还可以改善熔体的性能，但是成本比较高，目前仍处于研究阶段。

6. 电磁方法

(1)电磁方法除杂原理。

电磁除渣主要有四种方式，即直流电流与恒定磁场的叠加、施加直流或交流电流、施加交流磁场和施加移动磁场，如图 6.15 所示。这里只介绍直流电流与恒定磁场的叠加以及移动磁场除渣原理和方法。

①直流电流与恒定磁场的叠加除渣原理。

由电磁力学理论可知，处于磁场中的通电导体将受到电磁力的作用。该力作用在物体的每个基本单元上，其物理性质酷似地心引力，当其他条件相同时，作用在各组元单位体积上的电磁力 $\boldsymbol{F}$ 取决于各组元的电导率，它可表示为

$$\boldsymbol{F} = \sigma\boldsymbol{E} \times \boldsymbol{B} = \boldsymbol{J} \times \boldsymbol{B} \tag{6.69}$$

式中 σ—— 电导率，s/m；

$\boldsymbol{E}$—— 电场强度矢量，V/m；

$\boldsymbol{B}$—— 磁感应强度矢量，T；

$\boldsymbol{J}$—— 熔体中组元的电流密度矢量，A/m^2。

式(6.69)表明，导体所受的电磁力密度与其所处的电场和磁场强度及其电导率成正比，当电场和磁场强度恒定时，则只取决于导体的电导率。电磁力垂直于电场与磁场组成的平面。当该平面为水平时，$\boldsymbol{F}$ 的方向平行于重力方向。分析电磁力的性质可知，它与重力有相似之处，主要表现在：首先，它们都由物质的自身特性决定；其次，它们都作用于物质的每一基本单元，属于体积力。因此，在一定程度上它可以起到与重力相似的作用，改变熔体中

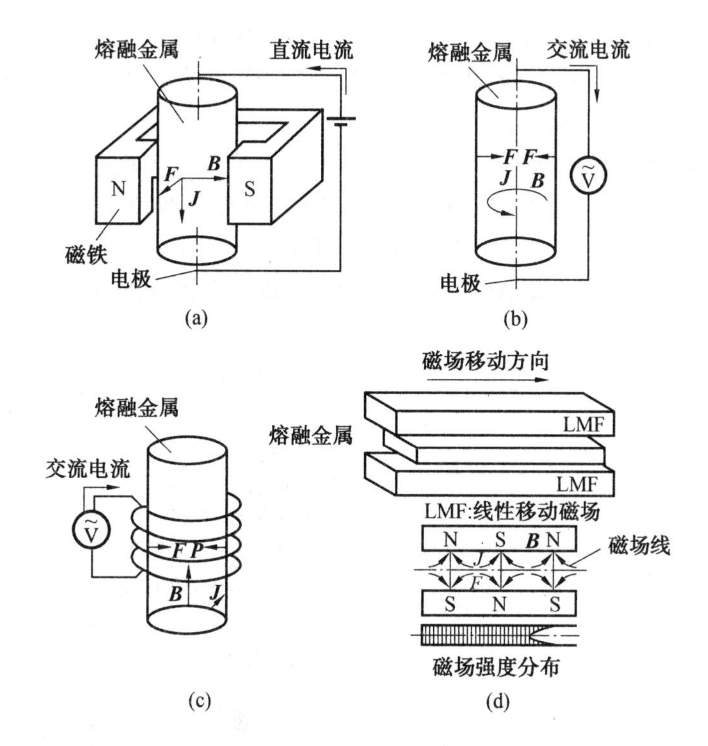

图 6.15　电磁除渣的主要方式

相或组元的受力状态。当然电磁力与重力也有不同之处：一方面，电磁力的大小可通过改变电场和磁场强度来人为控制；另一方面，其方向也可通过改变电场和磁场的方向进行调整，包括与重力的方向相同、相反或垂直。

用直流电流与恒定磁场的叠加除渣正是基于上述分析，因为熔体中的夹杂几乎不导电，在同一电场和磁场作用下，它们所受的电磁力密度几乎为零。但是熔体具有良好的导电性，通电后的熔体在恒定磁场作用下会产生电磁压力，该压力相当于使熔体等效密度增加或减小，从而使夹杂产生电磁浮力。

处于电场和磁场内熔体中的夹杂受力情况如图 6.16 所示。假定夹杂为球形，通过熔体的电流密度为 $\boldsymbol{J}$，磁感应强度为 $\boldsymbol{B}$，则由电磁流体力学可知夹杂所受的电磁浮力为

$$\boldsymbol{F}_{电}=\frac{3}{2}\boldsymbol{J}\times\boldsymbol{B}V\frac{\sigma_{\mathrm{m}}-\sigma_{\mathrm{d}}}{2\sigma_{\mathrm{m}}+\sigma_{\mathrm{d}}} \tag{6.70}$$

式中　σ_{d}，σ_{m}—— 夹杂和基体熔体的电导率；

J—— 熔体通过的电流密度。

从式(6.70)可以看出，夹杂的电导率越小，它所受到的电磁浮力越大。

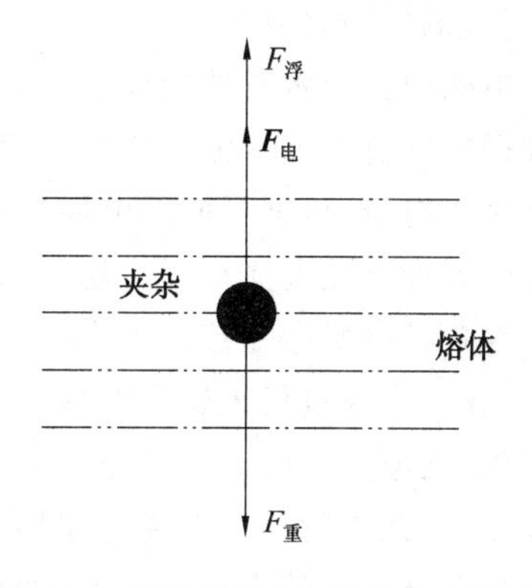

图 6.16　正交电磁场中夹杂受力示意图

②移动磁场除渣原理。

多年前人们就提出了一个利用移动磁场除渣方法，其原理如图 6.17 所示。合金熔体在多根细管中沿 y 方向流动，移动磁场沿 z 方向移动，熔体在移动磁场作用下应向 z 方向移

动，但由于管壁的阻碍，熔体不能向 z 方向运动，因此，夹杂物将受到电磁浮力的作用，其方向为移动磁场方向的反方向，使夹杂物向移动磁场方向的反方向的管壁移动，并被管壁捕获。

而且，他们还进行了一些实验工作，结果如图 6.18 所示。实验针对含 10%Al_2O_3（质量分数）的铝熔体采用比较方法进行，即施加磁场和不施加磁场两种情况。图 6.18(a)是不施加磁场的实验结果，可以发现 Al_2O_3 由于密度较大，呈下沉状态；图 6.18(b)是施加 0.08T 移动磁场的实验结果，可以发现 Al_2O_3 夹杂物向移动磁场方向的反方向的管壁移动，并被管壁捕获。

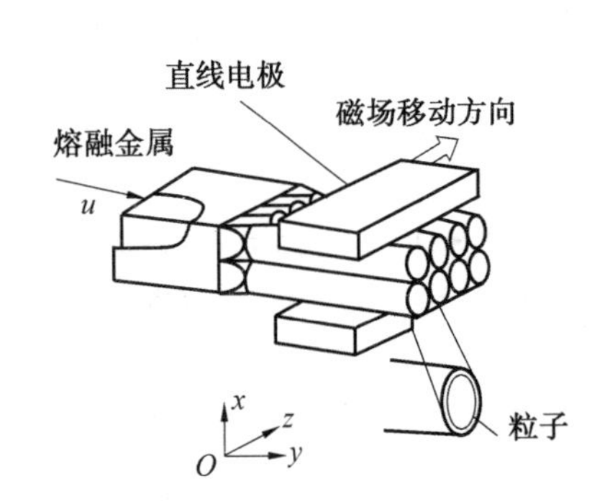

图 6.17　移动磁场除渣示意图

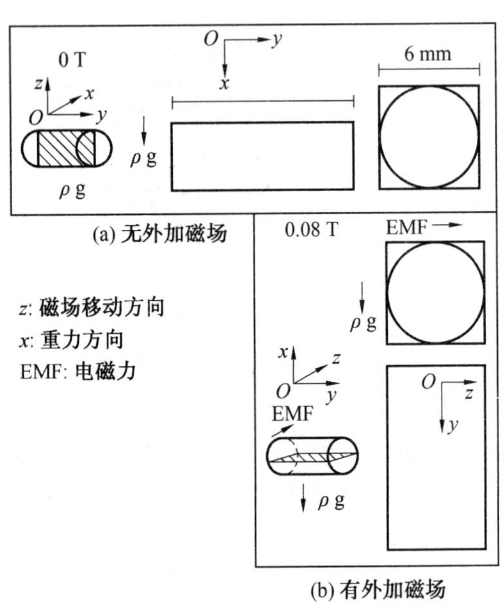

图 6.18　有无移动磁场条件下 Al_2O_3 夹杂物的分布

(2)电磁净化方案。

电磁净化技术发展到今天已有很多种技术方案。实施电磁净化技术时，可以在熔体中施加磁场的有外加直流电流加正交稳恒磁场、交变磁场或者感生磁场，可以施加直流、交流或者感生电流，依据不同的电场和磁场引入方式，可以把电磁净化技术分为以下几种。

①外加直流电流加正交稳恒磁场。

在各种电磁净化技术中，采用外加直流电流正交稳恒磁场的研究开始最早。如图 6.19 所示，在一个穿过稳恒磁场的水平放置的盛满熔体的陶瓷圆管中，通过直流电时就会有电磁力产生，通电导体就会受到除重力外的电磁力，液态金属中的非金属颗粒将受到一个相反力的作用，在此力的作用下发生迁移而被去除。分离器端部的电流和磁场分布的不均匀可能引起内部金属液的大尺度回流，而且磁极两端的间隙越大，回流范围就越大，如果用水平栅格将分离通道入口、出口处分割开，则可以抑制部分回流，但是栅格的添加会减小分离器的横截面，势必会降低分离器的生产效率。

②交变磁场。

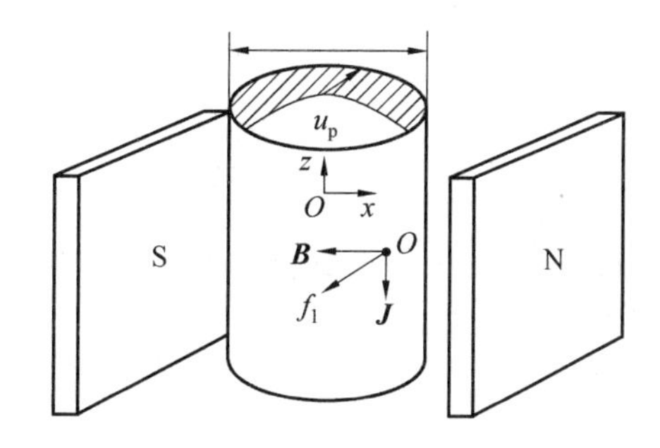

图 6.19　直流电场与稳恒磁场正交法原理图

交变磁场是由美国的 El－Kaddah 和 Patel 等提出的一种方案，并于 1990 年申请了专利，后来他们用含三氧化二铝夹杂的铝液进行了实验，证实了交变磁场的除杂效果。如图 6.20 所示，外加的交变磁场既可以是工频磁场，也可以是频率范围在 1～50 kHz 的中高频磁场。利用工频感应磁场分离金属熔体中的夹杂物时，磁场不均匀，分离通道很小，因此金属液的流量有限；此外，由于磁场作用范围比较大，电磁力密度不集中，因此分离小夹杂需要较大的电功率输入，能源利用率低。

日本名古屋大学的浅井滋生、山尾文孝等较早地进行了这方面的研究。其原理是：根据电磁感应定律和 Maxwell 方程，通电螺线管内部会产生感应磁场，若此时使熔融金属流经置于磁场中的圆管形分离器，则在熔融金属中就会感生出频率和线圈中电流相同的涡流，其方向与外加电流的相位差为 π。正交的涡流与感生磁场相互作用，使液体金属产生向内的电磁力；此时，对熔体中的非金属夹杂物来说，由于其与金属熔体存在电导率差，因此受到一个电磁排斥力的作用，而向分离器内壁上迁移，最后被内壁捕获而去除。杨桂香、钱熔及倪红军从理论上分析了高频磁场连续分离铝熔体中夹杂物的效率问题。他们指出，夹杂物去除效率随管径增大而降低，随夹杂物平均停留时间的延长及磁感应强度有效值的增加而增加；增大有效磁感应强度或减小管径，比延长夹杂平均停留时间提高夹杂物去除效率更为有效，但减小管径的同时需要提高磁场频率，以保持最佳分离效果。

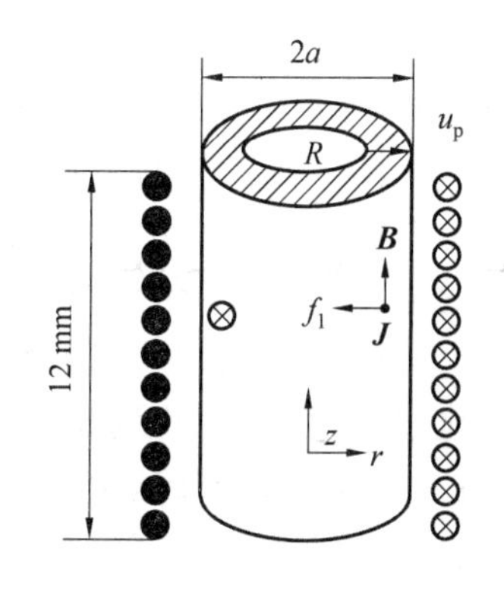

图 6.20　交变磁场法的原理图

③行波磁场。

利用移动磁场进行金属熔体的输运和净化的工艺方法最早由 Barglik 和 Sajdak 等提出，并进行了实验和理论研究。此后田中佳子等采用含三氧化二铝夹杂的铝液进行了实验，证实了行波磁场的除杂效果。其原理是在与金属液所在导管的轴线相垂直的方向施加行波磁场，金属液受到洛仑兹力，对非金属夹杂来说，就会产生一个电磁排斥力，从而使夹杂颗粒移动到与电磁力方向相反的一侧管壁而被除去，如图 6.21 所示。

④旋转磁场及电磁搅拌。

旋转磁场和电磁搅拌方法已经成功地应用于钢铁工业中的钢液除杂方面。虽然旋转磁

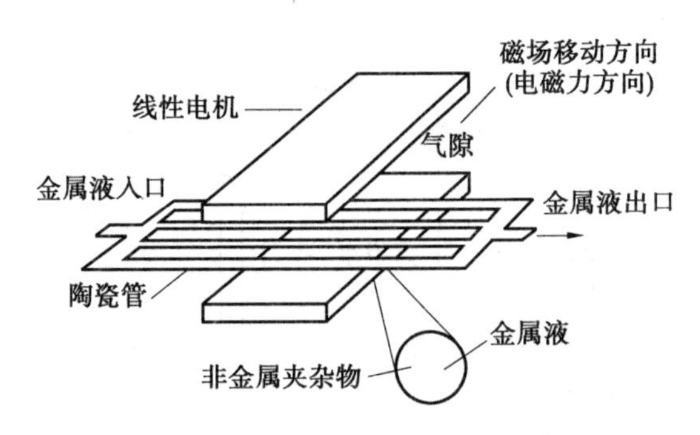

图 6.21 行波磁场去除夹杂物示意图

场法也是采用交变磁场,但其原理与交变磁场法有本质上的区别,而且使用磁场频率也远低于工频范围。旋转磁场是利用电磁感应原理,使液体金属产生旋转搅拌作用,由于夹杂物与钢液因存在比重差,在搅拌过程中大量聚集上浮,因此便于从熔体中去除。密度比金属液大的夹杂物在电磁离心力作用下,则被甩向熔池壁,附着在炉衬上与金属液分离。由于铝熔体与夹杂物(如 Al_2O_3等)的密度差很小,且剧烈搅拌导致铝熔体氧化严重,因此该方法不适合用于分离铝熔体中的夹杂物。

⑤强磁场。

近年来,随着超导技术的迅速发展,获得超强磁场(5～20 T)的成本大大降低,使得超强磁场净化法在工业上的应用也变成了可能。法国的 Beatrice 和 Pascale 等提出了利用超强磁场进行金属液净化的方法。超强磁场的磁感应强度是普通磁场的十几倍甚至几十倍,因此获得的电磁力场将大大增强。在强磁场中,如果金属液流动与磁力线不平行,则颗粒将受到两种力的作用:一种由金属液切割磁力线产生的洛仑兹力;另一种是因非金属颗粒与金属液的磁化率不一致而产生的磁化力。在较大的磁场梯度下,颗粒将受到挤压力作用而向某个方向迁移,从而从金属液中分离出来。其优点是磁感应强度大,电磁力大,但目前的超强磁场产生还只限于螺线管结构,要想获得大的电磁力场在工业上不太容易实现,投资费用较高。

⑥高频磁场。

早在 20 世纪 80 年代,Korovin 等就对用外加交变磁场分离金属熔体中夹杂颗粒的方式进行了系统的理论研究,得出了无限长理想螺线管感生磁场中作用于熔体的电磁力计算公式。其后,浅井滋生、山尾文孝等用模拟熔体实验证实了利用高频线圈感生磁场进行电磁分离的可操作性,但是缺乏足够精确的实验数据来论证各种工艺参数与电磁分离效率的关系。上海交大对圆管分离器,即实心圆柱体熔体中夹杂颗粒的受力情况及分离效率随不同电磁分离工艺参数的变化规律进行了理论分析,但仍有很多疑问没有得到解决。其原理示意如图 6.22 所示。

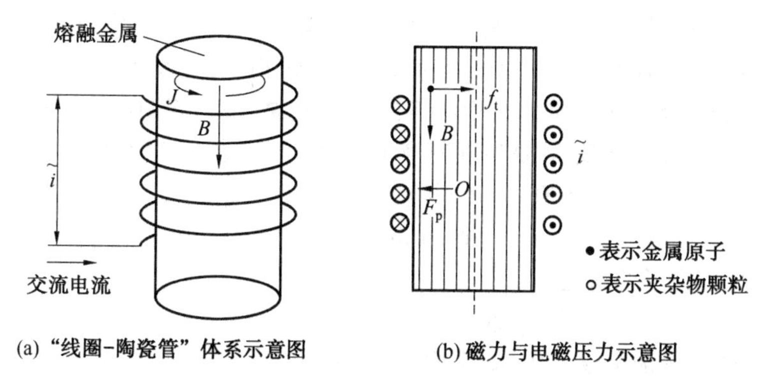

图 6.22　利用高频磁场去除夹杂物示意图

6.3.2　杂质去除新工艺

1. 电场去除夹杂法

外加交变电流及其感生磁场方案的研究与应用相对来说要少些，谷口尚司和 Brimacombe 对此进行了比较细致的研究，其原理如图 6.23 所示，从理论和实践上证明了采用交变电场也能实现非金属夹杂物的分离。

其原理是：交流电在熔体中产生感生交变磁场，外加电流与自身感应磁场相互作用在熔体中，对金属液产生指向轴心的挤压力，非金属夹杂则受到一个方向相反的电磁力而向管壁运动，并最终附着在管壁上被除去。

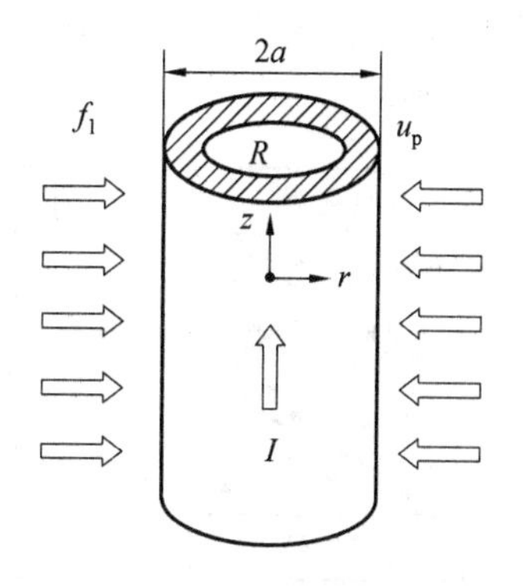

图 6.23　交变电场除杂示意图

这种方法实际应用于净化钢液时，采用工频电流，过滤通道的最大直径可达到 0.1 m。该方案的优点是不需外加磁场，设备简单，可采用工频电源；但容易产生紊流，降低电磁分离的效果，而且对细小夹杂（1～20 μm）的去除作用不大。

外加电场去除钢中夹杂的热力学分析。夹杂物既然是渣中的组分，在炼钢的高温条件下，渣/金界面可认为达到了热力学平衡，对于脱氧、脱硫产物所产生的夹杂物更应如此。根据炉渣的离子结构理论，炉渣是由阴、阳离子所组成的液态电解质溶液。炉渣的离子结构理论已由炉渣具有导电性而得到实验支持，且为冶金学界所公认。因此，那些未排除的、漂浮于钢液中的夹杂物与钢液存在热力学平衡。因此，钢中夹杂不管是什么种类（硫化物、氧化物、硅酸盐）、什么形状（球形、条形等）、尺寸如何，在钢水中都存在如下的平衡：

对于 Al_2O_3 夹杂，离解平衡为

$$(Al_2O_3) = 2(Al^{3+}) + 3(O^{2-}) \tag{6.71}$$

对于 MnS 夹杂，离解平衡为

$$(MnS) = (Mn^{2+}) + (S^{2-}) \tag{6.72}$$

即悬浮于钢液中的夹杂物宏观上呈电中性，微观上是由离子构成的电解质溶液。既然如此，若外加电场则会破坏这一平衡。例如，对于硫化物、氧化物夹杂，在外加电场的作用下，阴离子 O^{2-}，S^{2-} 将向阳极定向迁移，在阳极放电后被排除；而阳离子 Mn^{+} 将向阴极定向迁移，在阴极放电后变成金属 M 被留在钢液中成为合金元素。其放电反应可用下式表示。

阴极上发生金属离子的还原：

$$M^{n+}+ne=[M] \tag{6.73}$$

阳极上发生阴离子的氧化：

$$S^{2-}-2e=S \text{ 或 } O^{2-}-2e=O \tag{6.74}$$

阳极产物 O，S 可能生成气体（如生成 SO_2，SO_3，CO，CO_2）从钢液中排除，也可能生成硫酸盐等复杂化合物，形成大颗粒夹杂在重力场的作用下上浮进入顶渣中，这样就可以将钢液中的有害杂质及夹杂物去除。

2. 功率超声去除夹杂法

当功率超声作用于金属熔体时，金属熔体中的夹杂物颗粒受到声场的作用。根据超声波施加方式的不同，超声去除夹杂物机理可分为两类，即驻波场和非驻波场。如果声场是驻波场，则夹杂物所受声辐射力远大于非驻波场下，在声辐射力作用下，夹杂物将向声压节或声压腹运动，当粒子运动到节或腹时，由于侧向初级声辐射力和次级声辐射力的作用而凝结甚至是合并长大，并在气泡和声流作用下上浮至熔体表面，从而达到除杂的目的。其作用机理如图 6.24 所示。

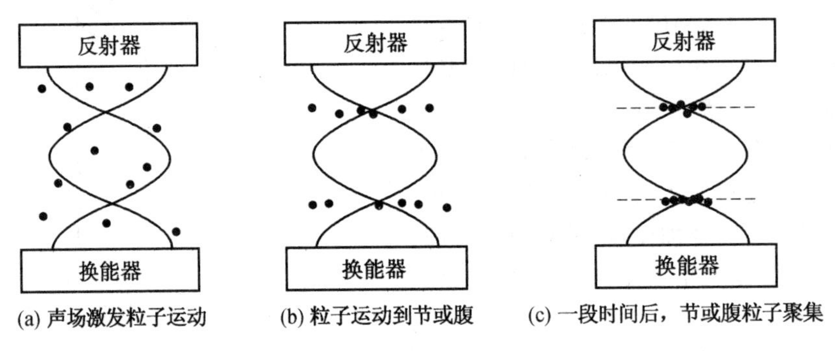

图 6.24　驻波超声场作用下粒子的运动情况

当在金属熔体中传递的声波不是驻波声场时，此时超声波去气机理主要是超声场的空化作用。由于夹杂物通常不与金属熔体润湿且其表面存在着很多缺陷，金属液中的气体往往存在于夹杂物的缺陷处，因而其很容易成为超声空化的核心，这样在气体上浮过程中，夹杂物也将随着气体一起运动，在运动的过程中发生碰撞和聚集长大，从而上浮到表面而被去除，同时在超声去气过程中产生的大气泡对夹杂物也有一定的捕获作用，如图 6.25 所示。

声流对熔体的搅拌作用，一方面可以将夹杂物带到表面，另一方面可增大夹杂物之间碰撞的概率，也有利于夹杂物的去除。功率超声对金属熔体中的夹杂物，尤其是粒径在几微米至十几微米的夹杂物具有良好的去除效果，吸引了大批的科研工作者来研究功率超声作用下金属熔体中夹杂物的运动行为。

Rosenberg 研究了超声精炼过程，观察到在超声场作用下气泡上浮促进了夹杂物的上

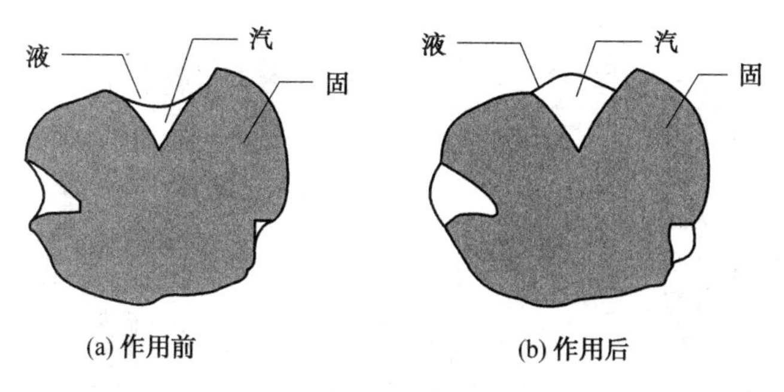

图 6.25 在功率超声作用下夹杂物上浮示意图

浮。Novtskii 研究发现振动的气泡可以捕捉非金属夹杂物，并考察了不同密度和润湿性的夹杂物被气泡捕捉的效果。Eskin 认为超声不仅对金属液中的气体和夹杂物具有去除效果，同时还可以起到辅助过滤的作用。经过超声处理的产品性能得到了大大的改善。Okumura 等针对悬浮液中超声分离夹杂物的理论进行了初步探索，做了将超声波从容器壁面导入的实验，发现夹杂物凝聚在平行于施加超声波容器壁的声压节或声压腹面上并迅速上浮至液面。Kobayalli 等在研究利用超声波去除钢液中气体的实验研究中发现钢液中的气体的脱气率明显提高，加入非润湿性的夹杂物时，去气效果得到增强，金属焰体中的气体和夹杂物的去除是密不可分的，气泡的存在促进了夹杂物的上浮，而夹杂物可以为空化过程提供核心，反过来也促进了气体的去除。钢液中的夹杂物多为非金属夹杂物，如氧化铝和氧化硅等，因此可以采取功率超声方法来去除钢液中的夹杂物。功率超声可以有效地去除金属熔体中的夹杂物颗粒，以酒精水溶液中的高密度聚乙烯作为锅恪体中氧化银的模拟物，在超声场作用下夹杂物颗粒向液体表面运动。随着粒径的减小，功率超声对夹杂物的去除率有一定下降，但是作用 60 s 左右就可以使去除率达到 80%左右。

6.3.3 除气、除杂精炼工艺

在现代化钢铁生产工艺流程中，炉外精炼已成为不可缺少的重要环节，高炉铁水预处理、转炉顶底复合吹炼、RH 真空精炼或 CAS－OB 精炼，是现代转炉炼钢生产的最佳精炼工艺。图 6.26 为各种炉外精炼示意图。

为满足钢种冶炼的质量要求，也可将不同功能的精炼设备组合起来，共同完成精炼任务。常见的转炉炉外精炼匹配方式有 CAS－RH，CAS－LF，LF－RH，LF－VD，AOD－VOD 等。各种常见的转炉钢水炉外精炼的工艺性能对比见表 6.5。

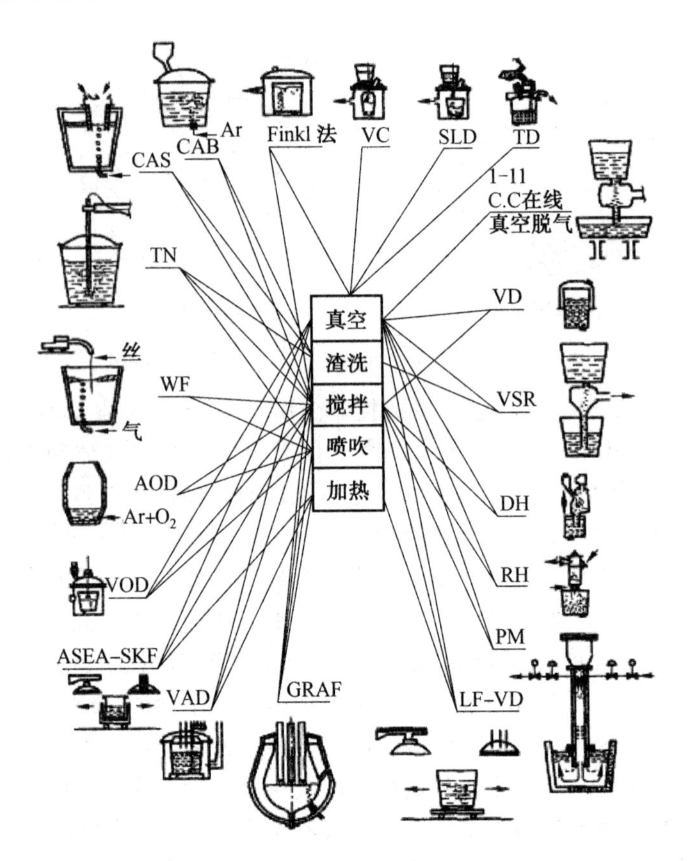

图 6.26　各种炉外精炼示意图

表 6.5　各类常见的转炉钢水炉外精炼设备的工艺性能对比

精炼设备	搅拌	升温	合金化能力	精炼功能					生产调节能力
				脱气	脱碳	渣洗	喷粉	夹杂物处理	
CAS－OB	强	强	强	无	无	较弱	无	一般	较好
CAB	强	无	弱	无	无	较弱	无	较弱	一般
LF	一般	强	强	无	无	强	无	好	较好
IR－UT	一般	无	弱	无	无	一般	强	一般	一般
RH	强	弱	强	强	强	一般	一般	一般	好
VD	强	无	强	强	较弱	强	无	好	一般
VOD	强	一般	强	强	强	一般	弱	一般	一般

1. 单一工艺精炼方法

(1)盛钢桶除气法(LD 法)。

LD 法有两种形式：一种是将盛有钢液的盛钢桶放入真空室中，盖上顶盖，进行抽气；另一种是在盛钢桶上部加盖直接进行抽气。采用第二种方法，由于没有搅拌钢液的装置，气体从钢液中被除去，完全是依靠真空室中压力下降。由于钢液的沸腾有限，因此搅拌作用较差，对于吨位较大的除气设备，因受到钢液静压力的影响，底部的气体不易逸出。因此，需要长时间进行除气。由于这种方法处理时间长，钢包内钢液温降较大，因此应用中受到限制。为了解决这个问题，生产中常常利用磁力或氩气对钢液进行强制搅拌。图 6.27 为带有磁力搅拌和气体搅拌的 LD 除气方法示意图。

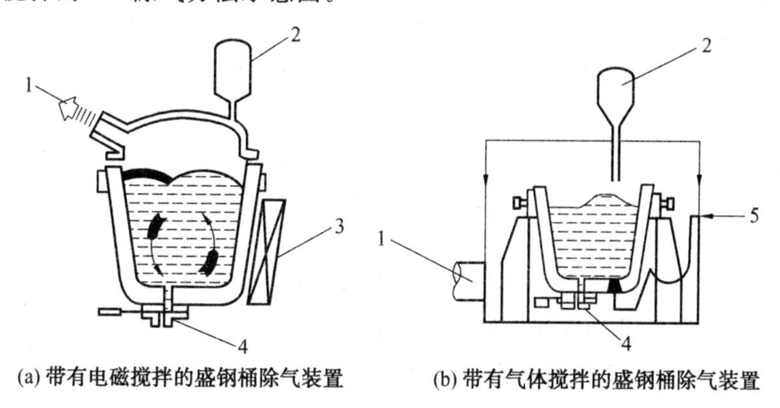

(a) 带有电磁搅拌的盛钢桶除气装置　(b) 带有气体搅拌的盛钢桶除气装置

图 6.27　盛钢桶除气法(LD 法)

1—真空抽气管道；2—合金料斗；3—电磁搅拌线圈；4—滑动水口；5—氩气管

(2)真空循环脱气法。

真空循环脱气法是德国鲁尔钢铁公司和梅拉斯公司于 1957 年共同发明的，故简称 RH 法。

RH 法由于具有操作简便、处理量大、生产效率高的特点而不断发展，在原来脱氢的基础上又开发了脱氢、脱氧、吹氧升温、喷粉脱硫和成分控制等功能，使改进后的 RH 法能进行多种冶金操作，使其发展成为多功能的真空精炼方法，RH 法的功能和精炼的钢种范围不断扩大，更好地满足了钢种和提高钢材质量的要求，尤其适合与连铸法配合使用。由于连铸法铸出的钢坯凝固速度快，不利于夹杂物上浮，因此对钢液的洁净度要求更为严格，同时连铸的操作时间长并连续进行，对钢液的成分均匀性要求也较高，RH 法正好满足了这些要求。因此，RH 法已经越来越重要，在炉外精炼中逐渐占主导地位，被人们公认为是最优秀的钢液真空精炼方法。

(3)钢包炉精炼法。

①钢包炉精炼法。钢包炉精炼(LF 法)炉是日本大同钢铁公司大森特殊钢厂于 1971 年开发成功的。因其投资少，并能显著提高电弧炉钢的产量，成为电弧炉与连铸间匹配的主要设备。另外，LF 法可提高钢液的纯净度并满足连铸法对钢液成分及温度的要求，使得转炉配 LF 法也得到迅速发展，许多钢厂都配有 LF 法。LF 法已在炉外精炼设备中占主导地位，已经成为纯净钢的主要炉外精炼方法之一。

LF 法采用氩气搅拌、大气压力下石墨电极埋弧加热和有渣精炼，为了脱气，也可采用真空系统。它是一种集电弧加热、气体搅拌于一体的钢液精炼方法，通过强化热力学和动力学条件，使钢液在短时间内得到高度净化和均匀，从而实现各种冶金目的。LF 法具有加热功能,可以为连铸提供温度合格的钢液,保证连铸生产的顺利进行,是连接初炼炉与连铸工序之间的韧性环节。

②LFV 法。

由于 LF 法未采用真空,吹氩气只是为了搅拌,所以脱气能力弱。为了脱气,在原设备上配备真空盖,并配有真空室下加料设备。这种带有真空脱气系统的钢包炉,为了区别 LF 法,用 LFV 表示。

LFV 法炉内为还原性气氛,底吹氩气搅拌,大气压下石墨电极埋弧加热,高碱度合成渣精炼,微调合金成分,真空脱气。真空和加热分别采用两个包盖,大气压下加热,加合成渣精炼,吹氩气搅拌,然后抽真空脱气。

LFV 法所完成的精炼任务有脱气、脱氧、脱碳、脱硫、除杂、加热钢液、微调成分等。如果配一支吹氧枪,还可以真空吹氧脱碳,冶炼不锈钢。

过去 LF 法主要配合电弧炉,20 世纪 90 年代以后,才用以生产特殊钢。在转炉车间装配 LF(V)精炼炉越来越引起人们的兴趣。在转炉与连铸生产线上采用 LF(V)精炼法,可使转炉出钢温度和炉渣中氧化铁含量降低,又可提高炉衬寿命、钢的纯净度以及连铸的浇成率。可用氧气转炉配 LF(V)法取代电炉法生产特殊钢。

③真空吹氧脱碳法(VOD 法)。

VOD 法是在真空条件下吹氧去碳。这是为了冶炼不锈钢所研制的一种炉外精炼方法,由于在真空条件下很容易将钢液中的碳和氮去除到很低的水平,因此该精炼方法主要用于超纯、超低碳不锈钢和合金的二次精炼。该方法的特点是向处于真空室内的不锈钢液进行顶吹氧气和底吹氩气搅拌精炼,达到脱碳保铬的目的。

VOD 法就是不断降低钢液所处环境的 p_{CO} 的分压力,达到去碳保铬、冶炼不锈钢的目的。这种方法实现了不锈钢冶炼必要的热力学和动力学条件——高温、真空和搅拌。它是不锈钢,特别是低碳和超低碳不锈钢精炼的主要方法之一。

VOD 法的主要设备由钢包、真空罐、抽真空系统、吹氧系统、吹氩系统、自动加料系统、测温取样装置等组成。

④VAD 法。

VAD 代表真空、电弧加热和脱气。VAD 法是美国芬克尔父子公司在将早期钢包真空处理改进为钢包真空吹氩气处理时,因吹氩气钢液温度降低快,处理时间受到限制,使真空吹氩气的处理效果不能充分发挥,为补偿温度损失,美国芬克尔父子公司与摩尔公司合作完善了粗真空下电弧加热手段,从而诞生了 VAD 法。加热调温手段的实现使原来简单的钢包处理发生了质的飞跃,形成一个运用自如、行之有效的钢包精炼方法。

VAD 精炼设备主要由钢包、真空系统、电弧加热系统和底吹氩系统等构成,主要包括真空系统、精炼钢包、加热系统、加料系统、吹氩搅拌系统、检测与控制系统、冷却水系统、压缩空气系统及动力蒸汽系统等。

2. 复合工艺精炼方法

各种不同工艺组合的精炼特点(转炉钢水的炉外精炼)以上介绍单独的精炼方法,以下介绍两种或两种以上组合的精炼方法。

(1)LD+渣洗工艺+FW(喂丝)工艺。

LD+渣洗工艺+FW(喂丝)工艺可以处理大部分的钢种,对转炉要求铁水进行脱硫处理,如炉废钢原料的硫含量控制要求较高。转炉出钢的温度、成分控制精度要求较高,并且出钢挡渣效果要好。出钢过程中加入合金脱氧剂的同时,加入渣料和合成渣,或者预熔渣、精炼剂等进行脱氧,利用渣洗工艺将脱氧产物排至顶渣吸收,出钢过程中全程以较大的流量吹氩气,出钢结束以后,在钢渣的表面加入钢渣改质剂对钢渣进行改质,然后在喂丝站喂入各类丝线调整成分或者进行钙处理。在冶炼铝镇静钢时,喂入铝线调整铝的成分,可以进行钙处理,也可以不进行钙处理;在冶炼中高碳钢时,喂入碳线调整碳的成分。在转炉温度控制不合适、出钢下渣等情况,这种工艺的基础就很难有效果,钢水只有吊往LF或者RH等工位处理。

(2)LD+CAS-OB工艺。

CAS-OB是常用的炉外精炼工艺之一。CAS是在钢包底吹氩气搅拌的基础上开发的浸罩式炉外精炼技术,CAS-OB就是在CAS工艺的基础上加铝丸、铝粒或者铝铁,然后吹氧气氧化,利用铝氧化放热达到钢包内钢水升温功能的工艺。CAS-OB工艺的设备具有投资少、精炼处理速度快、操作简单、能满足快节奏生产要求等优势。这种工艺的优点如下:

①在炉外处理设备中,CAS-OB的升温速度最快,可达到6~12 ℃/min,升温幅度最高可达到100 ℃。

②促进夹杂物上浮。采用CAS-OB对钢水进行加热(升温低于100 ℃),可控制钢中酸溶铝不高于0.005%,钢水T[O]降低20%~40%。

③精确控制钢液成分,实现窄成分控制,处理铝、硅、锰等合金元素的收得率稳定,并可提高合金收得率20%~50%,实现对钢液成分的精确控制。

④均匀钢水成分和温度。

⑤与喂线配合,可进行夹杂物的变性处理。

CAS-OB工艺能够适应转炉的生产节奏,适宜转炉的温度控制,精炼成本低,但不适宜生产Si-Mn镇静钢。适宜CAS冶炼的钢种有:普碳钢,如Q195~Q235等;普通低合金钢,如20MnSi,HRB335~600等;低碳深冲钢,如碳冷轧薄板SPHC,SPHE,08Al等;低碳钢丝(软线),如SWRM6~10等;低碳焊条钢,如H08A等;准沸腾钢,如F11,F181等;耐候钢,如09CuPTiRe,09CrPV等;高层建筑结构钢,如400~450 MPa耐火刚等。

(3)LD+LF工艺。

LD+LF工艺主要有以下优点:

①利用电弧加热功能,热效率较高,升温幅度大,温度控制精度高,可以保证提供给连铸的钢水温度波动在最小的范围内实现恒温恒速浇注,有效地减少漏钢的概率。

②可以有效提高转炉的废钢加热比例,降低转炉的出钢温度,对转炉的炉衬寿命、作业率、产能都有积极的意义。

③白渣精炼是LF炉工艺操作的核心,也是提高钢水纯净度的重要保证。电弧加热下的渣钢精炼工艺增强了精炼功能,有利于钢渣界面的脱硫反应和脱氧反应,适宜生产超低硫及超低氧钢。

④具备搅拌和合金化功能,易于实现窄成分控制,提高产品的稳定性。

(4)LD+RH 工艺。

RH 法又称真空循环脱气法。最初的 RH 是为了给钢液脱气而发明的，随着不同的功能扩展，目前 RH 已经成为转炉钢水炉外真空精炼的主要工艺方法。RH 法的基本原理是利用气泡泵的原理，使用氩气泡将钢水不断地提升到真空室内进行脱气、脱碳等反应，然后回流到钢包中。因此，RH 法处理不要求特定的钢包净空高度，反应速度也不受钢包净空高度的限制。和其他各种真空处理工艺相比，具有脱碳、反应速度快、处理周期短、生产效率高、反应效率高等特点，钢水直接在真空室内进行反应，可生产[H]<0.005%（质量分数，下同），[N]<0.0025%，[C]<0.001%的超纯净钢；还可进行吹氧脱碳和二次燃烧进行热补偿，减少处理温降。

(5)LD+CAS+LF 或 LD+LF+CAS 双联工艺。

CAS+LF 双联精炼的基本思想是对 LF 炉的生产工序进行解析，将 LF 炉的部分冶金功能在 CAS 炉内完成，而在 LF 炉内只进行白渣精炼工艺，在保证足够的渣精炼时间内，使 LF 炉的精炼周期与转炉相匹配，适宜转炉快生产节奏。CAS 炉与转炉在线布置，处理周期为 8～15 min，精炼能力达到转炉生产量的 98%以上；双联配置以后 LF 炉作业周期缩短到 30 min 以内，作业率提高 40%。对铝镇静钢，精炼后[O]的质量分数不大于 0.002%；对 Si－Mn镇静钢，CAS+LF 炉双联处理后[O]的质量分数不大于 0.003%，[S]的质量分数不大于 001%。

(6)LD+LF+VD 或者 LD+VD+LF 工艺。

作为钢水炉外精炼的一种工艺，VD 主要和 LF 配合，生产对氢、氮、硫要求较为严格的钢种，由于 VD 处理对钢包的净空高度有限制，一般来讲主要和中小型转炉或者电炉、方坯连铸机配合，适合生产中高碳钢、弹簧钢、合金钢、锅炉钢、各类无缝钢管用钢、重轨钢等几乎所有常见的特殊钢。由于 VD 处理钢水的能力没有 RH 大，处理节奏较 RH 慢，所以 RH 适合于大中型转炉和板坯连铸机匹配生产。至于工艺的先后顺序，根据钢种的特点，转炉出钢以后钢包的具体温度灵活掌握，以取得最佳的冶金效果。如转炉出钢以后，钢包内钢液温度较高，选择 LD→VD→LF，首先在 VD 进行真空条件下的碳脱氧、脱气操作，然后到 LF 进行白渣条件下的精炼脱硫；在钢包温度较低的情况下，首先进行 LF 的升温，白渣脱硫、脱氧，然后到 VD 进行脱气和深脱硫操作。

(7)LD+LF+RH 或者 LD+RH+LF 工艺。

LD+LF+RH 或者 LD+RH+LF 工艺比较灵活，可以有效地降低转炉的各种工艺负荷，特别适合生产各类低碳铝镇静钢和对钢中气体含量要求严格的硅镇静钢、高级别的超低硫管线钢、汽车面板钢以及大部分需要真空处理的钢水。

思考题

1. 在合金熔体中，气体的来源和危害有哪些？
2. 合金熔体的除气方法有哪些？
3. 旋转喷吹除气原理是什么？
4. 合金熔体中的夹杂物的来源有哪些？应如何分布？

5. 合金熔体除杂的方法有哪些?
6. 吹气除杂的原理是什么?
7. 电磁场除杂的方式有几种? 除杂的原理是什么?
8. 合金熔体的精炼除气、除杂技术有哪些? 举例说明其中一种技术的优缺点。

参考文献

[1] 章四琪,黄劲松. 有色金属熔炼与铸锭[M]. 北京:化学工业出版社，2005.
[2] 章四琪,黄劲松. 有色金属熔炼与铸锭[M].2 版. 北京,化学工业出版社,2013.
[3] 范晓明. 金属凝固理论与技术[M].武汉:武汉理工大学出版社,2012.
[4] 陆文华,李隆盛,黄良余. 铸造合金及其熔炼[M].北京:机械工业出版社,2002.
[5] 郭景杰,傅恒志. 合金熔体及其处理[M].北京:机械工业出版社,2005.
[6] 陈村中. 有色金属熔炼与铸锭[M].北京：冶金工业出版社,1996.
[7] 李文超. 冶金热力学[M].北京:冶金工业出版社,1995.
[8] 李庆春.铸件形成理论基础[M].哈尔滨:哈尔滨工业大学出版社，1980.
[9] 傅恒志.铸钢与高温合金及其熔炼[M].西安:西北工业大学出版社，1983.
[10] 董若璟.冶金原理[M].北京:机械工业出版社,1980.
[11] 商宝禄.冶金过程原理[M].北京:国防工业出版社,1986.
[12] 黄良余.铸造有色合金及其熔炼[M].北京:国防工业出版社，1980.
[13] 杨长贺,高钦.有色金属净化[M].大连:大连理工大学出版社,1989.
[14] 李隆盛.铸造合金及其熔炼[M].北京：机械工业出版社，1989.
[15] 陆树荪.有色铸造合金及熔炼[M]. 北京：国防工业出版社，1983.
[16] 张承甫.液态金属的净化与变质[M].上海：上海科学出版社，1989.
[17] 张成林.金属净化技术[M].哈尔滨:哈尔滨船舶工程学院出版社,1989.
[18] 浮崇说.有色冶金原理[M].北京:冶金工业出版社,1984.
[19] 李洪桂.稀有金属冶金原理及工艺[M].北京:冶金工业出版社,1981.
[20] 闵乃本.晶体生长理基础[M].上海:上海科学出版社,1982.
[21] 王振东.感应炉熔炼[M].北京:冶金工业出版社，1986.
[22] 曾宪龙. 铝合金旋转喷吹及功率超声复合除气过程的模拟[D]. 哈尔滨:哈尔滨理工大学,2014.
[23] 潘建. 铝合金熔体超声波和旋转吹气复合技术研究[D]. 哈尔滨:哈尔滨工业大学,2015.
[24] 李晓谦，陈铭，赵世琏，等. 功率超声对 7050 铝合金除气净化作用的试验研究[J]. 机械工程学报,2010,46(18):41-45.
[25] 陈伟杉. 微热管抽真空除气技术及其系统研究[M]. 广州:华南理工大学出版社,2011.
[26] 戴锐锋，王猛，谢学竞，等.调压铸造中铝液真空除气的热力学和动力学分析[J].铸造技术,2009,30(1):41-43.

[27] 王进峰. 镁熔体中夹杂的无熔剂净化行为研究[D]. 重庆:重庆大学，2013.

[28] 王义海. 利用高频磁场去除铝合金中的非金属夹杂[D]. 大连:大连理工大学,2003.

[29] 刘洋. 外加电场去除钢中夹杂及其形态控制的研究[D]. 鞍山:辽宁科技大学,2012.

[30] 王建忠. 钢包炉吹氩去除夹杂的影响因素分析[C]. 迁安:2010 年全国炼钢—连铸生产技术会议,2010.

[31] 徐阳. 钢液中夹杂物的去除技术[D]. 中国稀土学报,2010,28:559-563.

[32] 杜传明. 电流对钢液中气泡和夹杂物的影响[D.]沈阳:东北大学,2013.

[33] 吴铖川. 特殊钢精炼过程稀土合金化工艺及理论研究[D]. 北京:北京科技大学,2014.

[34] 李道韫，王守实，赵宇光. 稀土元素对铝铜合金中夹杂物的影响研究[J]. 特种铸造及有色合金,1989(1): 15-22.

第7章　合金熔体的处理设备及检测仪器

合金熔体的熔炼、处理及检测设备与仪器是保障合金熔体质量的重要工具。随着科学技术的不断进步，合金熔体的处理设备与仪器也随之发生了变化，出现了一些新的熔炼、熔体处理设备与仪器，为合金熔体处理技术的提高创造了条件。本章将介绍传统的熔炼、处理设备及新兴的熔炼、处理设备及新的检测仪器。

7.1　合金熔炼及熔体处理设备与工艺

7.1.1　电弧炉熔炼及熔体处理的设备与工艺

1. 三相电弧炉的构造和工作原理

电弧炉熔炼是利用石墨电极与铁料(铁液)之间产生电弧所发生的热量来熔化铁料，使铁液进行过热的。生产上普遍使用的是三相电弧炉，其炉体剖面简图如图7.1所示。在电弧炉熔炼过程中，当铁料熔清后，进一步提高温度及调整化学成分的冶炼操作是在熔渣覆盖铁液的条件下进行的。电弧炉依照炉渣和炉衬耐火材料的性质分为酸性和碱性两种。碱性电弧炉具有脱硫和脱磷的能力。

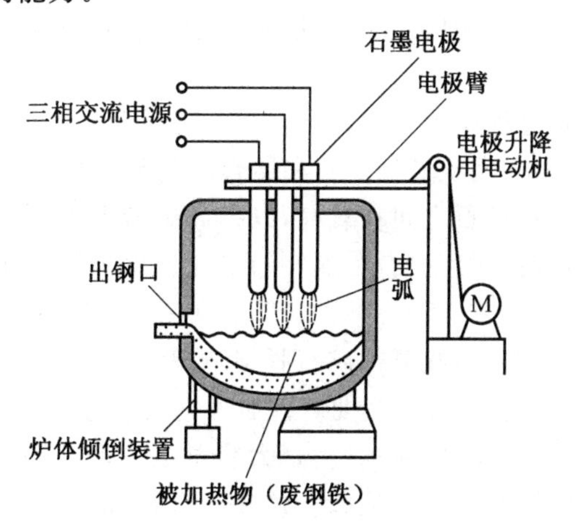

图7.1　三相电弧炉体剖面简图

2. 电弧炉熔炼及熔体处理的优缺点及其应用

电弧炉熔炼及熔体处理的优点是熔化固体炉料的能力强，而且铁液是在熔渣覆盖条件下进行过热和调整化学成分的，故在一定程度上能避免铁液吸气和元素的氧化。这为熔炼低碳铸铁和合金铸铁创造了良好的条件。

电弧炉的缺点是耗电能多，从熔化的角度看不如冲天炉经济，故铸铁在生产上常采用冲天一电弧炉双联法熔炼。由于碱性电弧炉衬耐急冷急热性差，在间歇式熔炼条件下，炉衬寿命短，导致熔炼成本高，故多采用酸性电弧炉与冲天炉相配合。

3. 电弧炉熔炼工艺

电弧炉炼钢有两种工艺：一种是碱性电弧炉炼钢工艺，另一种是酸性电弧炉炼钢工艺。

(1)碱性电弧炉氧化法炼钢及熔体处理工艺。

碱性电弧炉氧化法炼钢是当前普遍采用的炼钢方法。由于在炼钢过程中造碱性炉渣，能有效地除去钢液中的磷和硫，又在炼钢的氧化期中通过碳的氧化而形成钢液沸腾，能有效地清除钢液中的气体和夹杂物。因此，采用碱性电弧炉氧化法炼钢，不仅对炉料的适应性强，而且炼得的钢液比较纯净。从炼钢学的角度来看，碱性电弧炉氧化法炼钢的冶金反应过程也是最完整的。以下是按操作顺序来说明氧化法炼钢工艺的要点。

①氧化期。

氧化期的任务是脱磷，去除钢液中的气体和夹杂物，并提高钢液的温度。在氧化期的前一阶段，钢液温度较低，主要是造渣脱磷。在氧化期进行的过程中，待钢液温度提高(一般要求热电偶温度在以上)后，进入后一阶段，进行氧化脱碳沸腾精炼，以去除钢液中的气体和夹杂物。氧化脱碳方法有矿石脱碳法、吹氧脱碳法和吹氧一矿石脱碳法。

采用矿石脱碳法时，应将铁矿石分批加入。这是因为矿石溶解于钢液中时会吸收热量，使钢液降温，从而影响钢液的沸腾，因此一般是将矿石分三批加入，加两批矿石之间应有大约 1 min 的时间间隔。加入矿石的批量按每吨钢液加入 10 kg 计算。每批矿石能使钢液脱碳约 0.1%。

采用吹氧脱碳法时，用吹氧管将氧气吹入钢液中。吹氧前钢液温度应达到 1 550 ℃以上，吹氧压力一般为 0.6～0.8 MPa。为了使钢液脱碳 0.3%左右，每吨钢液的平均耗氧量为 4～6 m^3。

用矿石脱碳的优点是过程比较平缓，易于控制，但过程较长，耗电较多。用氧气脱碳则相反，故目前电弧炉炼钢多采用吹氧加矿石相结合的脱碳法。在吹氧一矿石脱碳法中，一般分 2～3 批加入矿石，在两批矿石之间吹氧气，以提高钢液温度，促进钢液脱碳反应的进行。采用吹氧一矿石脱碳方法时，所用矿石和氧气的量应比单独使用矿石或单独使用氧气时相应减少。

在矿石脱碳(或吹氧脱碳，或吹氧一矿石脱碳)过程之后，钢液中含有大量的 FeO，为了减少钢液中残留的 FeO 含量，在最后一批矿石加入钢液后，经过大约 3 min，钢液沸腾开始减弱，以后继续进行 10～15 min 的脱碳过程(大容量电炉取上限，小容量电炉取下限)。炼钢工艺上称此阶段为“净沸腾”。当钢液磷含量和碳含量都符合工艺要求，钢液温度足够高时，即可扒除氧化渣进入还原期。

②还原期。

还原期的任务是脱氧、脱硫，调整钢液温度及化学成分。扒除氧化渣后，首先往熔池中加入锰铁进行预脱氧。通过预脱氧可以快速除去钢液中的部分氧化亚铁。这样就能减轻后来通过炉渣进行脱氧的任务，加速整个还原期的过程。在还原过程中进行钢液的脱氧和脱硫。脱氧和脱硫是同时进行的。还原渣有白渣和电石渣两种。

化学成分调整好后，即可用铝脱氧（最后的脱氧，称为“终脱氧”）。用铝脱氧有两种方法，即插铝法和冲铝法。插铝法是在临出钢以前，用钢钎将铝块插到钢液中进行脱氧。冲铝法是在出钢时，将铝块放在出钢槽上，利用钢液将铝冲熔进行脱氧。在这两种方法中，以插铝法效果较好。冲铝法的操作比较简便，但有时会发生铝块被护渣裹住，不能起到脱氧的作用。插铝时应停电操作。插铝后，升起电极，倾炉出钢。钢液在钢水包中镇静 15 min 以上再开始浇注。

(2)酸性电弧炉氧化法炼钢及熔体处理工艺。

①酸性电弧炉熔炼及熔体处理特点。

一方面，酸性炉衬电弧炉由于不能采用碱性炉渣，因而不能在炼钢中去除磷和硫，所用的炉料由废钢和回炉废钢件组成。由于不需要脱磷和脱硫，因而所造的渣量较少，消耗的电能较低。另一方面，以 SiO_2 为主要成分的酸性炉衬所用耐火材料的热导率比以 MgO 为主要成分的碱性炉衬用耐火材料低得多，因而酸性电弧炉炼钢中通过炉壁的散热损失也比碱性电弧炉少得多。总体来看，用酸性电弧炉比用碱性电弧炉更能节省能量。

②酸性电弧炉炼钢及熔体处理的优缺点。

酸性电弧炉炼钢及熔体处理的优点如下：

a. 炉衬寿命较长。碱性炉的炉衬是用镁砖和镁砂筑成。虽然氧化镁（MgO）的耐火度很高，但其热稳定性差，在反复的加热和冷却时容易产生裂纹，降低寿命，特别是不耐急冷急热。酸性炉的炉衬是用硅砖和硅砂筑成，虽然二氧化硅的耐火度比氧化镁低，但是它的热稳定性好，经得起多次反复加热和冷却，也比较能耐剧烈的温度变化。这使得酸性炉衬的使用寿命远大于碱性炉衬。而且酸性耐火材料的价格较低。

b. 冶炼时间较短。由于酸性炼钢时不脱硫和脱磷，因而使得炼钢时间比碱性炉炼钢短。

c. 钢液中的气体和夹杂物较少，酸性炉中的钢液比碱性炉中的钢液的气体和夹杂物含量要少。一方面是由于酸性炉渣的流动性差，能严密地遮盖住钢液表面，能比较有效地防止气体侵入。另一方面，在酸性炉渣的作用下，钢液中所含的 FeO 较少。因为[FeO]是碱性氧化物，它与酸性炉渣的结合能力强，而与碱性炉渣的结合能力弱，也就是说，酸性炉渣比碱性炉渣的脱氧能力强。其结果是在酸性炼钢的还原期中，钢液的 FeO 含量能够降得很低。因而最终脱氧的任务较轻，所需加入的铝量较少，脱氧所产生的夹杂物较少。

酸性电弧炉炼钢的主要缺点：不能脱磷和脱硫，因此必须使用低磷和低硫的炉料。

酸性炉可用来冶炼碳钢、低合金钢和某些高合金钢（如含硅的高合金钢、含铬的高合金钢等），但不适于冶炼高锰钢（因为 MnO 是碱性氧化物，会侵蚀酸性炉衬）。

4. 直流电弧炉炼钢

最早的电弧炉炼钢始于 1830 年，当时采用直流电。由于在当时的技术条件下，不能提供大功率的整流器，故电弧炉的容量小。多年来，炼钢电弧炉一直采用交流电。直至近年来，工业上能生产大功率整流器，直流电弧炉才又重新应用于炼钢工业。直流电弧炉的炉体部分构造如图 7.2 所示。

电弧产生于上部电极（可沿从上向下的方向运动）与底部电极之间。直流电弧炉也有采用两根电极（无底部电极）的形式。

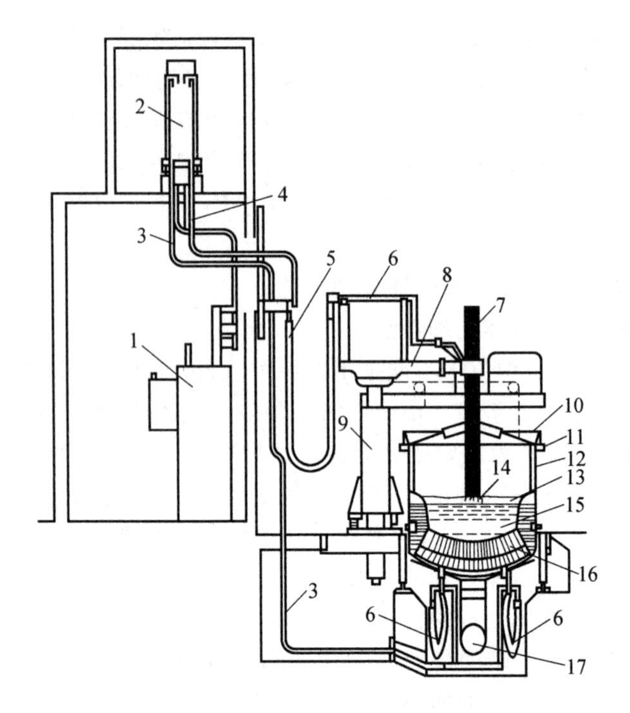

图 7.2　直流电弧炉炉体部分构造示意图

1—电炉变压器;2—整流器;3—水冷汇流排管(正极);4—水冷汇流排管(负极);5—水冷电缆(正极);6—水冷电缆(负极); 7—石墨电极;8—电极支撑臂;9—液压电极升降装置;10—电路炉盖;11—炉盖与炉体外壳间的电绝缘法兰;12—炉体外壳;13—炉渣;14—电弧; 15—钢液; 16—导电炉底;17—炉底通风冷却装置

与交流电弧炉相比,直流电弧炉在性能方面有许多优点。

(1)电弧稳定性强。

交流电弧每秒钟内点燃－熄灭 100 次(50 Hz 交流电),因而稳定性较差。特别是在熔化初期,经常发生断弧,对电力网产生闪烁效应。而直流电弧无自然的点燃－熄灭过程,电弧的稳定性高。

(2)电极消耗量少。

交流电弧炉由于电弧不稳定,在频繁的点燃－熄灭过程中,产生电极表面崩碎,致使电极损耗较大,而直流电弧炉由于无自然的点燃－熄灭电弧过程,因此电极损耗较小。

(3)噪声污染程度小。

交流电弧炉由于电弧的自然点燃－熄灭过程而产生 100 Hz 频率的噪声,这种低频率的噪声难以用隔离或吸收的方法来消除。而直流电弧产生的噪声的频率较高(大部分在 300 Hz以上),而且声量较低,较易于采取措施降低。

(4)电能俏耗较低。

在炼钢的单位能耗方而,直流电弧炉比交流电弧炉低 3%～5%。

(5)电弧较长。

与交流电弧相比,直流电弧较长,可用长电弧操作,有利于减少钢液增碳。特别对于冶炼低碳钢,这是一个很大的优点。

(6)能产生电磁搅拌作用。

交流电弧炉中电极电流产生的交变磁场不会在钢液中产生机械搅拌作用。而直流电弧炉中电极电流产生的恒定方向的磁场,在钢液中产生搅拌作用,使熔池的化学成分和温度均匀。

直流电弧炉的炼钢工艺与交流电弧炉相同。由于直流电弧炉炼钢有许多优点,将会得到日益广泛的应用。

7.1.2　真空电弧炉熔炼及熔体处理的设备与技术

真空电弧炉的基本特点是温度高和精炼能力强,主要用于高温合金和各种活性难熔金属合金的熔炼及熔体处理,还可用于磁性合金、航空滚珠钢及不锈钢等熔炼与熔体处理。自 20 世纪 50 年代开始应用以来,就显示出其优越性,到 20 世纪 60 年代发展了真空重熔法,应用更加广泛。这种炉现已处于较完善阶段,正在向更大容量及远距离操作发展。该炉在结构上提出了同轴性、再现性及灵活性的设计原则。同轴性是使阴、阳极电缆保持近距离平行,在导线和电极内的感生磁场将相互抵消,并提高电效率。再现性是指通过先进的电视和传感器来控制电参数的稳定性,使熔化率和弧长恒定。灵活性是使炉子可能熔铸多种类型锭坯。

1. 真空自耗电极电弧炉熔炼及熔体处理技术

图 7.3 是真空自耗电极电弧炉工作原理示意图。它由炉体、电源、水冷结晶器、送料和取锭机构、供水和真空系统、观察和控制系统等组成。真空电弧炉分为自耗和非自耗炉。在熔炼过程中,用炉料作电极边熔炼边消耗,这便是自耗电极电弧炉;电极不熔耗者为非自耗电极炉。自耗电极炉在电弧高温、低压及无渣条件下,熔化并滴入水冷结晶器中,冷凝成锭坯。当熔滴通过电弧区,由于挥发、分解、化合等作用,使金属得到纯化,但铸锭质量的好坏还与电弧及磁场等因素有关。

(1)电弧的影响。

在正常操作情况下,真空电弧呈钟形。电弧一般分为阴极区、弧柱区及阳极区三部分。阴极区包括正离子层及阴极斑点。正离子层间电压降较大,有利于电子发射和电弧的正常燃烧。电极端面发射电子的小块面积叫作阴极斑点,是一个温度高的亮点,面积小,电流密度大。但其大小与周围气体的压强有关。在真空度低或气体压强高时,阴极斑点面积小;随着真空度的提高,不仅面积会扩大,而且会高速移动,由电极端面移向侧面,使电极端面呈圆锥形,温度降低,降低金属熔滴及熔池温度,影响铸锭表面质量。首先熔化成液滴,当熔滴下落后,阴极斑点便转移到别处。因此,阴极斑点常在电极端面移动,其移动速度与稳弧磁场强度、电流密度、弯曲度及原材料纯度有关。电极材料的熔点高,阴极斑点温度也高。当气压低于 1.33 Pa 时,阴极斑点的面积易于扩展到电极侧面去,因而易于产生爬弧、边弧和聚弧,如图 7.4 所示。温度下降,甚至引起辉光放电。此时充入少量惰性气体,降低电极,便可恢复正常。阳极区位于熔池表面附近,集中接收电子和负离子的地方便是阳极斑点。阳极斑点面积较大,也常移动。气压低时会扩大其面积,影响电弧的稳定性。在正常情况下,高速电子和负离子束的轰击,释放出大量能量使熔池加热到高温,不仅有利于精炼反应,而且使铸锭轴向顺序结晶稳定。

弧柱区是由电子和离子组成的等离子体，亮度和温度最高，一般随电流密度增大而增高。但弧柱周围气压过低时，弧柱断面会急剧膨胀，电流密度降低，电弧不稳定，甚至造成主电弧熄灭，由弧光放电转化为辉光放电，不仅使熔炼停顿，而且会给安全操作带来威胁。如用海绵铁电极进行首次熔炼时，常在封顶期出现这种现象。此外，弧柱面积还受到外加磁场的影响。磁场强度对电弧起压缩作用，使熔池周边温度降低，会恶化铸锭表面质量。弧柱过长不仅易引起聚弧或侧弧，烧坏结晶器，而且易熄弧，甚至中断熔炼。

(2)磁场的影响。

为使电弧聚敛和能量集中，避免产生侧弧，常在结晶器外设置稳弧线圈。线圈产生与电弧平行的纵向磁场。在此纵向磁场内两电极间运动的电子与离子，凡运动轨迹不平行磁场方向的，将因切割磁力线而受到一个符合左手定则方向的力的作用，从而发生旋转，使向外逸散的带电质点向内压缩，电弧因旋转而聚敛集中，弧柱变细，阴极斑点沿电极端面旋转，阳极斑点保持在熔池中部，因而不发生侧弧，可提高电弧的稳定性。且电弧旋转也带动熔池旋转，均匀成分，改善铸锭表面质量。但磁场强度过大，熔池旋转过速，熔体常被甩至结晶器壁上，形成硬壳和夹杂，引起侧弧；磁场强度过弱，则稳弧作用不明显。磁场强度要根据铸锭质量情况来确定。可改变线圈的电流来调节磁场强度，既要使电弧稳定地燃烧，又要使熔池微微地旋转。采用交流电磁场时熔池不旋转，表面温度高，有利于改善铸锭表面质量。但在电弧较长时，不能保证电

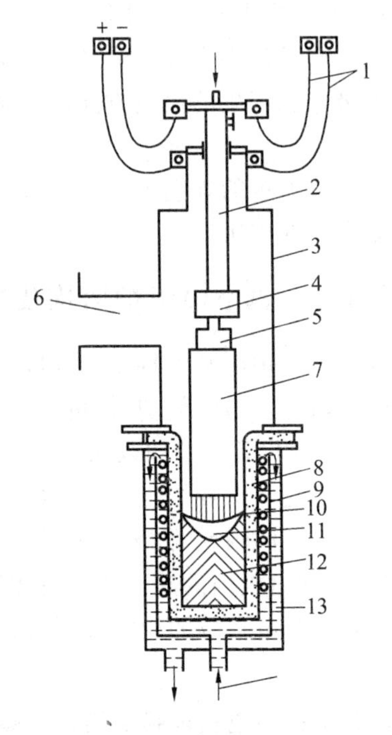

图 7.3 真空自耗电极电弧炉工作原理图
1—电缆；2 水冷电杆；3—炉壳；4—夹头；5—过度极；6—真空管道；7—自耗电极；8—结晶器；9—稳弧线圈；10—电弧；11—熔池；12—坯锭；13—冷却水；14—进水口

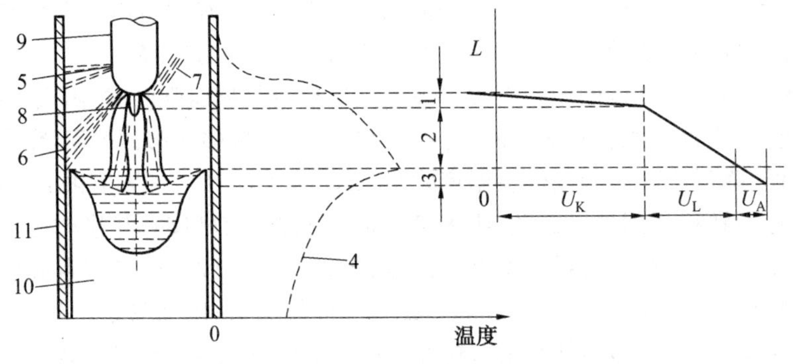

图 7.4 电弧、电压及温度的分布情况
1—阴极区；2—弧柱区；3—阳极区；4—温度；5—聚弧；6—边弧；7—爬弧；8—阴极斑点；9—自耗电极；10—坯锭；11—结晶器

弧稳定和成分均匀。直流电产生的纵向磁场能压缩电弧并旋转熔池，均匀成分和温度，也有细化晶粒和均匀结晶组织等作用，故生产上多用直流稳弧线圈。

(3)电制度。

电流与电压是真空电弧炉熔炼的主要工艺参数。电流大小决定金属熔池温度和熔化率，对熔池的深度及形状也有直接影响。电流大，电弧温度高，熔化率高，铸锭表面质量好；增大熔池深度，有利于柱状晶径向发展和粗化，促进疏松与偏析，某些夹杂物聚集铸锭中部。电流小，熔化率低，熔池浅平，促进轴向柱状晶，减少疏松和偏析，夹杂物分布均匀，致密度较高。电流密度要根据合金熔炼特性和电极直径来确定。合金熔点高，流动性差，直径较小的电极，要用较大的电流密度；反之，可用较小的电流密度。锭坯中部易产生粗大等轴晶的合金，宜用较小的电流密度。

电压对电弧的稳定性也有影响，真空电弧有辉光放电、弧光放电和微光放电三种。正常操作是用低电压、大电流的弧光放电。气压不变，加大两极间距离及电压，易于产生辉光放电。电压太低，则不足以形成弧光放电，容易引起微光放电。因此，为使电弧稳定，必须将电压控制在一定范围内。熔炼钛、锆等合金时，工作电压一般为 25～45 V；钽、钨的熔炼电压可增大到 60 V。起弧时电压要稍高些。此外，工作电极还与电源等有关，一般自耗炉常用直流电，电压较低，电弧较稳定；用交流电时电弧不稳定，用较高电压虽可提高电弧的稳定性，但又易产生边弧。为保证电弧稳定，电源应具有压降特性。这样，在弧长变化时电流和电压不会变化太大，甚至出现电流及电压不随弧长而变化，即不服从欧姆定律的情况。因为电弧电压是由阴极压降 U_K、弧柱压降 U_L 和阳极压降 U_A 所组成，其中 $U_K+U_L=U_S$，U_S 称为表面压降，与两极间距即弧长无关，仅与电极材料、气体成分、气压和电流密度等有关，因而，在电极材料和真空度等条件一定时，电弧电压仅取决于弧柱压降，而 U_L 变化不大，熔炼钛时约为 0.5 V/cm 弧长。通常弧长在 20～50 mm，电压在 20～65 V 内变动。维持电弧稳定的燃烧和正常熔炼不发生熔滴短路时的最小弧长约为 15 mm，称为短弧操作。但当弧长小于 15 mm 时，易产生周期性短路，使熔池温度忽高忽低，影响铸锭组织的均匀性，且由于金属喷溅而恶化锭坯的表面质量。电弧过长，热能不集中，易产生边弧。目前，多用大直径电极和短弧操作，其优点在于热能均匀分布于熔池表面，熔池扁平，有利于轴向结晶，致密度高，偏析小，夹杂物较细小、均匀，铸锭加工性能优良。

(4)其他因素。

自耗电极(电极)与结晶器直径之比(即填充比)、真空度、漏气率、冷却强度等因素，对铸锭质量也有一定的影响。由于金属熔池处于液态的时间短，熔池暴露在真空中的面积不大，且熔池液面上的实际真空度不高，特别是当填充比较小时，熔池的精炼作用是有限的，因此选用质量较好的自耗电极材料是必要的。自耗电极是由铸造和压制而成，要求纯度高，表面质量好，弯曲度小，中间合金在钨、铂等压制电极中沿轴向均匀分布，填充比($d_{极}/D_{器}$)在 0.65～0.85。选用大的填充比时，铸坯表面质量好，致密度高，但易产生边弧。一般应使电极与结晶器间的间隙大于熔炼时的弧长，采用大电极和短弧操作时，此间隙值为 18～20 mm。

为使脱氧、挥发杂质和分解夹杂反应更完全，真空度越高越好。为防止由于大量放气而骤然降低真空度，最好在 1.33～0.013 Pa 下进行熔炼及熔体处理。真空系统的漏气率也有影响，漏气率大会形成更多的氧化物和氮化物夹杂物。对于一般的高温合金，漏气率应控制在不大于 6 700 Pa/s；难熔金属须小于 400～6 700 Pa/s。

自耗电极炉广泛采用直流电，以熔池为阳极，电极为阴极，称为正极性操作。此时 2/3 电弧热量分布于熔池，温度高，锭坯表面质量好。熔炼钨、银等难熔金属时，宜用反极性操作。这时电极温度较高，电极较易熔化，但熔池温度低，铸锭表面质量较差。因此，一般多采用正极性熔炼。

熔滴尺寸对冷却强度也有影响。电流密度小，熔化速度慢，熔滴数少而粗。短弧操作时，熔滴尺寸过大，易于短路和熄弧，熔池温度低，铸锭表面质量不好；反之，熔滴细小，有利于除气及挥发杂质，反极性操作，电弧长，磁场强度大及电极含气量高，均促进熔滴变细，而且在电弧及气流作用下，易溅于结晶器壁上造成锭冠等缺陷。铸锭的冷却强度受其尺寸及水压等的限制。结晶器水冷的要求是薄水层、大流量、大温差。结晶器进出口水温差不小于 20 ℃，且出口水温不大于 50 ℃。

7.1.3 电渣炉熔炼及熔体处理的设备与技术

由于电渣熔炼及熔体处理具有电渣精炼作用，故可获得优质的合金熔体及优良的锭坯或铸件。因此电渣重熔技术自 20 世纪 50 年代开发以来进展很快。重熔产品日益扩大，包括不锈钢、高温合金、精密合金及铜、镍合金等。

1. 电渣炉工作原理

电渣炉是利用电流通过导电熔渣时带电粒子的相互碰撞，而将电能转化为热能的，即以熔渣电阻产生的热量将炉料熔化。其工作原理如图 7.5 所示。与真空电弧炉不同之处是炉子结构及运转操作较简单，没有庞大的真空系统，可直接用交流电，金属熔池上面始终被一厚层熔渣覆盖，没有电弧。自耗电极埋在渣池内，依靠电渣的热能加热和熔化，随着熔滴尺寸的增大，在其所受重力、电磁力及熔渣冲刷力之和大于金属的表面张力时，熔滴便脱离电极端部并穿过渣层而降落在金属熔池中。可见，熔渣不仅起着覆盖保护、隔热、导电、加热熔化作用，而且始终在起着过滤、吸附夹杂等精炼作用，使金属熔体得到提纯。因此，熔渣的成分、性能及用量，对熔铸质量起着决定性的作用。但这种方法工艺较复杂，电耗较高，生产率较低，去气效果较差，对含铝、钛等活性金属的合金成分不易控制。采用保护气氛可减少挥发损失。采用附加非自耗直流电流进行电解精炼，可增大熔速和去气效果。因此，电渣重熔在钢铁方面发展特别快，有的甚至将真空电弧炉改装成电渣炉。目前，该法正向大型化、动态程序控制、虹吸注渣快速引弧、活性有色金属重熔新渣系研究等方面发展。

2. 电渣重熔技术特点

图 7.6 是常见的几种接电方式，其中单相单极电渣炉最常用，其结构简单，可用较大的填充比。一炉一个电极，电极长度大，制作较困难，阻抗及感抗大，压降也大，电耗高，厂房也高，电网负荷不均。采用双臂短极交替使用电渣炉，可克服上述缺点。单相双极同时浸入渣池，电流从一个电极经渣池流回另一电极，电缆平行且靠近，磁场相互抵消，故感抗小，电耗较低，生产率较高。

电渣炉熔炼过程的特点是：在熔滴离开电极端面时，往往会形成微电弧，在电磁力等作

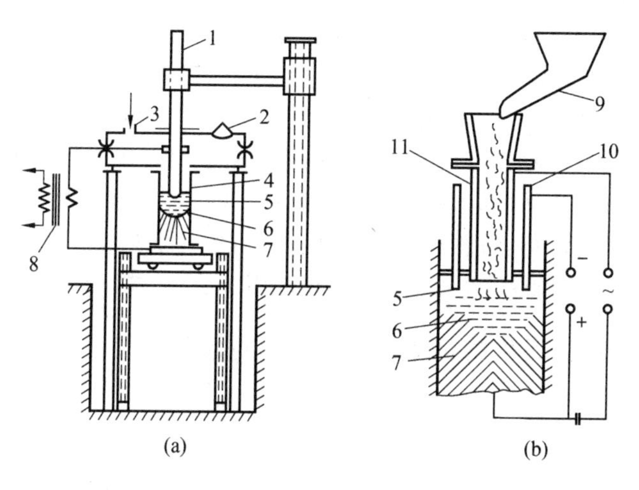

图7.5　电渣炉工作原理图

1—自耗电极；2—观察孔；3—充气或者抽气口；4—结晶器；5—电渣液；6—金属熔池；7—坯锭；8—变压器；9—加料斗；10—附加非自耗电极；11—加料器

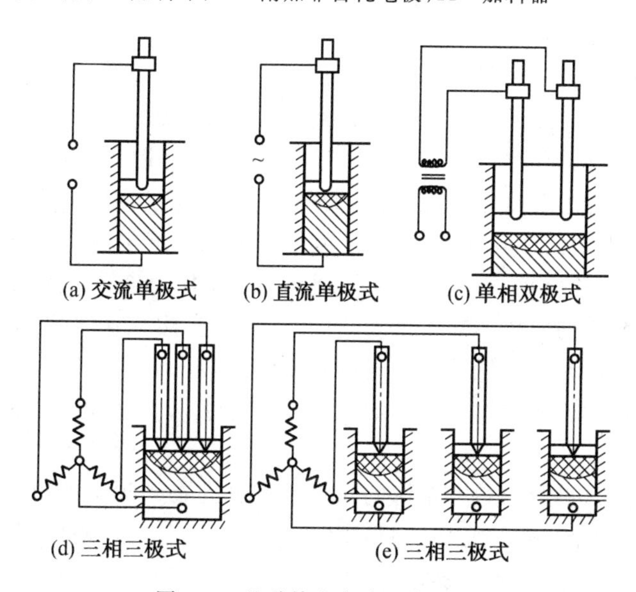

图7.6　几种接电方式示意图

用下，熔滴被粉碎，因而与熔渣接触面积大，有利于精炼除去杂质；熔渣温度高，且始终与金属液接触，既可防止金属氧化和吸气，又利于吸附、溶解和化合造渣，因而可得到较纯洁的金属熔体。

如上所述，电渣既是热源，又是精炼剂。因此，电渣应有较低的熔点和密度，适当的电阻和黏度，高的抗氧化能力和造渣能力，来源广且价格低等。常用的电渣主要由 CaF_2，Al_2O_3，CaO 及其他氧化物所组成。CaF_2 可降低电渣的熔点及黏度，利于夹杂物的吸附，且能在铸锭周边形成薄层渣皮，使锭坯表面质量光洁，促进轴向结晶，在高温下有较高的电导率，故多数渣系都含有较高的 CaF_2，CaF_2 是电渣的主要成分。Al_2O_3 是多种电渣中的主要成分，可增加电阻，提高渣温度和熔化速度。含适量 Al_2O_3 的 $CaF_2-Al_2O_3$ 二元电渣应用广泛，在此渣系中加入适量 CaO,可降低电渣熔点,提高碱度和流动性。适量的 MgO 可提高电阻和抗氧化能力。在熔炼含钦较高的合金时,加入少量 TiO_2,可减少钛的熔损,降低渣的黏度和电阻。电渣的电阻不宜过大或过小。在一定电压下,电渣的电阻过小,则热量不足,熔化速度慢,熔损增大;电阻过大,则渣池温度高,熔化率高,熔池加深,轴向结晶不明显。在正常熔炼条件下,渣池温度较低,流动性好,有利于精炼反应,改善铸锭表面质量。电渣的导电性好,熔点较低,沸点高,对稳定熔炼过程有好处。此外,渣中的 SiO_2,FeO,MnO 等应尽量低,以免氧化烧损合金元素。为此,在配置渣料时,宜选用杂质少、纯度高的原料。

7.1.4　电阻炉熔炼及熔体处理的设备与技术

下面主要介绍坩埚电阻炉、电阻反射炉和火焰反射炉。

(1)坩埚电阻炉。

坩埚电阻炉是利用电流通过电热体发热加热,熔化合金,炉子容量一般为 30～200 kg,大炉子容量可达 500 kg。电热体有金属(镍铬合金或铁铬铝合金)和非金属(碳化硅)两种,是广泛用来熔化铝合金的炉子。这种炉子的优点是炉气为中性,铝液不会强烈氧化,炉温便于控制,操作技术容易掌握,劳动条件好。

坩埚电阻炉的最大缺点是熔炼时间长,熔炼 150～200 kg 铝液,第一炉需要 5～5.5 h,耗电量较大,生产率低。由于铝液在高温下长时间停留,会引起吸气等不良后果。

图 7.7 为电阻坩埚炉的结构。因为坩埚和炉体倾转会造成电阻丝的移动、变形甚至断裂等,降低电阻丝的使用寿命,所以一般做成固定式的。浇注中,小铸件时用手提浇包直接自坩埚中舀出铝液。当浇注较大的铸件时,可吊出铸铁坩埚进行浇注。在生产规模不大的中、小型车间,铝合金的熔化、精炼及变质处理在同一坩埚内进行。当生产规模较大时,常常采用双联法,即铝合金的熔化在容量较大(200 kg 以上),熔化速度快,炉体可以在倾转的柴油或煤气坩埚炉中进行,熔化后的铝液则注入浇包后转入炉气稳定,炉温容易控制,劳动条件较好,但在熔化速度较慢的坩埚电阻炉中需进行精炼、变质处理及保温。

(2)电阻反射炉。

图 7.8 为可倾式电阻反射炉,金属的加热是靠悬挂在炉顶上的电热体的辐射传热。这种炉子用于熔化铝合金。铝锭是由加料口装入熔化室下部向熔池倾斜的炉台上,熔化后的铝液沿炉台流入位于炉子中部的熔池,大量的氧化皮留在炉台上,极易清理。这种炉子的优点是炉气稳定,氧化吸气小,铝液干净,容量大(1～10 t),劳动条件好,适用于生成大型铝铸件和大批生产的铸铝车间。电阻反射炉不能使用熔剂,不能在炉内进行精炼、变质,以免产生的氯化物蒸汽损坏裸露的电热体。

(3)火焰反射炉。

火焰反射炉可用来熔炼铜合金、铝合金等,容量为几百千克到十几吨,容量较小时做成可倾斜式的。图 7.9 为火焰反射炉结构示意图,炉子容量为 8 t。这种炉子的燃烧室和熔炼室在一起,燃油经喷嘴雾化后与空气边混合边燃烧。高温火焰顺着向下倾斜的炉顶运动,在前墙转弯后掠过熔池,从开设在后墙下部的三排烟口流入烟道从炉内排出。金属的加热和熔化主要是靠被加热到高温的炉顶、炉墙的辐射传热,以及流动中火焰的辐射和对流传热。这种炉子的优点是炉膛容积大,可熔化大块炉料,炉子容量大,生产率高,经修补,可以熔炼

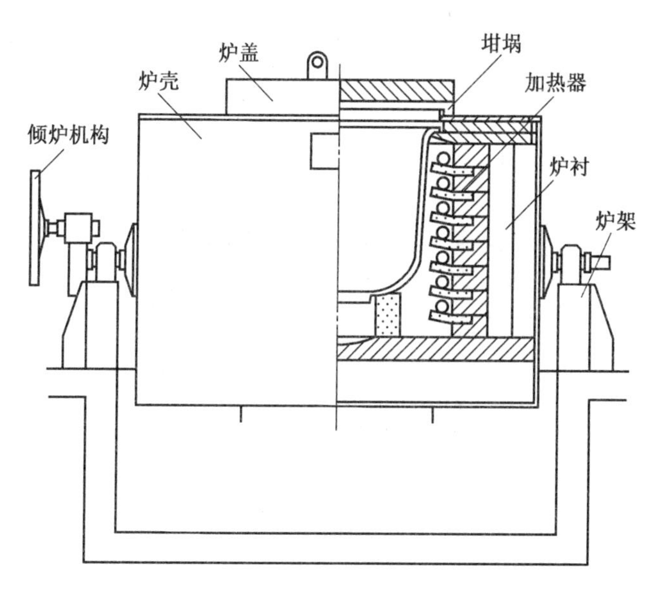

图 7.7　电阻坩埚炉

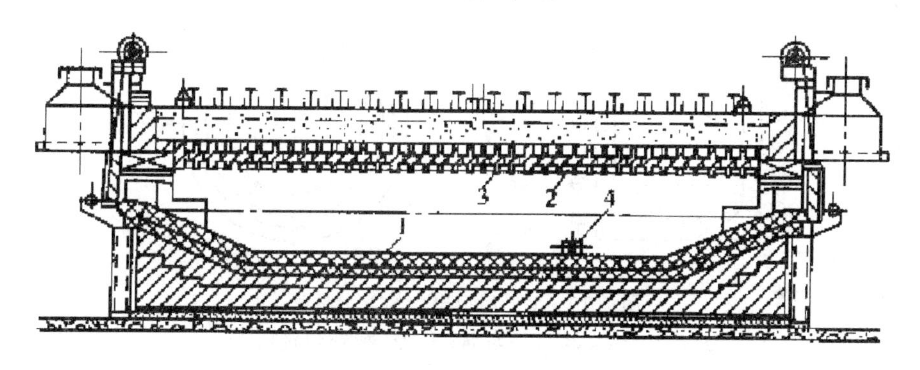

图 7.8　电阻反射炉结构图

1—炉底；2—型砖；3—电阻发热体；4—金属流口

300 炉次左右，广泛使用在铸件重、产量大的铸铜车间，也可用来重熔铝合金的废料。其缺点是熔池表面积大，深度浅，金属液上、下层没有对流，温度和成分不够均匀。此外炉气与金属直接接触，熔损较大，一般为 3%～6%，有熔剂熔炼时，熔损小些，为下限。

7.1.5　感应电炉熔炼及熔体处理的设备与技术

1. 感应电炉熔炼及熔体处理工作原理

感应电炉熔炼及熔体处理是利用交流电感应的作用，使坩埚内的金属炉料本身发出热量，将其熔化，并进一步使液体金属过热的一种熔炼和熔体处理方法。感应电炉根据其构造分为无芯式和有芯式两种类型。炼钢用的是无芯式感应电炉，其工作原理如图 7.10 所示。在一个耐火材料筑成的坩埚外面有螺旋形的感应器（感应线圈）。在炼钢过程中，盛装在坩埚内的金属炉料（或熔化成的钢液），犹如插在线圈中的铁芯。当往线圈中通以交流电时，由于感应作用，在炉料（或钢液）内部产生感应电动势，并因此感生感应电流（涡流）。由于炉料

(或钢液)本身有电阻,故在涡流通过时会发出热量。感应电炉炼钢所需的热量就是利用这种原理产生的。与电弧炉炼钢相比,感应电炉炼钢有以下特点。

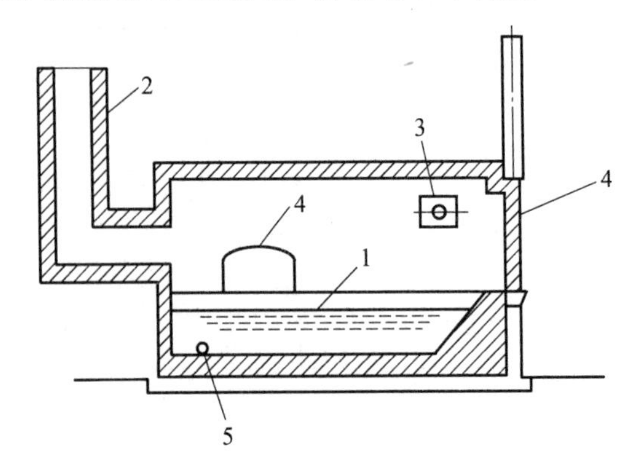

图 7.9　火焰反射炉结构示意图

1—熔池;2—烟道;3—烧嘴;4—炉门;5=流口

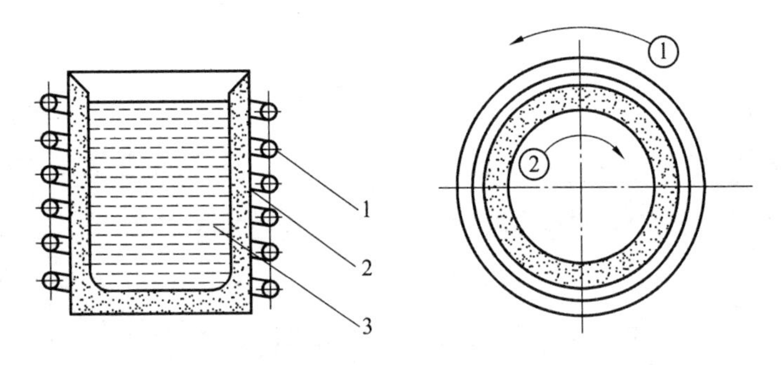

图 7.10　无芯感应电炉的工作原理

1—感应器; 2—坩埚; 3—钢液(或炉料)

①—感应器中瞬间电流方向;②—钢液(或炉料中感应电流方向)

①加热速度较快。在电弧炉炼钢过程中,熔炼所需的热量由电弧产生,通过空气和炉渣传给炉料和钢液。这种间接加热方式的速度较慢,而在感应电炉炼钢中,熔炼所需的热量是在炉料和钢液内部产生,这种直接加热方式的速度较快,特别是在炉料熔化成钢液以后,进一步使钢液过热的阶段中,感应加热更显出其优越性。

②氧化烧损较轻,吸收气体较少。与电弧炉炼钢相比,在感应电炉炼钢中,由于没有电弧的超高温作用,使得钢中元素的烧损率较低。又由于没有电弧产生的电子冲击作用,空气中所含水蒸气不致被电离为原子氢和原子氧,因而减少了钢液中气体的来源。

③炉渣的化学活泼性较弱。在电弧炉炼钢中,炉渣的温度高,化学活泼性强,在炼钢过程中能够充分地发挥其控制冶金反应(如脱磷、脱硫、脱氧等)的作用。而在感应电炉炼钢过程中,炉渣是被钢液加热的,其上面又与大气接触,故炉渣温度较低,化学性质不大活泼,不能充分发挥它在冶炼过程中的作用。

(1)无芯感应电炉的构造。

无芯感应电炉主要由炉体部分和电气部分构成。炉体部分的构造如图 7.11 所示。当交流电通过感应器时,在感应器的内部空间中便产生了交变磁通。交变磁通在金属炉料(或

钢液）内引起感应电动势，在垂直于磁通的平面上产生涡流，从而起加热作用。感应电动势的大小与磁通及电流频率有关。其关系式为

$$E = 4.44\Phi N f \tag{7.1}$$

式中　Φ——磁通，Wb；

N——感应器匝数；

f——交流电频率，Hz；

由式(7.1)可见，增大磁通和提高交流电频率，能够提高感应电动势。无芯感应电炉依照所采用不同的电流频率范围，可分为高频感应电炉、中频感应电炉和工频感应电炉三种类型。

①高频感应电炉。采用的电流频率一般是 200 000～300 000 Hz，电炉容量一般是 10～60 kg。这种感应电炉一般是在实验室做科学研究用。

②中频感应电炉。采用的电流频率一般是 1 000～2 500 Hz，电炉容量一般是 50～1 000 kg。

③工频感应电炉。采用工业用电的频率（我国为 50 Hz），电炉容量一般是 500～10 000 kg。工频感应电炉一般用于熔炼铸铁。

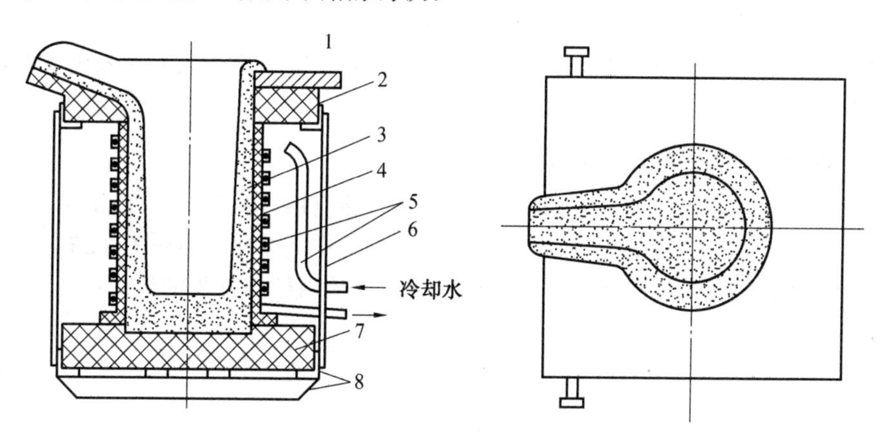

图 7.11　感应电炉炉体部分构造

1—水泥石棉盖板；2—耐火砖上框；3—捣制坩埚；4—玻璃丝绝缘布；5—感应器；
6—水泥石棉防火板；7—耐火砖底座；8—不锈钢（不感磁）边框；9—转轴

感应电炉在熔炼过程中，感应器受到高温炉衬的强烈加热。为了避免温度过高，一般都将感应器的铜导线设计成中空式的，制成异形铜管，以便通水冷却。为了倾炉出钢的需要，感应炉的炉体通过转轴装在护架上，用机械或液压方式驱动，使炉体倾转。

感应电炉的电气部分的作用是供给感应器所需要的电流。高频电炉和中频电炉的电气部分都包括带有变频的装置。变频可以采用不同的方法，高频感应电炉采用的是电子管振荡装置；中频感应电炉采用中频发电机或晶闸管变频装置。近年来，晶闸管变频的应用有了很大的发展。用晶闸管变频不仅提高电能的利用效率，而且结构较紧凑，噪声低，使用效果良好。

(2)感应电炉炼钢工艺。

在生产中，酸性炉衬和碱性炉衬都有采用的。以下将介绍碱性感应电炉不氧化法和酸

性感应电炉不氧化法的炼钢工艺。

①熔化。

炉料装好后开始通电熔化。大约在通电开始后 10 min 内用较小的(40%～60%)功率通电,以防电流波动太大。过了这段时间以后,电流趋于稳定,就可以使用大功率熔化,直至炉料熔清为止。熔化期中应经常调整电容器的容量,以保证得到最大的功率因数。在熔化过程中应经常用炉钎捅料,注意避免炉料互相挤住而发生“搭桥”。当大部分炉料熔化以后,加入造渣材料。

酸性造渣材料:造型用新砂 65%,碎石灰 15%,氟石粉 20%。也可以用碎玻璃造渣。

碱性造渣材料:石灰和氟石,其质量比大约是石灰 80%,氟石 20%。当炉料中含磷、硫量较高时,在炉料熔清时,可扒除大部分炉渣,更换新渣。

②脱氧和出钢。

采用不氧化法炼钢时,炉料熔清后就可以进行脱氧。一般采用将脱氧剂(锰铁、硅铁)直接加入钢液中进行脱氧(沉淀脱氧)的方法。脱氧以后,进行化学成分的调整,然后插铝进行终脱氧。终脱氧后,停电,倾炉出钢。

应该注意的是,在炼钢过程中,所有加入炉中的材料都必须是干燥的。其中造渣材料及铁合金应经过高温烘烤,以免材料中含有水分,加入钢液中会产生气体。

感应电炉不氧化法炼钢由于不进行钢液的氧化,所以钢中合金元素的氧化烧损较少,适宜于冶炼合金钢。

2. 真空感应电炉炼钢及钢液处理

真空感应电炉的炉体部分构造如图 7.12 所示。感应器、坩埚及待浇注的铸型是安装在用不锈钢制成的炉壳内。将炉料装在坩埚内,在真空条件下熔化。待炉料熔清、钢液温度达到要求后,即可倾炉出钢,将钢液浇入炉内的铸型中。炉内熔炼过程的情况可从炉盖上的观察窗看到。

在真空条件炼钢的过程中,对温度和压力都能控制。与大气下炼钢相比,真空感应电炉炼钢有以下优点。

(1)能比较彻底地清除钢液中的气体。

根据气体溶解度定律,对于双原子气体如 H_2,N_2 等,它们在钢液中的溶解量与炉气中该种气体分压力的平方根成正比,当降低炉气中 H_2 和 N_2 的分压力时,钢液中的气体含量就会随之减少。若炉中的真空度很高,则钢液中的含气量可以降到很低的程度。

(2)钢中元素氧化轻微。

由于炉料的熔化和钢液的过热是在真空条件下进行,故钢中元素的氧化程度很轻微,极少生成夹杂物。因此,只要炉料清洁,所炼钢液就很纯净。

(3)钢液中含氧量极低。

在真空条件下,碳具有很高的脱氧能力,这是因为碳的氧化反应为 $C+FeO \longrightarrow CO+Fe$,所生成的一氧化碳被抽走,故而使得反应进行得很彻底,因此,即使钢液由于某种原因而受到氧化时,也会在碳的作用下将氧脱干净。实际上,在真空感应炼钢中,无须加其他脱氧剂进行脱氧。

(4)炼钢工艺简单。

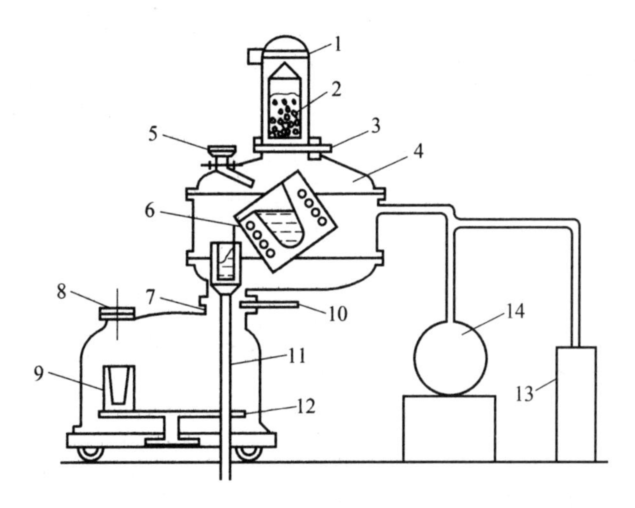

图 7.12　真空感应电炉炉体部分构造图

1—绞盘；2—炉料；3—闸门；4—熔炼室；5—加料斗；6—感应器；7—弹簧；8—卸锭门；9—锭模；10—闸门；11—升降机构；12—旋转门；13—机械泵；14—扩散泵

由于不进行氧化和脱氧等操作，因此炼钢的冶金过程很简单，实际上是炉料重熔的过程。

由于上述优点，真空感应电炉适宜冶炼高纯净度的以及要求严格控制化学成分的钢种。

实际上，真空感应电炉炼钢也存在一些缺点，在生产中应加以注意。

(1)金属元素的蒸发。

钢液中每种元素都有它一定的蒸气压，当蒸气压超过外界压力时，元素即会蒸发。在常压下进行的炼钢过程中，并不发生显著的蒸发现象。但在真空条件下冶炼时，钢中某些蒸气压较高的元素(主要是锰)就会发生显著的蒸发现象，从而导致化学成分控制的困难。

(2)钢液的玷污。

在真空冶炼条件下，炉衬耐火材料会被钢液所侵蚀，这种侵蚀表现为耐火材料中的 SiO_2 成分被钢液中的碳所还原。其结果是还原产物 Si 进入钢液，使钢液的化学成分发生变化，这种现象称为钢液的玷污。其反应式可写为

$$2[C]+(SiO_2)\longrightarrow[Si]+2CO\uparrow \tag{7.2}$$

这一反应在大气冶炼条件下，由于炉气中 CO 的分压力较高，故反应速度受到限制；而在真空条件下，反应速度显著。其结果是使钢的碳含量降低，而硅含量增高。

在真空感应电炉炼钢中，对上述钢液化学成分变化的现象应给予重视。

7.1.6　非自耗/自耗电极电弧炉熔炼及熔体处理的设备与技术

真空非自耗电极炉在钛合金发展初期曾得到应用，但由于有污染合金问题，现只用于废钛回收及铸件的凝壳炉。后者可用非自耗电极或自耗电极，如图 7.13 所示。非自耗电极炉的特点是能用碎屑料，可省去压制电极及压力机，电极与坩埚间的空隙较大，熔体在真空下停留时间长，利于去气和挥发杂质等精炼操作。为使电弧稳定和成分、温度均匀，在水冷坩

埚外也装有稳弧线圈。但其热效率较低，熔化速率只有自耗炉的 1/5～1/3。采用钨或石墨电极时，有时会造成夹杂物，并使合金增碳增钨。为此，现已采用旋转式水冷铜电极代替钨及石墨电极，基本上克服了污染问题。在水冷铜极头中装入线圈，形成与电极表面平行的磁场，使电弧围绕电极端面回转，可防止铜电极局部过热和损坏。非自耗电极凝壳炉多用于回收钛废料及钛合金铸锭，也常用于铸件。

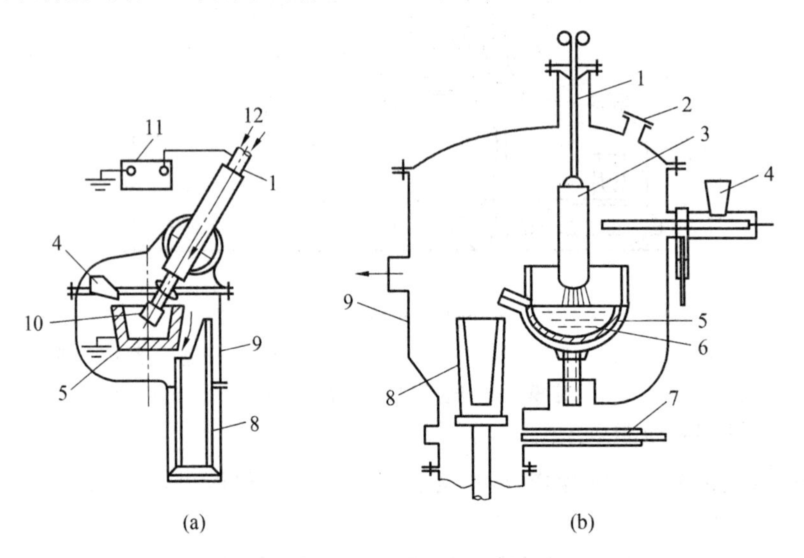

图 7.13　凝壳炉示意图

1—电极杆；2—观察孔；3—自耗电极；4—加料斗；5—水冷坩埚；6—凝壳；7—闸门；8—锭模；9—炉体；10—水冷铜电极；11—电源；12—冷却水

在自耗电极凝壳炉中，除自耗电极外，还可添加部分炉料。凝壳是金属液受水冷铜坩埚激冷而形成的，控制水冷强度，可得到一定厚度的固体金属壳，而内部金属液始终保持为熔体，直到熔满一坩埚，再倾注入锭模。为了保持凝壳厚度大致不变，必须控制好水压、水温及熔化率等参数。凝壳底厚一般为 25～30 mm，坩埚壁部壳厚为 10～15 mm。凝壳炉的特点是：可控制熔化速率和精炼时间，得到成分均匀的过热熔体，既可铸锭也可铸件，提纯效果好，质量佳。

7.1.7　电磁冷坩埚熔化及熔体处理的设备与技术

电磁冷坩埚技术发源于 20 世纪五六十年代，近年来，随其结构形式和与其他加工技术的结合成为正在兴起的新技术，它将分瓣绝缘的电磁冷坩埚置于高频交变磁场内，利用交变电磁场产生的涡流热熔融金属，并使熔融金属与坩埚壁保持软接触或者非接触状态，并对料棒进行电磁搅拌或者约束成型的技术。由于被熔化金属与坩埚壁的非（软）接触，因此能保持原金属的高纯度及防止在熔炼或熔体处理过程中各种间隙元素的污染，实现高纯材料的低成本熔炼和成型。目前很多国家都在努力研究开发这一新技术。

根据使用方式不同，可以把电磁冷坩埚分为间歇式和连续式两种，但是基本原理相同。电磁冷坩埚的基本结构如图 7.14 所示。它主要由水冷坩埚、电源和其他辅助设施组成。水冷坩埚由数个弧形块或管组成，弧形块或管内通有冷却水，保持冷壁，各个弧形块或管间缝隙充填耐火材料，彼此绝缘，不构成回路，这种分瓣结构是为了减少坩埚对电磁场的屏蔽。坩埚外绕有水冷螺旋的感应线圈，感应线圈与电源相连，以产生交变电磁场。

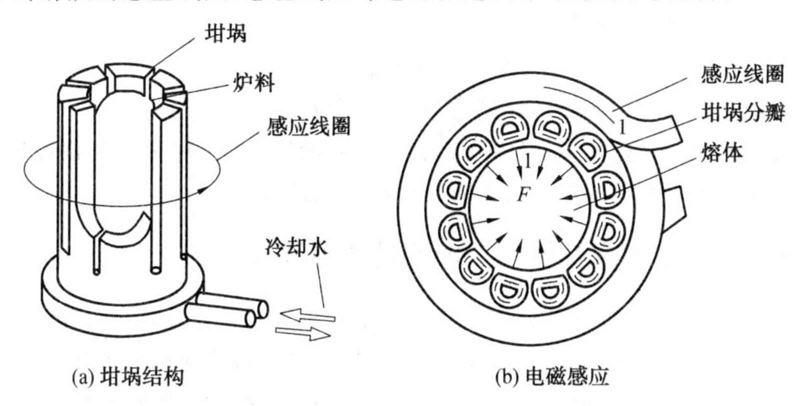

图 7.14　电磁水冷坩埚的基本结构

当线圈通入交变电流时，在线圈内部和周围产生一个交变电磁场。由于冷坩埚的每根金属管之间彼此绝缘，所以每根管内都产生感应电流。有关研究表明，如图 7.14 所示，当感应线圈的瞬间电流 I 为逆时针方向时，则在每根管的截面内同时产生顺时针方向的感生电流 I'，相邻两管的截面上电流方向则相反，彼此在管间建立的磁场方向相同，向外表现为磁场增强效应。因此冷坩埚的每一缝隙处都是一个强磁场，冷坩埚如同强流器一样，将磁力线聚集到坩埚内的物料上，坩埚内的物料就被这个交变的磁场的磁力线所切割。根据电磁场理论，坩埚内的物料中就产生感应电动势，由于感应电动势的存在，物料的熔体表面薄层内将形成封闭的电流回路。通常把这种电流称为涡流，涡流的大小 I_i 服从欧姆定律。由于涡流回路的电阻通常很小，故 I_i 能达到很高值，使涡流回路产生大量的热，从而使金属熔化，其热量可由欧姆定律 $Q=I_i^2Rt$ 确定。因此冷坩埚内对熔体实行加热主要是依靠感应电流。

由电磁场理论可知电磁力为

$$\boldsymbol{f}=1/2\mathrm{Re}[\boldsymbol{J}\times\boldsymbol{B}]\text{（电磁力向量）}\tag{7.3}$$

这里，电磁力 f 可以分解为造成熔体悬浮的无旋分量 f_{m} 和使熔体产生电磁搅拌驱动力的有旋分量 F_{s}：

$$f_{\mathrm{m}}=\mathrm{Re}[-\nabla B^2/4\mu]\tag{7.4}$$

$$F_{\mathrm{s}}=\mathrm{Re}[(B\times\nabla)B]/2\mu\tag{7.5}$$

f_{m} 作用原理：在金属熔体的表面处，感应圈所形成的磁场 B 沿熔体的母线方向（即剖面图中熔体表面方向），而熔体感应电流的方向为熔体水平截面的环周向，则由 $\boldsymbol{f}=\boldsymbol{J}\times\boldsymbol{B}$ 可知，电磁力 $\boldsymbol{f}$ 方向为熔体表面的内法线方向，当电磁力达到可以抵消被熔金属的重力或者静压力时，可以实现被熔金属的悬浮或软接触。

F_{s} 为电磁搅拌驱动力，对金属熔体产生强烈的搅拌作用，使金属熔体的温度和成分均匀，并能获得一致的过热度。f_{m} 和 F_{s} 两者之间的数量比由源磁场频率所决定，电源频率越低，则搅拌力越大；反之，频率越高，悬浮力越大。

由上述可知冷坩埚技术具有以下优点：

①它可以使金属少或无污染熔化，金属液在电磁冷坩埚中悬浮或软接触。

②由于采用感应加热，还可熔化高熔点的金属。

③电磁力的强烈搅拌使熔体成分均匀。

④适用范围广，可熔炼不同成分的合金材料。

⑤高温熔体对冷坩埚无实质性腐蚀，使用寿命长。

冷坩埚技术的缺点是能量利用率低，针对这一问题，通过优化冷坩埚设计，使冷坩埚的应用效果达到最佳。因此冷坩埚技术有广阔的应用前景。

7.1.8　等离子熔炼及熔体处理的设备与技术

等离子熔炼与熔体处理是利用等离子弧作热源，温度高(弧心温度可达 24 000～26 000 K)，可熔炼和处理任何金属、非金属的炉料与熔体，可在标准大气压下实现有渣熔炼和熔体处理，也可在保护气氛中进行无渣熔炼和熔体处理。它常用于精密合金、不锈钢、高速工具钢的熔炼和熔体处理及钛合金废料的回收等。目前已发展成新型熔炉系列，最大容量已达 220 t 钢。一支等离子枪的功率可达 3 000 kW，并正在研究更大容量及采用交流电的等离子炉。

等离子炉的工作原理图如图 7.15 所示。它是用直流电加热非自耗电极或中空阴极以产生电子束，将通过阴极附近的惰性气体离解，再以高度稳定的等离子弧从枪口喷到阳极炉料上使之熔化。由于等离子体中离子的正电荷和电子的负电荷大致相等，故称为“等离子体”。可见，等离子弧是一种电离度较高的电弧。与自由电弧不同之处是，它属于压缩电弧，弧柱更细长，温度更高，能量更集中。

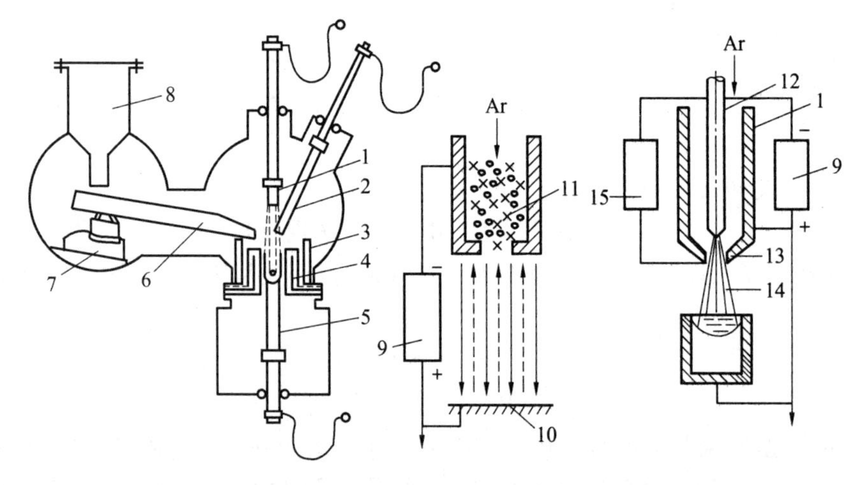

图 7.15　等离子炉的工作原理

1—等离子枪；2—料棒；3—搅拌线圈；4—结晶器；5—铸锭；6—斜槽；7—振动器；8—料仓；9—电源；10—熔池；11—等离子体；12—钍钨电极；13—非转移弧；14—转移弧；15—高频电源

等离子炉的关键部件是等离子枪，它由水冷喷嘴及钵钨电极构成。喷嘴对电弧起压缩作用，是产生非转移弧的辅助极。当在柿钨或牡钨电极上加直流电压时，通入氢气后用并联的高频引弧器引弧，使氢气电离，产生非转移弧(即小弧)，然后在阴极与炉料或熔体之间加上直流高压电，并降低喷枪让小弧接触炉料，使之起弧，称为转移弧或大弧。大弧形成后，即可断开高频电源，使非转移弧熄灭，用转移弧进行熔炼和熔体处理，不导电的炉料可用非转移弧熔炼。按等离子枪和炉体结构，等离子炉分为等离子电弧炉、等离子感应炉及等离子电子束炉三种。

(1)等离子电弧炉熔炼与熔体处理技术。

等离子电弧炉在标准大气压下熔炼与熔体处理类似于电弧炉，大多在充气条件下进行重熔和熔体处理。如图 7.16 所示，因弧温和熔化率高，熔损率小，收得率高于所有真空熔炼法，适于熔炼和处理含易挥发元素的合金。脱碳能力强，能熔炼超低碳钢种，成本低于真空熔炼。还可进行造渣精炼处理，脱硫效果好，可用品位较低的炉料。通入氮气可生产含氮合金；通入氢气可生产含超低碳低氮(<0.006 5%)的超纯铁素体不锈钢。它还成功地用来熔炼和处理精密合金、耐热合金、含氮合金、活性金属及其合金等。其优点是可用交流电，设备投资低于真空电弧炉，且含挥发性元素损失小，并易于控制。

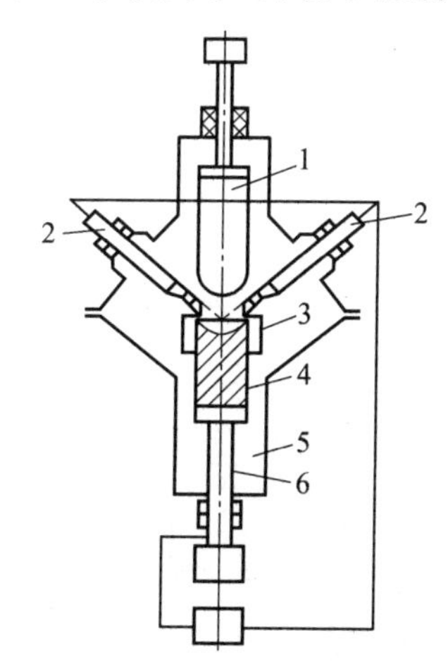

图 7.16　等离子电弧炉示意图

1—电极；2—等离子枪；3—结晶器；4—铸锭；5—熔炼室；6—拉锭机构

(2)等离子感应炉熔炼与熔体处理技术。

等离子感应炉由感应加热、搅拌和等离子弧熔化、惰性气体保护组合而成的一种新熔炉，如图 7.17 所示。由于在感应炉顶加一等离子枪，它具有等离子电弧炉和感应炉两种炉子的特点。熔化率和热效率高，用高纯氮气保护时，气相中氧、氮、氢分压较低，相当于 0.13～0.013 Pa真空度，故精炼处理效果好。

(3)等离子电子束炉熔炼与熔体处理技术。

等离子电子束炉是利用氩等离子弧加热中空钽阴极，使其发射热电子，在电场作用下飞向并轰击炉料阳极；同时，热电子在飞向阳极途中，不断地将碰撞的气体分子和原子电离，又释放出高能量热电子，形成热电子束，轰击炉料及熔池，如图 7.18 所示。这种炉子多用于重熔精炼处理一些重要合金和回收其废料，如各种难熔金属及贵金属合金。当氩气纯度较高时，可得到高真空下才能得到的极纯的优质铸锭。等离子电子束炉可使用各种炉料，熔损较少，热效率高，设备较电子束炉便宜，成本也较低，因此发展较快。

总之，上述三种等离子炉各有其特点。尚待解决的问题是：大功率等离子枪的设计和使

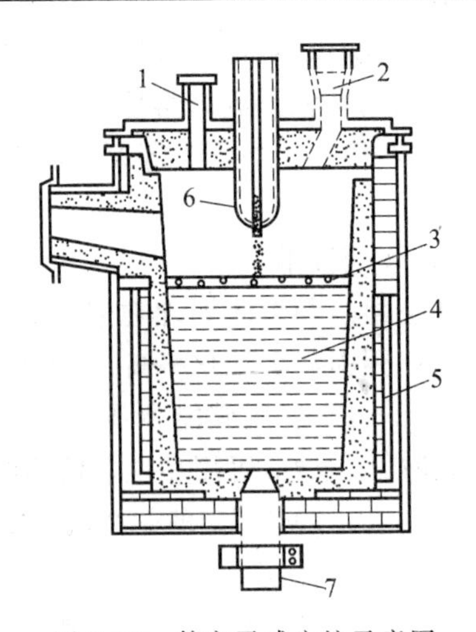

图 7.17 等离子感应炉示意图

1—观察孔；2—加料器；3—熔渣；4—金属液；5—感应器；6—等离子枪；7—石墨阳极

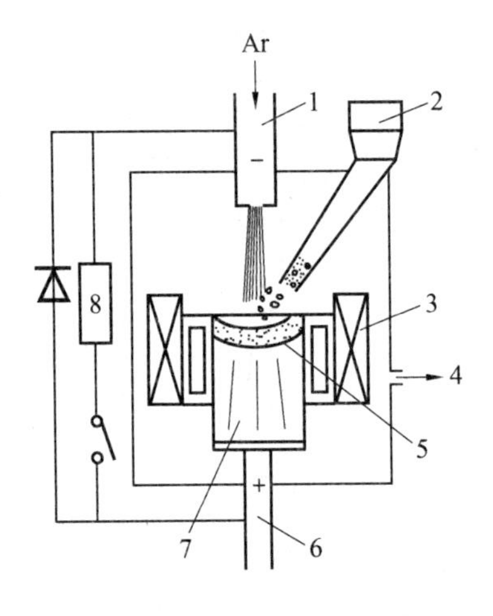

图 7.18 等离子电子束示意图

1—中空钽阴极；2—加料器；3—搅拌器；4—真空泵；5—熔池；6—拉锭机构；7—铸锭；8—高频引弧器

用寿命；直流等离子炉虽较成熟，但大容量炉子受到直流电的限制，使用多枪时会产生相互干扰，使用交流电就好些，但交流等离子炉尚待完善；等离子感应炉的炉底要装电极，显然不是很安全，炉子越大，此问题越突出。另外还要注意臭氧及 NO_2 公害问题。为此，除加强通风外，炉子上还要装抽气和净化处理等设施。

7.1.9 电子束熔炼及熔体处理的设备与技术

电子束熔炼及熔体处理是将高速电子束的动能转变为热能，并用它来加热熔化炉料和过热熔体的。由阴极发射的热电子，在高压电场和加速电压作用下，高速向阳极运动，通过聚焦、偏转使电子成束，准确地轰击到炉料和熔池的表面。其能量除极少部分反射出来外，绝大部分被炉料和熔体所吸收。理论和实践表明，电子束从电场得到的能量几乎全部转变成热能。电子束炉熔炼和熔体处理的特点是：真空度高，熔体过热度大，维持液态的时间长，有利于除气与挥发杂质。铸锭以轴向顺序结晶为主，致密度高，塑性好，脆塑性转折温度较低，纵横向的力学性能基本一致。用电子束熔炼的钼锭，冷加工率到 90% 仍无明显的硬化现象。氢化物及大部分氮化物可分解除去。锆、钽中的[N]可降至 0.002 2% 以下。钨、钽、钼、铌用碳脱氧效果较好。Nb 以 NbO 挥发脱氧的速率比碳快。

(1)电子束炉熔炼与熔体处理技术特点。

电子束炉炉型的结构主要与电子枪的结构有关。图 7.19 是一种远聚焦式电子束炉工作原理图。炉子主要由电子枪、炉体、加料装置、铸锭机构、真空系统、冷却系统及控制系统组成。电子束炉的关键部件是电子枪。电子枪产生的电子流，通过聚焦聚敛成为电子束，经加速阳极后可加速到光速的 1/3，再经过两次聚焦后，电子束更集中，其辉点部分集中电子束能量的 96%～98%。

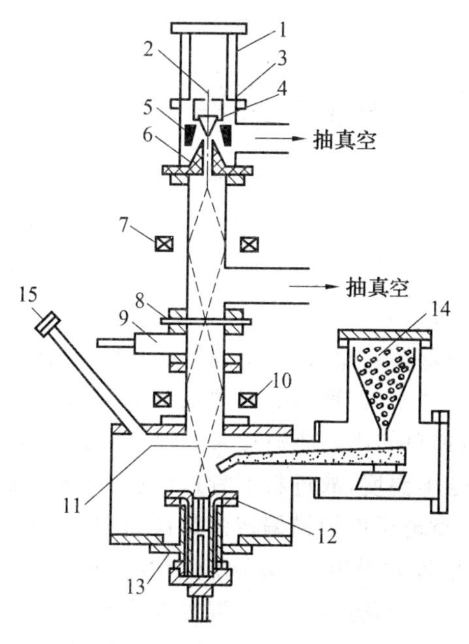

图 7.19　远聚焦式电子束炉工作原理图

1—电子枪罩；2—钽阴极；3—钨丝；4—屏蔽极；5—聚焦极；
6—加速阳极；7，10—聚焦线圈；8—拦孔板；9—阀门；11—隔板；
12—结晶器；13—铸锭；14—料仓；15—观察孔

高速电子束最后经拦孔射向炉料及熔池。电子束炉可熔炼温度高且一般不导电的非金属炉料，其次是电子束炉的真空度比真空电弧炉高，故真空提纯效果好。在电子枪室的真空度低至 0.027 Pa 时易放电，其可造成高压设备事故，故枪内始终保持在 0.006 7 Pa。在熔炼过程中，难免会突然放气而影响其真空度。故多将电子枪和熔炼室分开，且将电子枪分成几个压力级室，分别用单独的泵抽气。这样，即使炉料放气，也不会影响电子枪室的真空度。此外，电子束在磁透镜聚焦后，难免还有发散情况，若在熔炼时有锰、氮等正离子与空间电荷复合，可降低电子束的发散，形成一种离子聚焦作用。当真空度为 0.04 Pa 时，离子聚焦作用大于空间电荷的排斥作用，可使电子束形态稍有变化。

图 7.20 是近聚焦式电子束炉示意图。它使用的是环形电子枪或平面电子枪。其特点

是电子发射系统装在熔炼室内，阳极离熔池太近，易被金属溅滴或挥发物所污染，故阴极灯丝寿命短，在熔炼室的气压高于 0.01 Pa 时，易产生放电而中断熔炼。为此，必须配备强大的真空泵，使真空度保持在较高的水平上。因此，这些电子枪用得较少，远聚焦式电子枪的结构虽较复杂，但使用寿命长，利用偏转线圈的调节，可使电子束能量在熔化炉料及过热熔池上得到合理分配。

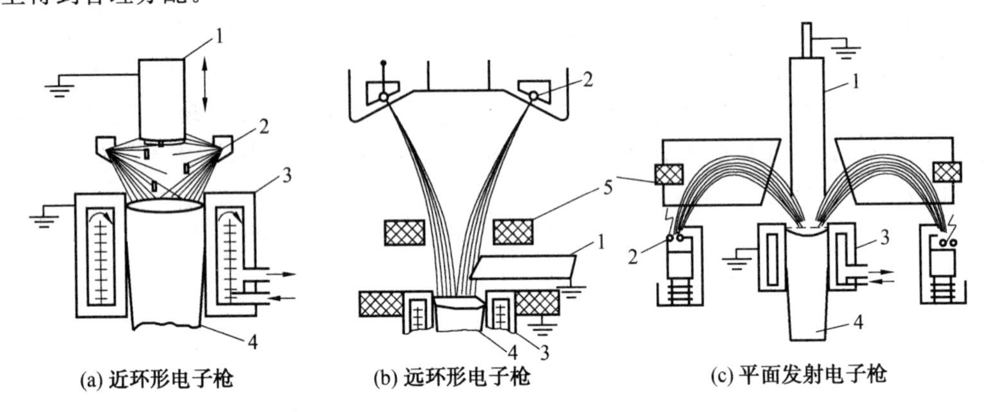

图 7.20　近聚焦式电子束炉示意图

1—棒料；2—阴极灯丝；3—结晶器；4—铸锭；5—聚焦线圈

(2)影响电子束炉熔铸质量的因素。

比电能、熔化速率、电极及结晶器尺寸、熔池形状、真空度及漏气率等因素对熔铸质量均有影响。熔化炉料所耗电能并不大，铁、镍、钴基合金仅 0.25～0.5 kW·h/kg；钨、钼等为 2～3 kW·h/kg。耗于熔池加热的比电能则较大，并与熔池温度和冷却强度有关。进料速度快，熔化速度也高，但影响熔池温度，故进料不宜过快过多；进料太慢，虽熔池温度较高，但比电能耗费较大。因此，应注意电子束扫描偏转的调配，使耗于熔池加热的比电能适当，又能稳定炉料的熔化速度。从精炼效果看，主要取决于熔化速度、熔池温度和真空度。熔化功率、比电能和送料速度不同时，熔化速度、熔池温度及其形态均会变化，提纯效果、夹杂物分布及结晶组织也随之变化。在真空度和合金品种一定时，熔炼功率、比电能和熔化速度是电子束熔炼技术的三要素，决定着铸锭质量、提纯效果及经济指标。

熔炼室的真空度主要取决于熔化速度和炉料的放气量，一般要求在 0.013～0.001 3 Pa，也可在 0.13 Pa 以下工作。可根据炉气含量、产品质量要求等来确定。真空度及熔池温度高，精炼提纯效果好。难熔金属中的碳、钒、铁、硅、铝、镍、铬、铜等均可挥发除去，其含量达到低于分析法准确范围，有的可达到光谱分析极限水平，比精炼前可降低两个数量级，得到晶界无氧化物的钨和钼。高温合金经电子束炉熔炼后，除去杂质的效果比其他真空炉都好。此外，炉料必须清洁，无氧化皮等脏物，最好先经真空感应炉熔炼。熔炼开始功率不宜过大，形成熔池后逐渐增大功率。在熔炼中要注意电子束聚焦和偏转情况，尽量防止电子束打在结晶器壁上。在结束熔炼前，可用电子束扫除结晶器壁上的黏结物。

7.2　合金熔体质量检测方法及仪器

熔炼过程中或铸造前对金属熔体进行炉前质量检验，是保证得到高质量金属熔体及合格铸锭的重要工序，尤其是大容量熔炉或连续熔炉进行生产时，其意义更大。炉前熔体质量检查，除快速分析及温度测定外，主要是指评价熔体的精炼效果，即含气(氢)量的测定和非金属夹杂物的检验。

7.2.1　含气量检测

测定金属含气量的方法有真空固体加热抽气法、真空熔融抽气法等。其分析精度和可靠性都较高，多应用于标准试样分析及质量管理的最终检查，不适于炉前使用。测定熔体含气量，定性法有常压凝固法和减压凝固法；定量法有第一气泡法、惰性气体载体法(即惰性气体携带—热导测定法和平衡压力法)、气体遥测法(Telegas 法)、同位素测氢法、光谱测氢法、气相色谱法等。最近，气体遥测法已采用计算机控制，市场上已出现了高速可靠的机种。这表明，用于炉前和流槽的氢和氧的分析法取得了很大进展。Telegas 法是一种在线连续测定熔体含气量的新技术，它不仅能测定含气量，且可作为脱气装置的含氢量测定传感器，能用来控制精炼过程。下面介绍几种常见的炉前含气量测定法。

(1)减压凝固法。

减压凝固法测定熔体含气量装置如图 7.21 所示。精炼后的熔体，在一定的真空度(399～6 650 Pa)下凝固，观察试样凝固过程中气泡析出情况，或其表面，或断口状态，即可定性地断定熔体含气量的多少和精炼脱气的效果。若凝固时析出气泡多，凝固后试样上表面边缘与中心的高度差大，断口有较多的疏松和气孔，则熔体含气量多；反之，含气量少。

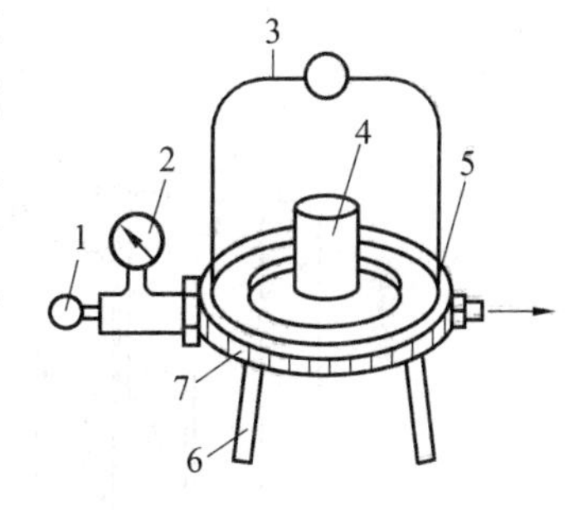

图 7.21　减压凝固装置示意图
1—排气阀；2—压力表；3—玻璃罩；4—小坩埚；5—橡胶垫圈；6—支架；7—底座

(2)第一气泡法。

第一气泡法的原理是在一定真空度下，当熔体表面出现第一个气泡时，即可认为氢的分压和在该真空度下的相应压力相等。测定当时的温度与压力，就可算出熔体的含气量。这种方法的优点是设备简单，使用方便。但第一气泡出现受到合金成分、温度、黏滞性、表面张力和氧化膜等因素的影响，不能连续测量，且测量的精度不高，因此该法使用受到限制。第一气泡法装置示意图如图 7.22 所示。

(3)惰性气体携带—热导测定法。

利用循环泵将定量惰性气体反复导入熔体中，使扩散到惰性气体中的氢与熔体中氢达到平衡，于是惰性气体中氢的分压就等于金属熔体中的氢的分压。用分子筛分离，热导仪测定所建立的氢的平衡压力。与此同时，测定熔体温度，将氢的分压与温度代入有关公式进行计算，即可求出熔体含氢量。

探头采气和热导测定系统示意图如图 7.23 所示，它由探头采气和热导仪两部分组成，并用六通阀中的取样管将它们连接在一起。该法可测出熔体中的绝对含氢量，数据可靠，重现性好，操作简便，快速准确，可用于生产中的炉前快速测定含氢量。

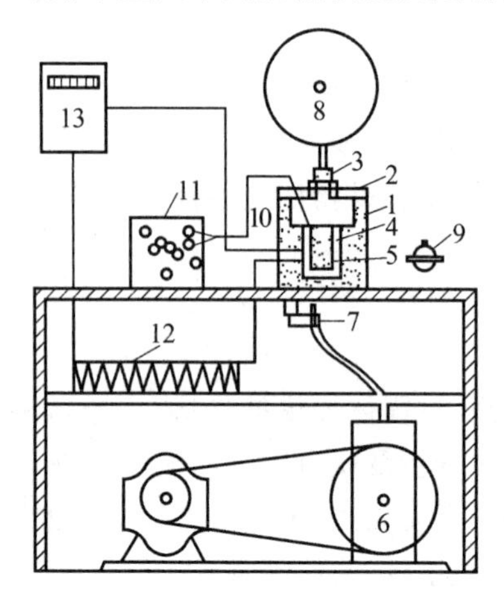

图 7.22　第一气泡法示意图

1—真空罐；2—罐盖；3—放大镜；4—坩埚；5—电炉；6—真空泵；7—三通阀；8—真空表；9—阀门；10—热电偶；11—测温仪表；12—温度控制器；13—自耦变压器

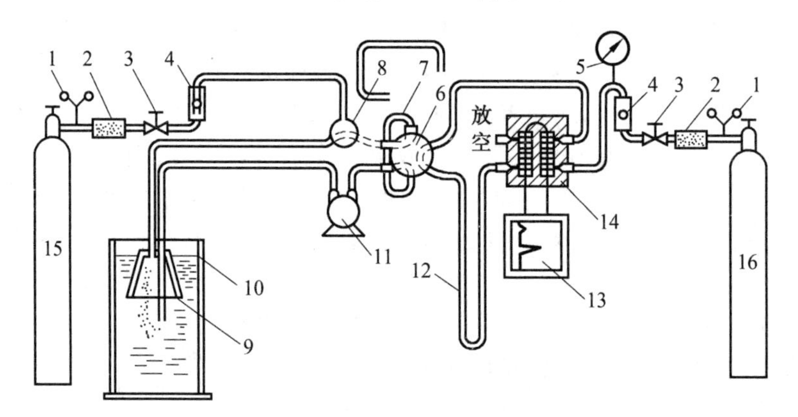

图 7.23　探头采气和热导测定系统示意图

1—减压阀；2—干燥器；3—稳定阀；4—流量计；5—压力表；6—六通阀；7—取样管；8—三通阀；9—探头及取样罩；10—坩埚炉；11—气提泵；12—分子筛；13—记录仪；14—导热池；15—氮气瓶；16—氩气瓶

7.2.2　非金属夹杂物的检测

金属中非金属夹杂物检测包括鉴定其种类、观察其形状、大小及分析其含量。要同时完成上述几项检测指标，绝不是一件轻而易举的事。目前，仅能根据实际需要与可能，对某种夹杂物的某项指标进行检测。金属中非金属夹杂物含量的测定方法，按照样品处理情况和所用设备不同可分为化学分析法、金相法、断口检查法、水浸超声波探伤法及电子探针显微分析法等。这些方法的检测精度不够高，缺乏代表性，多不能作为炉前精炼效果之用。下面简要介绍几种常用方法。

(1)吸引过滤速度测定法。

将装有过滤网的特殊容器与真空泵相连接，放在熔液中吸取熔液，由时间与熔液的通过量的关系来评价熔液的清洁度。滤网处的金属凝固后，也能对夹杂物进行观察。图7.24为吸引过滤速度测定法示意图，由过滤器、过滤杯、锥形塞和真空容器等部分组成。真空吸引过滤分析装置使用步骤如下：首先将锥形塞子塞住过滤杯，然后将整个装置浸入到熔体当中进行预热，拔掉塞子，熔体在真空的抽吸作用下通过过滤器进入到钢制取样管中。取得一定数量的熔体后，取出过滤杯进行冷却，从过滤杯中取出凝固和冷却后的过滤体，并沿垂直于过滤体表面的直径切片。

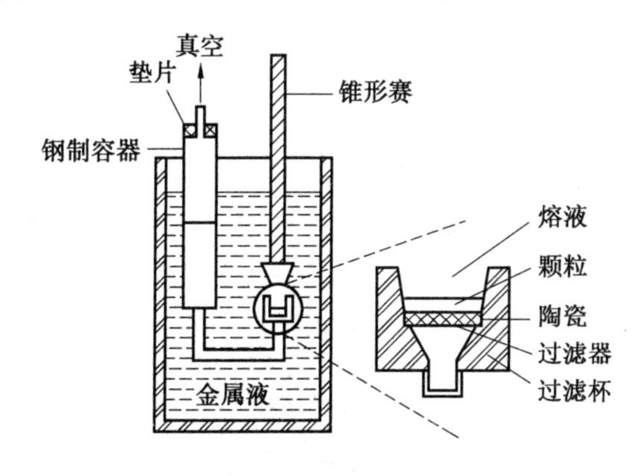

图7.24　吸引过滤速度测定法示意图

(2)加压过滤测定法。

①测定原理。如图7.25所示，在底部有排出口的加压容器中放置装有过滤网的坩埚，装入需要测量的熔液，在熔液温度、压力等一定条件下加压过滤，在过滤网的表面留下夹杂物，通过凝固后的显微组织观察，测定出夹杂物的种类和数量。根据熔液的情况可以变换过滤网的种类或孔径，但一般的平均孔径为数10 μm，使用的是耐火材料颗粒的成型品。过滤压力大多在1 kg/cm^3。在不能直接对熔液进行评价的情况下，注意采取的熔液不要污染，使其一次固化，通过加压容器中所装的加热装置使其再熔化，然后测定。

②特征。用显微镜观察，虽然烦琐，但由于能够评定夹杂物的种类及数量，因此多用于要求高清洁度的型材熔液的评价。在铸件、压铸合金使用的情况下，最好是将过滤网的孔径或评价标准等条件稍微放宽一些后使用。由于显微镜观察需要较长的时间，难以作为炉前实验方法。

(3)加压过滤速度测定法。

①测定原理。

加压过滤速度测定法的设备构成及原理与加压过滤测定法大体相同，但它可以通过测定过滤装置中过滤速度的变化来评价清洁度，即利用当夹杂物少时过滤速度快，而相对低当夹杂物多时过滤速度慢的原理。过滤速度的测定是利用速度慢的原理。过滤速度的测定是利用载荷管等测量接受过滤金属的容器质量，如图7.26所示。

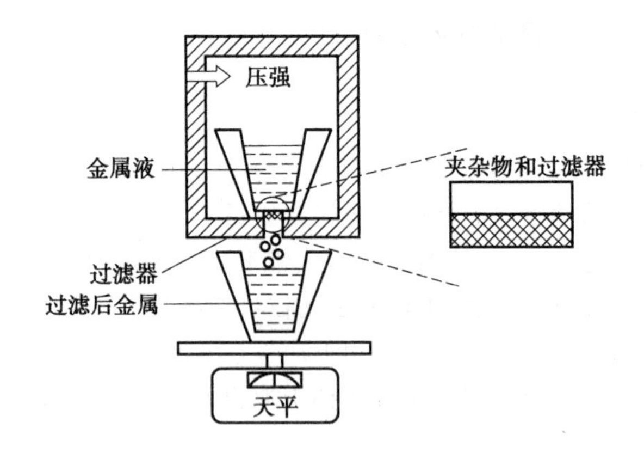

图 7.25　加压过滤测定法示意图

②特征。

通过调整容许时间一过滤质量的关系，加压过滤速度测定法能够被用作炉前的迅速判断。仅从过滤速度不能区分夹杂物的种类，但在凝固后通过采集过滤网面的试样进行显微镜观察，可以检测夹杂物的内容。虽然对黏性差异很大的熔液或夹杂物种类差异很大的熔液做直接比较是困难的，但一般操作时在同一条件下的重复熔炼对熔液的清洁度的比较是有效的。若要做组织观察则需要时间较长，炉前实验较困难。

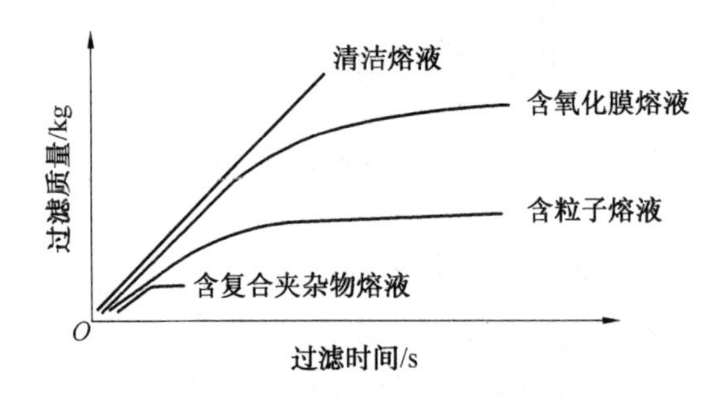

图 7.26　夹杂物对过滤质量一过滤时间关系的影响

(4)电感应区域法。

①测定原理。

将由耐热玻璃制成的有微小孔的管状容器插入熔液中，并在容器内外间加电压，通过减压将熔液吸入容器时，把夹杂物通过引起的电导率变化以微小孔两端的电压变化的形式记录下来，通过计算机处理，对熔液的清洁度进行评价和测定，这种方法称为 LiMCA 技术(图 7.27)，是由 ALCAN 公司开发的。

LiMCA 技术装置主要由探测部、电流源和信号处理系统组成。探测部包括两根电极和一个绝缘取样管，在取样管的侧面有一个小孔，两个电极和熔体中的小孔形成回路。如果熔体足够纯净，则流经小孔进入取样管的电压降是一个常数。一旦夹杂物通过小孔进入取样管，电导率就会立即下降，这时可以看到一个电压脉冲。电压变化与夹杂物直径之间有以下关系：

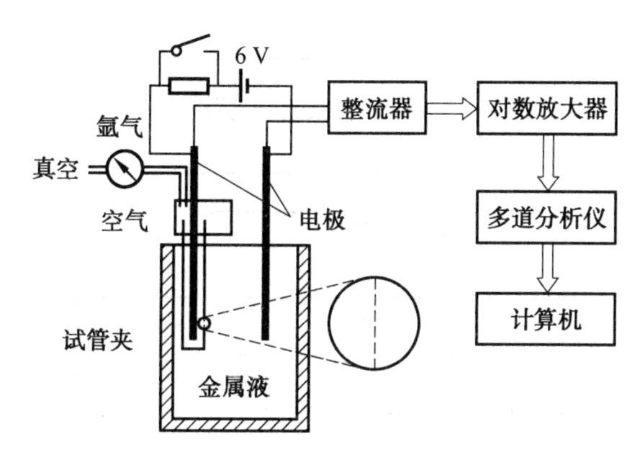

图 7.27　LiMCA 技术示意图

$$\Delta V=f\left(d,\frac{1}{D}\right) \tag{7.6}$$

式中　d——夹杂物直径，m；

D——小孔直径，m。

通过信号处理系统，可以根据记录脉冲的个数和幅度来了解夹杂物的含量和尺寸。LiMCA 技术已经被成功地应用到铝熔体夹杂物的检测中，最近也扩展到了镁熔体夹杂物的检测过程中。但是，由于镁熔体能够与大多数的陶瓷管发生反应，因此寻找一种不与镁反应且绝缘的取样管十分困难，而且小孔也很容易堵塞。

②特征。

能够在熔液中直接测定，也能够进行半连续测量。虽不能直接分辨出各个夹杂物的种类，但能够根据电流变化的波形进行某种程度的推测。但是这种方法也有其局限性，首先它不能检测导电的金属夹杂物，而且小孔很容易堵塞，导致可靠性下降；其次检测到的熔体数量十分有限。另外，对镁合金来说，满意的取样管材料也难以获得。

(5)K 型法。

①测定原理。

K 型法是由日本轻金属公司开发出的断口检查法。其测定原理是将测定熔液浇入采取试样的 K 型图(图 7.28)，用锤子等将急冷凝固的薄壁平板试样破碎成小片，从破断面观察到的夹杂物总数 S 除以片数 n，得平均每片的夹杂物数，用 K 值表示，即 $K=S/n$。

②特征。

对夹杂物的观察容易因人而异，对小于 50 μm 的小夹杂物不能进行评价，不适合于非常软的合金，但由于能在炉前短时间内容易廉价地进行评价，在铸件生产厂中的应用较多。

(6)光亮度检测法。

①测定原理。

光亮度检测法是针对镁合金中夹杂物的特点专门开发用于检测镁合金中氧化物数量的技术，如图 7.29 所示。镁合金中的夹杂物主要是 MgO，MgO 与基体金属对光的反射作用明显不同，当光照射在 MgO 上时，由于 MgO 吸收可见光，从试样表面反射的光通量减少。因此，反射光的亮度与氧化夹杂物之间呈对应关系，通过测定反射光的光亮度可以估算氧化夹杂物的数量。入射光以 45°角照射在试样表面，在 0°角收集反射光，反射光的亮度由测光

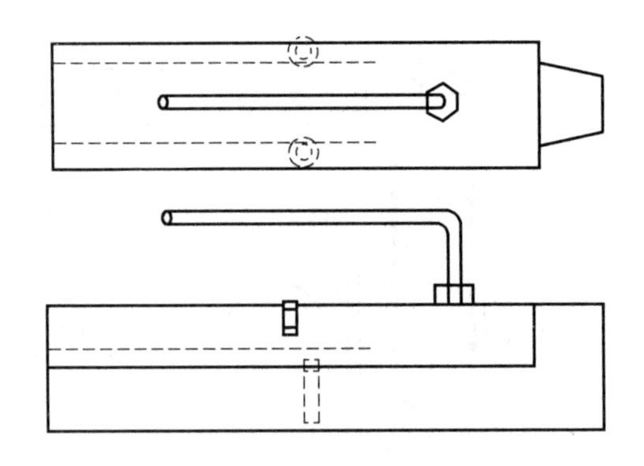

图 7.28 K 型示意图

光电管测量，该仪器的有效波长为(45.7±0.5)mm，故可测蓝光反射，试样表面散射蓝光的反射定义为“光亮度”。一般而言，试样表面越白，蓝光反射度越高；反之，试样表面越暗，蓝光反射度越低。为了获得较大的试样受检面，物镜孔径选为 12.7 mm。

②特征。

光亮度检测法的特征是可以准确测定镁合金中氧化夹杂物的分布及数量，有利于实现测量过程的自动化，但利用该法不能测量不吸收可见光的夹杂物。

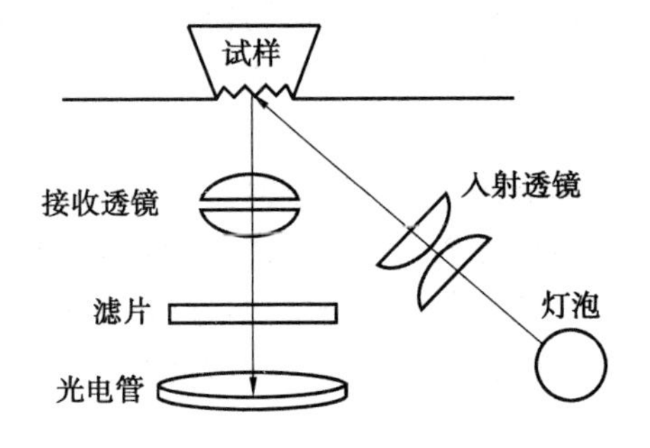

图 7.29 光反射系统示意图

(7)溴－甲醇法或碘－甲醇法。

溴－甲醇法或碘－甲醇法一种定量检验法，采用溴－甲醇溶液在一定温度(30～40 ℃)下溶解铝及其合金元素的方法来分析 Al_2O_3 的。由于硅及 Al_2O_3 不溶于溴－甲醇，因此，用过滤坩埚分离并用无水乙醇充分洗涤后，将残渣烘干，采用十万分之一分析天平称重后扣除硅的质量，即得氧化铝杂质的含量。

7.2.3　合金熔体细化效果的检测

1. 孕育效果检验方法

孕育效果的检验应包括炉前铁液成分的快速分析、炉前工艺试块检验以及金相和力学性能检验。

在孕育铸铁生产过程中，应及时检查铁液的化学成分是否符合要求，对于及时调整成分，确定孕育剂的加入量，保证孕育效果是十分重要的。目前使用比较可靠的方法是在炉前或车间实验室内配备化学成分自动分析仪或热分析仪。化学成分自动分析仪，如直读光谱仪可在几分钟内确定一个试样的化学成分。热分析仪是通过测定试样的冷却曲线，利用计算机计算其碳当量。炉前化学成分的快速分析主要用于生产比较重要的铸件的车间，而一般的铸造车间往往采用炉前工艺试块判断铁液成分和孕育效果。

炉前工艺试块主要有三角试块和激冷试块两种。三角试块(图 7.30)是一种十分简便的炉前检验方法，目前在我国普遍使用。

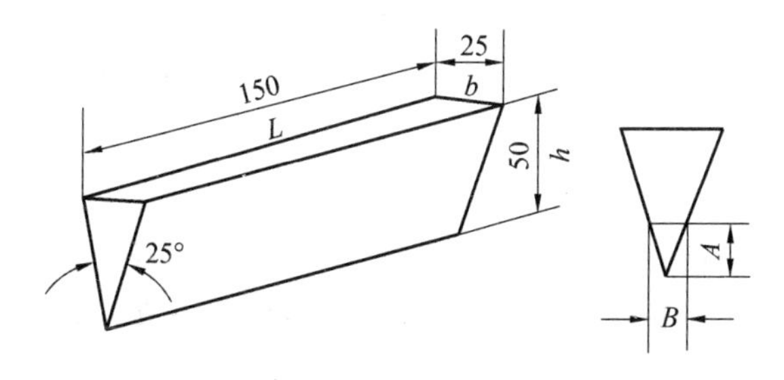

图 7.30　三角试块

三角试块根据孕育铸铁牌号和铸件壁厚不同可选择不同的尺寸。通过测量三角试块的白口宽度 B 或深度 A 便可大致了解铁液化学成分是否符合要求。由于三角试块的尖部往往浇不足，一般白口宽度 B 较准确。可以参考以下经验公式计算铁液的碳当量：

$$CE=3.4-(B-10)a \tag{7.7}$$

式中　B——三角试块的白口宽度，mm；

　　　a——系数，其值为 0.09～0.1。

激冷试块如图 7.31 所示，其具体尺寸可查阅美国材料试验协会的 ASTM 标准。在试块下面安放一块激冷板，浇注后测定其白口深度。激冷板采用铸铁或铸钢等材料以保证一定的冷却速度。

孕育铸铁的质量最终要靠金相组织和力学性能检验来评价。金相检验应包括石墨数量、分布、形态和共晶团数。对高牌号铸铁，还应包括珠光体含量。孕育铸铁的石墨应是细小的、均匀分布的 A 型石墨。共晶团数与未孕育铸铁相比应有明显增加。最主要的力学性能检验应包括抗拉强度、硬度和弹性模量，有时还需要通过测定阶梯试块不同部位的硬度来检验性能的均匀性。

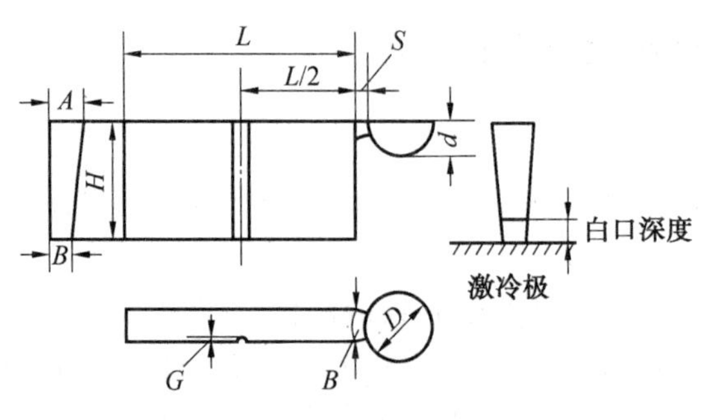

图 7.31　激冷试块

2. 球化效果检验方法

检验球化效果有多种方法，如三角试片法、火苗判断法、热分析法、比电阻法及炉前快速金想法等。其中三角试片法和热分析法应用较广发。

(1)三角试片法。

球化和孕育处理后搅拌扒渣，从金属熔体表面下取铁合金熔体浇入 150 mm×25 mm×50 mm的三角试样铸型中，待其冷凝至表面呈暗红色时取出，底面向下侵入水中冷却，然后将其打断，观察断口。

(2)热分析法。

热分析法是将处理后的铁合金熔体浇入热分析样杯中，测量并记录冷却曲线。根据共晶回升温度 ΔT 来判断球化情况。当 $\Delta T>12$ ℃时，球化不良；当 $\Delta T<5$ ℃时，球化良好；当 ΔT 在 6～12 ℃时，球化中等。

3. 变质效果的检测

变质处理主要针对共晶硅，晶粒细化针对的是初晶 α－Al(亚共晶铝硅合金) 或初晶硅(过共晶铝硅合金)。下面主要论述它们变质或细化效果的检测技术及近期发展。

铝硅合金变质程度的评估方法有断口观察法、金相法、电导率法和热分析法。

(1)断口观察法。

断口观察法采用砂型浇注的三角试样或 ϕ15～ϕ30 mm 的棒状试样，待试样凝固冷却后再剖开，观察断口形貌。若断口呈白色，平整，组织细密，无明显硅亮点或有时可见分布均匀的细小硅亮点，则说明变质良好。这种炉前断口状态观察无法定量分析，主观随意性大，因此将被逐渐淘汰。

(2)金相法。

金相法根据试样凝固后的金相组织判断变质效果的好坏。但该方法的缺点是制作金相试样需要花费时间，不适合做炉前快速检测用，主要用来作为铸造完成后的事后评估。

(3)电导率法。

硅的导电能力远小于铝，硅铝合金在未变质时，共晶硅以片状或者针状存在，并且初生 α 相较少，对电子流有很强的阻碍作用；而在变质处理后，随变质程度提高，初生 α 相数量增多，共晶硅呈短小的纤维状分布，电子能顺利通过，导电能力大大增强。通过测试变质前后电导率的变化就可得出其变质效果。

直接测定电导率的工艺复杂，速度慢，不适宜在线检测，现在一般利用电导率变化引起电涡流改变的原理判定变质效果。国内一些大学在这方面做过细致的研究，如研制的差动变压器式涡流传感器，可以克服温度升高，电源波动及电磁波的干扰。但是，某些工艺因素的变化（如试样温度、试样高度、样杯温度）会对结果造成干扰。

(4)热分析法。

热分析法是利用合金冷却曲线上的某些特征值来评价合金变质效果。在这些变质效果检测方法中，热分析法由于其精度高、稳定性好，适宜在线检测，在铸造行业的应用日益广泛。

思考题

1. 电弧炉炼钢及熔体处理的方法有哪些？各自特点有什么？
2. 真空电弧炉熔炼及熔体处理的特点是什么？
3. 简述电渣炉熔炼及熔体处理的原理与特点。
4. 简述电阻炉熔炼及熔体处理的优缺点。
5. 简述感应炉熔炼及熔体处理的原理与特点。
6. 非自耗与自耗电极电弧炉熔炼及熔体处理的区别于有哪些？相同点有哪些？
7. 电磁冷坩埚熔化及熔体处理的特点是什么？
8. 等离子体与电子束熔炼及熔体处理有哪些共同点？各自的特点有哪些？
9. 含气量检测有哪几种方法？第一气泡法检测的原理是什么？
10. 非金属夹杂物的检测有哪些方法？电感区域法的测定原理和特征是什么？
11. 变质及晶粒细化效果的检测有哪些方法？

参考文献

[1] 陆文华. 铸造和金及其熔炼[M]. 北京：机械工业出版社，2002.
[2] 李隆盛. 铸造合金及熔炼[M]. 北京：机械工业出版社，1989.
[3] 中国机械工程学会铸造专业委员会. 铸造手册 第一卷：铸铁[M]. 北京：机械工业出版社，1993.
[4] 日本钢铁协会. 铸铁与铸钢[M]. 上海：上海科技出版社，1982.
[5] 施廷藻. 冲天炉理论与应用[M]. 沈阳：东北工学院出版社，1992.
[6] 刘幼华，胡起萱. 冲天炉手册[M]. 北京：机械工业出版社，1990.
[7] 徐成海. 真空工程技术[M]. 北京：化学工业出版社，2006.
[8] 徐乃恒. 真空获得设备[M] .2 版. 北京：冶金工业出版社，2001 .
[9] 莫畏. 钛. 钛冶金[M]. 北京：冶金工业出版社，1998.
[10] 马宏声. 钛及难熔金属真空熔炼[M]. 长沙：中南大学出版社，2010.
[11] 戴永年. 有色金属真空冶金[M]. 北京：冶金工业出版社，1998.
[12] 丁永昌，徐曾户. 特种熔炼[M]. 北京：冶金工业出版社，1995.

[13] 潘复生. 轻合金材料新技术[M]. 北京:机械工业出版社,2004.
[14] 王振东. 感应炉冶炼[M]. 北京:化学工业出版社, 2007.
[15] 郭景杰,苏彦庆. 钛合金 ISM 熔炼过程热力学与动力学分析[M]. 哈尔滨:哈尔滨工业大学出版社, 1998.
[16] 苏彦庆. 有色合金真空熔炼过程熔体质量控制[M]. 哈尔滨:哈尔滨工业大学出版社, 2005.
[17] 陈存中. 有色金属熔炼与铸锭[M]. 北京:冶金工业出版社,1998.
[18] 洪伟. 有色金属连铸设备[M]. 北京:冶金工业出版社,1987.
[19] 傅杰. 特种冶炼[M]. 北京:冶金工业出版社,1982.
[20] 黎文献. 有色金属材料工程概论[M]. 北京:冶金工业出版社,2007.
[21] 李晨希,王峰,伞晶超. 铸造合金熔炼[M]. 北京: 化学工业出版社, 2012.
[22] 吴树森,万里,安萍. 铝、镁合金熔炼与成形加工技术[M]. 北京:机械工业出版社, 2012.
[23] 张承甫,龚建森,黄杏蓉,等. 液态金属的净化与变质[M]. 上海: 上海科学技术出版社, 1989.
[24] 中国机械工程学会铸造专业学会. 铸造手册:V3 铸铁非铁合金[M]. 北京: 机械工业出版社,1993.
[25] 许四祥. 镁合金熔液含氢量测试系统及除氢工艺的研究[M]. 武汉:华中科技大学出版社,2007.
[26] 丁文江. 镁合金科学与技术[M]. 北京:科学出版社,2007.
[27] XU S X,WU S S,MAO Y W,et al. Variation of hydrogen level in magnesium alloy melt[J]. China Foundry,2006,3(4): 275-278.
[28] 熊红伶. 亚共晶铝硅合金变质效果热分析研究[M]. 武汉: 华中科技大学出版社, 2007.
[29] 吴树森, 许四祥,毛有武,等. 镁合金熔液含氢量的炉前快速检测研究[J]. 特种铸造及有色合金,2007,27(2):95-96.
[30] 王强,李言详. 热分析在 Al-Si 合金熔体细化及变质效果测评方面的应用[J]. 材料科学与工艺,2001,9(2):215-218.
[31] 柯东杰,王祝堂. 当代铝熔体处理技术[M]. 北京: 冶金工业出版社,2010.

名词索引

P

Q

R

S

T

W

X

Y